普通高等教育规划教材

仪器分析实验

薛晓丽　于加平　韩凤波　主编

U0300927

化学工业出版社
·北京·

内 容 提 要

《仪器分析实验》针对应用型地方院校的培养目标特点，在教材内容选择和体系编排上，既考虑了仪器分析学科的系统性、规律性和科学性，又兼顾相关专业对仪器分析实验内容的不同需求，重点介绍了 10 种仪器分析方法在不同检测领域的应用。语言简练准确，实用性强，突出对学生实践能力的培养，有利于学生独立学习及解决问题能力的培养。

本书共六章，包括仪器分析实验的一般知识、仪器分析实验室常规仪器及设备、样品制备、仪器分析基本实验、仪器分析综合实验和仪器分析设计实验等内容，共计实验项目 65 个，附录内容实用、广泛。

《仪器分析实验》可作为高等院校及高职院校食品、生物、医药、应用化学、环保等相关专业的仪器分析实验教学用书，也可供相关科研单位及从事理化检测或质量控制的相关人员参考。

图书在版编目（CIP）数据

仪器分析实验/薛晓丽，于加平，韩凤波主编 . —北京：
化学工业出版社，2020.9
普通高等教育规划教材
ISBN 978-7-122-37287-1

Ⅰ.①仪…　Ⅱ.①薛…②于…③韩…　Ⅲ.①仪器分
析-实验-高等学校-教材　Ⅳ.①O657-33

中国版本图书馆 CIP 数据核字（2020）第 113093 号

责任编辑：旷英姿　　　　　　　　　　文字编辑：刘　璐　陈小滔
责任校对：边　涛　　　　　　　　　　装帧设计：王晓宇

出版发行：化学工业出版社（北京市东城区青年湖南街 13 号　邮政编码 100011）
印　　装：三河市延风印装有限公司
787mm×1092mm　1/16　印张 14¼　字数 383 千字　2020 年 10 月北京第 1 版第 1 次印刷

购书咨询：010-64518888　　　　　　　售后服务：010-64518899
网　　址：http://www.cip.com.cn
凡购买本书，如有缺损质量问题，本社销售中心负责调换。

定　　价：40.00 元　　　　　　　　　　　　　　　　版权所有　违者必究

编 审 人 员

主　　编　薛晓丽　于加平　韩凤波

副 主 编　孔令瑶　隋　昕

编写人员　（按姓氏笔画为序）

于加平　牛春艳　孔令瑶　张心慧

周　琳　隋　昕　韩凤波　薛晓丽

主　　审　于连贵

前言

　　仪器分析实验是食品、医药、生物和化学等专业重要的基础课之一。《仪器分析实验》教材以地方院校的应用型学生培养目标为依据，在参考过去同类教材、相关教材及多年教学经验的基础上编写而成。

　　本教材的特色在于突出了应用性，着重培养学生科学实践能力，以提高学生的动手能力为根本。教材中所选取的实验都是根据国家标准及《中华人民共和国药典》（简称《中国药典》）中的方法进行编写的，具有很强的实践性，能帮助学生实现与工作岗位的无缝对接。同时针对一个检测目标，设计了多种仪器、多种方法进行检测，既可以满足不同实验室的设备需求，也可以满足不同专业的需求，甚至可以实施实验室质量控制。实验室常用小型设备的使用与维护及样品制备方法的介绍使本教材的内容更加广泛、实用性更加突出、体系更加完整。教材的附录中列出了实验过程中需要查找的资料，读者可方便地查阅，这些都是区别于其他教材与手册的地方。

　　本书着重介绍国家标准分析方法和《中国药典》中的分析方法，内容涉及仪器分析基本实验、食品营养成分测定、添加剂和防腐剂的检测、有毒有害物质的残留量检测、天然产物中有效成分的测定，涵盖多个专业内容。安排设计性实验，以提高学生的自学能力，独立思考、发现问题、解决问题的能力。

　　本书可供高等学校及高职院校食品工程、食品质量与安全、粮食储存与加工、动植物检验检疫、中药学、制药工程、药剂分析、生物工程、生物技术、生物制药、应用化学等各专业或专业方向作为教材，也可供各类食品企业、第三方检测机构等单位的有关科技人员参考。

　　本书由薛晓丽（第一章，第二章第二节，实验一～十、实验十二、实验十三、实验十七～二十）、于加平（第二章第一节原子荧光光谱仪、质谱联用仪、电位滴定仪，实验十四～十六、实验三十四～三十五、实验四十七～五十一）、韩凤波（第六章，实验十一、实验二十一、实验二十二、实验三十六、实验三十七、实验四十四～四十六）主编，孔令瑶（第二章第一节紫外-可见分光光度计、傅里叶变换红外光谱仪、原子发射光谱仪、原子吸收光谱仪，实验二十五～三十三）、隋昕（第三章、附录）副主编，参加编写的有牛春艳（第二章第一节气相色谱仪、高效液相色谱仪、离子色谱仪，实验五十八～六十）、张心慧（实验二十三、实验二十四、实验三十八～四十三）、周琳（实验五十二～五十七），于连贵研究员主审。

　　在编写过程中，得到了许多同志的支持和帮助，吉林农业科技学院仪器分析操作培训班的多名学生为本书的排版、文字和图表的处理做了大量工作，在此一并感谢。

　　限于编者的水平及时间关系，书中的不妥之处，敬请读者批评指正。

编　者

2020. 4

目 录

第 三 章 样品制备

第 四 章 仪器分析基本实验

第 五 章 仪器分析综合实验

第 六 章　仪器分析设计实验

附录

参考文献

第一章
仪器分析实验的一般知识

第一节

仪器分析实验的规则

一、仪器分析实验课目的、方法和规则

　　仪器分析是通过测量物质物理性质或物理化学性质确定其化学组成、含量和结构的分析方法，而仪器分析实验是通过精密仪器测定物质这些信息并进行科学分析的一门综合性、应用性实验科学，具有很强的技术性和实践性。仪器分析实验在仪器分析、无机化学、有机化学、分析化学等多门课程理论指导下，在食品分析、药物分析、环境分析、无公害产品检测等课程的基础上，运用现代科学技术和检测方法，检测与食品、农产品、药品、化妆品、化工产品、环境等相关的化学物质，确定这些物质的种类和含量，从而确定其含量是否符合国家标准及《中国药典》的要求。仪器分析的学习必须要做实验，通过实验可以直接获取大量科学事实，加深对相关原理知识的理解和掌握，并能系统规范掌握进行仪器分析实验所必需的基本操作技能，正确使用仪器分析实验中的各种精密仪器，学会规范记录实验数据并加以处理，培养严谨的科学态度和良好的工作作风，以及独立观察、思考、分析和解决问题的能力，逐步地掌握科学研究的方法，为学习后续课程以及日后参加生产、科研打好基础。

　　仪器分析实验根据已制定的技术指标，运用现代科学技术和分析检测手段，对样品进行检测，从而对样品作出科学评定。其主要任务是对样品进行质量监督，对有效成分进行分析，对有毒有害残留进行测定，因其分析具有样品用量少、测定快速、灵敏度高、准确性高和自动化程度高等显著特点，常用来测定微量、痕量组分，因而成为分析检测的重要支柱。

　　仪器分析实验课有如下学习要求：

　　（1）做好预习　实验前一定要认真阅读相关教材及仪器使用说明书，明确实验目的和

要求，了解实验原理、内容、方法、仪器结构、仪器操作步骤及维护、保养的常识。除此之外还需要对实验所用到的药品、试剂等级、样品物化性质（熔点、沸点、折射率、密度、毒性与安全等数据）等有所了解，必要时可查阅相关网页、教材、参考书、手册、操作手册等，做到心中有数。在预习的基础上写出预习报告，主要包括：简要写明实验目的、所需药品及等级、玻璃仪器的规格和数量、仪器操作指南；详细设计原始数据记录表，了解可能出现的实验现象，对获得的数据进行正确判断，必须准备完整的实验记录本，不允许将实验数据记录在单页纸上。若使用手机拍照记录实验数据，应及时整理并抄录到实验记录本上。

（2）实验过程中

① 规范操作，仔细观察，积极思考，清楚原理，及时且真实地记录实验数据，确保实验结果真实可靠。使用大型或精密仪器时应记录使用情况，并由指导教师签字。

② 严格遵守仪器分析实验室安全守则及易燃、易爆、易制毒、具有腐蚀性和毒性药品的管理和使用规则。

③ 随时保证实验台面和地面清洁整齐，用过的固相萃取柱、移液枪头等应放在指定的地方或容器内，不准随处乱扔，生活垃圾与实验垃圾应分开收集。

（3）实验完毕　及时清理玻璃仪器，按照不同仪器的洗涤方法及时清洗，并按要求干燥后妥善放置；实验过程中使用的大型精密仪器按仪器规定方法进行维护或关机；液相色谱仪和气相色谱仪等不能立刻关机的仪器应设置好洗柱子或降温程序，完成后再关机；酸度计、固相萃取仪等小型仪器应及时清理干净并放回原位置；电源、水阀和气路应及时切断或关闭。实验所得结果和数据，按实际情况进行整理、计算和分析，重视总结实验中的经验教训，认真写好实验报告。实验报告要求记录所用仪器厂家、型号及试剂级别，实验步骤简要描述（可用箭头式表示），原始数据记录，数据处理，作图和实验结论。如果实验现象和数据偏差较大，应认真分析并讨论其出现的原因。

二、仪器分析实验室安全知识

仪器分析实验中经常使用水、电、气和易燃、易爆、易制毒、有毒或强腐蚀性的化学试剂和大量玻璃仪器等，为确保实验的正常进行和实验者的人身安全，必须严格遵守实验室的相关安全规定：

① 学生进入实验室必须熟悉实验室摆设及周围环境，水、电、钢瓶气阀门、安全防护设施（如消防用品和急救箱、紧急冲淋器、洗眼器等）的位置，了解实验楼中的疏散路线。

② 实验过程中，实验室前后门应打开，保证紧急冲淋器、洗眼器等设备能随时正常使用。

③ 使用石油醚、乙醚、苯、丙酮、三氯甲烷、二硫化碳等有机溶剂时，一定要远离火焰和热源，使用后将瓶塞盖紧，置于阴凉处保存。低沸点有机溶剂不能直接在火焰上（或电炉、电热板上）加热，应在水浴中加热，乙醚等低沸点的试剂不能长时间放置在冰箱中。

④ 实验中涉及具有刺激性的、有毒的气体（如消解、氮吹）时，必须在通风橱中进行。

⑤ 绝对不允许随意混合各种药品，以免发生意外事故；接触后容易爆炸的物质应严格分开存放；重氮甲烷等易爆炸物质应避免加热和撞击并做到现用现制备或现用现取；使用爆炸性物质时，尽量控制在最少用量。

三、仪器分析实验室事故处理常识

仪器分析实验室必须配备急救药箱，以便在实验中发生意外事故时急救用。医药箱平时不允许随意挪动、借用及锁在实验柜中。医药箱应配备的主要药品与工具见图1-1。

药品：双氧水消毒液、酒精消毒液、碘伏消毒液、消炎粉、云南白药、烫伤膏、可的松软膏等。

医用材料：药棉、棉签、纱布、绷带、医用透气胶布、创可贴、无菌敷贴、酒精棉片、清洁湿巾、医用冰袋、医用降温贴、急救毯、止血海绵、三角绷带、止血带、呼吸面罩等。

工具：剪刀、医用镊子，应急哨、应急手电筒、安全别针、一次性医用橡胶检查手套等。

 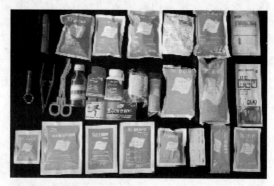

图 1-1　实验室急救医药箱及配备药品、工具

① 实验过程中如不慎将氯仿等有机溶剂溅入眼睛，立刻用洗眼器冲洗，若严重应立刻就医。

② 实验过程中若强酸、强碱或其他腐蚀性液体滴到或溅到衣服或皮肤上，立即到紧急冲淋器处淋浴冲洗，若严重应立刻就医。

③ 实验过程中万一不慎起火，切不要惊慌，立刻关闭用气阀门或切断仪器电源，移走一切可燃物质，针对起火原因采取合适的方法灭火。

a. 一般的小火可用湿布、石棉布或砂土覆盖在着火的物体上；火势较大要用灭火毯或灭火器灭火。实验室常备的灭火器主要有泡沫灭火器和四氯化碳灭火器。泡沫灭火器适用于油类、电器及忌水化学物质的起火，但不适用于一些轻金属（如 Na，K，Al 等）起火。

b. 当身上衣服着火时，切勿惊慌乱跑，应尽快脱下衣服并扔入水池中或就地卧倒打滚。

c. 火势较大时应立即报警。

四、仪器分析实验中特殊用途玻璃器皿的洗涤和干燥

1. 洗涤

（1）痕量金属元素分析时用到的玻璃仪器　使用 $1:1 \sim 1:9$ HNO_3 溶液浸泡 24h 以上，再进行常法洗涤，如急需使用，可将玻璃仪器在电炉或电热板上用浓硝酸微沸煮约 1h，冷却后进行常法洗涤。

（2）荧光分析使用的玻璃仪器　应避免使用洗衣粉洗涤（因洗衣粉中可能含有荧光增白剂，会给分析结果带来误差）。

（3）质谱分析使用的进样瓶　应避免使用洗衣粉、肥皂水、洗洁精等洗涤，以免因洁净剂残留给谱图解析带来困难。

2. 干燥

洗好的玻璃仪器一般都是倒置控干备用，一般定量分析中使用的锥形瓶、烧杯等洗净后可直接使用，而用于有机分析的仪器一般要求干燥。

急用的玻璃仪器或不适合烘干的玻璃仪器如量器或较大的仪器，可将洗净的玻璃仪器沥干水后，加入少量能与水互溶并易挥发的有机溶剂（如：无水乙醇、丙酮），转动玻璃仪器使内壁完全被有机溶剂湿润，倾倒出洗涤液（回收），擦干玻璃仪器外壁，然后用吹风机吹

干。（注意的是：用有机溶剂浸润过的仪器不能放入烘箱中烘干。）

用于定量分析的玻璃量器不宜用加热的方法进行干燥，只能用倒置控干或快速干燥法进行干燥，以免影响精度。

洗净、干燥的玻璃仪器应按实验要求进行保管，如：称量瓶应保存在干燥器中；比色皿或比色管要放入专用盒内或倒置在专业架上；滴定管倒置于滴定管架上；带磨口的玻璃仪器如容量瓶、碘量瓶、磨口锥形瓶等要用皮筋把塞子拴在瓶口处，以免丢失。

五、仪器分析实验室废液的处理

通常情况下仪器分析实验室废液可以分成两大类：无机类和有机类。由于废液中的成分比较复杂，使得这些废液管理和处理难度比较大。同时，由于实验室规模限制，仪器分析实验室所产生的废液存在着单一废液量少、成分复杂的特点。

1. 实验室内废液的绿色化处理

（1）废液的分类及收集　废液处理首先要对废液进行收集，由于实验室废液体积、排放时间、排放方式的不同，一般采用置于废液储存容器（图 1-2）的方式将废液先行收集，汇集在一起后再定期集中处理。针对实验室废液的不同类型及分类标准可以将废液收集在不同废液桶中，这样做最大的优点就是能够防止各种溶液混在一起发生化学反应，导致意外事故的发生。

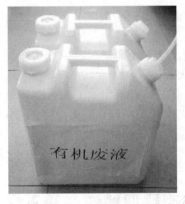

图 1-2　实验室常见废液桶

（2）废液的存放管理　废液桶应有固定存放位置，并保证其阴凉、通风，在废液桶上要清晰标明有效的标识及相应的废液记录表，明确标明每个废液桶的名称、倾入废液的种类、废液体积等信息，并安排专人负责登记，保证能够定期对废液桶进行处理。另外，在存储过程中要保证废液桶储存量不能超过容器的 $70\%\sim80\%$，如超过了限定的容积就要及时进行处理，以免发生意外。

（3）废液的绿色处理方法　废液处理时，要结合实验室的实际情况进行自行处理或者转移处理。所谓的自行处理就是根据实验室自身条件，在力所能及的范围内针对一些有毒废液进行无害化处理；而转移处理就是将一些因为实验室本身限制不能够进行处理的废液，转移到其他持有专业资质的公司进行相关处理。

2. 实验室废液自行处理方法

实验室在自己现有条件下将废液进行处理是目前普遍采用的废液处理方法，也是在所有废液处理中最快捷、最直接、耗费时间最短及钱财花费最少的方法，更是一种减少环境污染的绿色方法。实验室自行处理方法主要有以下几种：

（1）含酸及含碱废液处理　含酸或含碱实验室废液，一般会根据酸碱中和原理进行处理，在处理过程中应采用少量多次的方法，轻轻搅拌将两种不同酸碱度的废液进行融合，当混合溶液的 pH 值调到 7 时就可以进行相应的排放。

（2）含氰废液处理　一般会使用强氧化剂将含氰废液脱毒，再加入氢氧化钠调节 pH 值，pH 在 10 以上时就可以加入 4% 的高锰酸钾使其分解。如果含氰浓度太高，需调整处理步骤，先将废液 pH 调到 10 以上，再加入氯化钠，将有毒的氰分解成为无毒的二氧化碳和氮气，放置一段时间后就不会有氰排放了。

（3）含硫废液的处理　先调 pH 至 8~9，再加入硫酸亚铁及石灰产生硫化亚铁沉淀，再对废液进行充分稀释使其达到排放标准。

（4）含汞废液的处理　将废液收集于较小的容器中，当废液量达到约 4/5 时，依次加入氢氧化钠（400g/L）40mL，10g 硫化钠（含 9 个结晶水），摇匀，10min 后缓慢加入 40mL 30% 过氧化氢溶液，充分混合，放置 24h，将上清液排入废水中，沉淀物转入另一容器内，交由专业机构进行汞的回收处理。

第二节

仪器分析实验中数据的采集与处理

一、实验数据的采集

首先，实验过程中应准备专用数据记录处理本，将实验结果详细地记录下来，绝不允许将数据记录在单页纸、小纸片、手掌上或手机拍照保存。其次，无论得到的实验数据合理与否都应如实记录，尤其错误的实验数据应特别注明以便进一步分析原因。再次，记录实验数据应实事求是，切忌夹杂主观因素，绝不能随意拼凑、更改和伪造实验数据。最后，对于实验过程中涉及的各种仪器型号和标准溶液的浓度也应及时准确地进行记录，同时，在记录实验数据时应注意有效数字，如：用分析天平称量时，要求精确到 0.0001g；记录滴定管及吸量管读数时应精确到 0.01mL；用分光光度计测量吸光度时，若吸光度值小于 0.7 时应精确至 0.001，若大于 0.7 时应精确至 0.01。

需要注意的是，每一个实验数据都是测量结果，即使平行实验的数据相同也必须记录下来。在实验过程中，如发现数据测错、读错、记错或算错需要修改时，需将原有数据划掉，并在其上方写上正确的数据，绝不可以在原有数据上进行涂改。

二、仪器分析实验中常见的误差及减免方法

分析检测要借助各种分析仪器对物质所发生的量变现象进行研究，由于认知能力和科学水平的限制，测得的数值和真实值并不一致，这种在数值上的差别就是误差。分析检测人员应尽可能减小误差，使其符合准确度要求，并能对自己和别人的结果做出正确评价，找出误差产生的原因及减小误差的途径。

根据误差的性质和产生的原因分为系统误差、随机误差和过失误差。系统误差是指分析过程中某些固定原因造成的误差，如：仪器、试剂、方法和操作误差等。随机误差是指由某些不固定的偶然因素造成的误差，如：测定过程中环境温度、湿度、气压等的变化，仪器不

稳定产生的微小变化等。过失误差是指分析人员粗心大意或未按操作规程操作所造成的误差。当误差值较大时，应分析原因，如是过失引起的误差，该结果应舍去。随机误差无法测量、无法校正，在操作中不能避免，但当测量次数较多时，可以用统计方法找出规律。仪器分析实验中通常用精密度与偏差表示误差。

1. 精密度与偏差

在不知真实值的情况下，可以用偏差的大小衡量测定结果的好坏。偏差是指单次测量值 x_i 与平均值 $\bar{x}$ 之差，衡量测定结果的精密度。精密度是指在同一条件下对同一样品进行多次测量得到的各测定值之间相互接近的程度，偏差越小，说明精密度越高。偏差分绝对偏差、相对平均偏差、标准偏差、相对标准偏差和相对偏差。

（1）绝对偏差和平均偏差　测定值与平均值之差，称为绝对偏差。绝对偏差越大，精密度越低，若令 $\bar{x}$ 代表一组平行测量值的平均值，则单个测量值 x_i 的绝对偏差为 d_i：

$$d_i = x_i - \bar{x}$$

所有单次测量结果与平均值差的平均值称为平均偏差，用 $\bar{d}$ 表示。

$$\bar{d} = \frac{|x_1 - \bar{x}| + |x_2 - \bar{x}| + \cdots + |x_n - \bar{x}|}{n} = \frac{\sum_{i=1}^{n} |x_i - \bar{x}|}{n}$$

（2）相对平均偏差

$$\bar{d}_r = \frac{\bar{d}}{\bar{x}}$$

（3）标准偏差　标准偏差可以突出较大偏差的存在对测量结果的影响，其计算公式为：

$$s = \sqrt{\frac{(x_1 - \bar{x})^2 + (x_2 - \bar{x})^2 + \cdots + (x_n - \bar{x})^2}{n-1}} = \sqrt{\frac{\sum_{i=1}^{n} (x_i - \bar{x})^2}{n-1}}$$

（4）相对标准偏差　又称为变异系数（RSD），其计算公式为：

$$\text{RSD} = \frac{s}{\bar{x}}$$

（5）相对偏差　相对偏差用来表示测定结果的精密度。

① 平行双样相对偏差

$$相对偏差 = \frac{|x_1 - x_2|}{x_1 + x_2}$$

式中，x_1，x_2 为某一样品两次测量值。

② 多次平行测定结果相对偏差

$$相对偏差 = \frac{x_i - \bar{x}}{\bar{x}}$$

式中，x_i 为某一样品测量值；$\bar{x}$ 为某一样品多次测量值的平均值。

2. 误差的减免

（1）分析方法的选择　了解不同方法的灵敏度和准确度，根据分析对象、样品情况及对分析结果的要求，选择适当的分析方法。

（2）减小测量误差　实验过程中必须减小每一步的测量误差，如分析天平的取样量要大于 0.2g，滴定分析中应消耗标准溶液的体积要大于 20.00mL。

（3）增加平行测定次数　偶然误差的出现服从统计规律，绝对值相等的正、负偶然误差出现的概率大体相等；多次平行测定结果的平均值趋向于真实值。因此，增加平行测定次数可以减少偶然误差对分析结果的影响。

3. 消除实验误差的方法

（1）方法校正　有些方法误差可用其他方法进行校正，如称量分析法中未完全沉淀出来的被测组分可用其他方法检测，两种测量结果相互校正即可得到可靠的分析结果。

（2）校准仪器　定期到计量部门对分析天平、移液管、滴定管、紫外光谱仪、原子吸收分光光度计、气相色谱仪、高效液相色谱仪等分析仪器进行校准，可减小误差。

（3）做对照实验　对照实验分标准样品对照实验和标准方法对照实验。

标准样品对照实验是用已知准确含量的标准试样（或纯物质配成的基准试样）与待测样品按同种方法进行平行实验，找出校正系数以消除系统误差。

标准方法对照实验是用可靠的分析方法与被检测的分析方法对同一试样进行对照，若测定结果相同，说明被检验的方法可靠，无系统误差。

（4）做空白实验　在不加样品情况下，用测定样品相同的方法和步骤进行定量分析，把所得结果作为空白值，从样品的分析结果中扣除，这样就可以消除由于试剂不纯或溶剂等干扰造成的系统误差。

（5）做回收实验　用所选定的分析方法对已知组分的标准样进行分析，或对人工配制的已知组分的试样进行分析，或在已分析的试样中加入一定量被测组分再进行分析，从分析结果观察已知量组分是否定量回收，这种方法称为回收实验，所得的结果常用百分数表示，称为"百分回收率"，简称"回收率"。回收率包括绝对回收率和相对回收率，绝对回收率考察的是经过样品处理后能用于分析的已知组分的比例，一般要求大于50％才行。相对回收率主要包括空白回收率和加标回收率。

所谓空白回收率是指在空白基质中定量加入已知组分，再用已选定的分析方法对该组分进行测定，从而计算检测出的已知量组分与原来配制的已知量组分的比值。该方法主要考察分析方法及分析的准确度。

加标回收率是在已知准确含量的样品中定量加入已知组分，然后按照实验过程进行操作，再用已选定的分析方法对该组分进行测定，从而计算检测出的已知量组分与原来配制的已知量组分的比值。该方法是对提取方法、分析方法及分析仪器的准确度进行考察。加标回收率的考察分为低、中、高三个水平，即：80％加标回收率、100％加标回收率和120％加标回收率。具体操作为：

① 确定样品中已知组分的含量，测定次数通常为3次；

② 分别向样品中加入已知组分含量的80％、100％、120％的已知组分，每个组分平行3次，按照样品的处理方法进行操作，采用测定样品方法进行检测，测定次数通常为3次；

③ 以 A 为加标后样品中已知组分的含量，B 为未加标样品已知组分的含量，C 为加入已知组分的含量，通过公式计算回收率，加标回收率一般要求在70％～110％。

$$回收率 = \frac{A - B}{C}$$

4. 校准曲线

（1）校准曲线分类　校准曲线包括标准曲线和工作曲线，前者用标准溶液系列直接测量，没有经过样品的预处理过程；而后者所使用的标准溶液经过了与样品相同的处理过程。

（2）校准曲线的绘制

① 对标准系列，溶液以纯溶剂为参比进行测量后，应先作空白校正，然后绘制标准曲线。

② 标准溶液一般可直接测定，但如样品的预处理较复杂致使污染或损失不可忽略时，

应和样品同样处理后再测定，此时应作工作曲线。

③ 校准曲线的斜率常随环境温度、试剂批号和储存时间等实验条件的改变而变动。因此，在测定试样的同时，绘制校准曲线最为理想，否则应在测定样品的同时，平行测定零浓度和中等浓度标准溶液各两份，取均值相减后与原校准曲线上的相应点核对，其相对差值根据方法精密度不得大于 5%～10%，否则应重新绘制校准曲线。

④ 校准曲线应该是一条过原点的直线，但在实际测定中，常出现偏离直线的情况，此时可用最小二乘法求出该直线方程，即可合理地代表此校准曲线。

用最小二乘法计算直线回归方程的公式如下：

$$y = bx + a$$

$$b = \frac{\sum\limits_{i=1}^{n}(x_i - \bar{x})(y_i - \bar{y})}{\sum\limits_{i=1}^{n}(x_i - \bar{x})^2}$$

$$a = \bar{y} - b\bar{x}$$

$$r = \frac{\sum\limits_{i=1}^{n}(x_i - \bar{x})(y_i - \bar{y})}{\sqrt{\sum\limits_{i=1}^{n}(x_i - \bar{x})^2 \times \sum\limits_{i=1}^{n}(y_i - \bar{y})^2}}$$

其中相关系数 r 要进行显著性检验，以检验分析结果的线性相关性。利用这种方法不仅可以求出平均直线方程，还可以检验结果的可靠性。

三、实验结果的检验及可疑数据的检验与取舍

1. 实验结果的检验

仪器分析实验中常会遇到两个平均值比较的问题，如测定平均值与已知值的比较，不同分析人员、不同实验室、不同分析方法测定的平均值比较，对比性实验研究等均属于此类问题。所以对这类问题采用显著性检验法——利用统计方法检验被处理问题是否存在统计上的显著性，常用的统计方法有 t 检验和 F 检验。

（1）t 检验　通常用于少量样本的检验，t 检验法用以比较一个平均值与标准值之间或两个平均值之间是否存在显著性差异。t 检验的步骤如下：

① 选定所用检验统计量　当检验样本均值 $\bar{x}$ 与总体均值 μ 是否有显著性差异时，使用统计量 t。

$$t = \frac{\bar{x} - \mu}{S/\sqrt{n}}$$

式中，S 为标准差。

当检验两个均值之间是否有显著性差异时，使用统计量 t。

$$t = \frac{\bar{x}_1 - \bar{x}_2}{\bar{S}} \times \sqrt{\frac{n_1 \times n_2}{n_1 + n_2}}$$

其中 $\bar{S}$ 为合并标准差，按下式计算：

$$\bar{S} = \sqrt{\frac{(n_1 - 1)S_1^2 + (n_2 - 1)S_2^2}{n_1 + n_2 - 2}}$$

式中，S_1^2 为第一个样本的方差；S_2^2 为第二个样本的方差；n_1 为第一个样本的测定次数；n_2 为第二个样本的测定次数。

② 计算统计量　如果由样本值计算的统计量值大于 t 分布表中相应显著性水平 α 和相应自由度 f 下的临界值 $t_{\alpha,f}$，则表明被检验的均值有显著性差异；反之，差异不显著。

应用 t 检验时，要求被检验的两组数据具有相同或相近的方差（标准差）。因此，在 t 检验之前必须进行 F 检验，只有在两方差一致的前提下才能进行 t 检验。

（2）F 检验　F 检验法是英国统计学家 Fisher 提出的，主要通过比较两组数据的方差 S^2，以确定它们的精密度是否有显著性差异，至于两组数据之间是否存在系统误差，则在进行 F 检验并确定它们精密度没有显著性差异后，再进行 t 检验。F 检验的具体步骤如下：

① 样本标准偏差的平方　即 S^2

$$S^2 = \frac{\sum(x_i - \bar{x})^2}{n-1}$$

两组数据能得到两个 S^2 值，即 $S_{大}^2$ 和 $S_{小}^2$。

② 计算统计量方差比

$$F = \frac{S_{大}^2}{S_{小}^2}$$

③ 查 F 分布表，进行判断　由表中 f_1 和 f_2（f 为自由度 $n-1$），查 F 表，然后将计算得出的 F 值与查表得到的 F 值进行比较。如果 $F_{计算} < F_{表}$，表明两组数据没有显著差异；如果 $F_{计算} \geq F_{表}$，表明两组数据存在显著差异。表 1-1 为部分临界 F 值。

表 1-1　部分临界 F 值

f_2	$f_1=1$	$f_1=2$	$f_1=3$	$f_1=4$	$f_1=5$	$f_1=6$	$f_1=7$	$f_1=8$	$f_1=9$	$f_1=10$	$f_1=12$	$f_1=15$
1	161.4	199.5	215.7	224.6	230.2	234.0	236.8	238.9	240.5	241.9	243.9	245.9
2	18.51	19.00	19.16	16.25	19.30	19.33	19.35	19.37	19.38	19.40	19.41	19.43
3	10.13	9.55	9.28	9.12	9.01	8.94	8.89	8.85	8.81	8.79	8.74	8.70
4	7.71	6.94	6.59	6.39	6.26	6.16	6.09	6.04	6.00	5.96	5.91	5.86
5	6.61	5.79	5.41	5.19	5.05	4.95	4.88	4.82	4.77	4.74	4.68	4.62
6	5.99	5.14	4.76	4.53	4.39	4.28	4.21	4.15	4.10	4.06	4.00	3.94
7	5.59	4.74	4.35	4.12	3.97	3.87	3.79	3.73	3.68	3.64	3.57	3.51
8	4.92	4.46	4.07	3.84	3.69	3.58	3.50	3.44	3.35	3.35	3.28	3.22
9	5.12	4.26	3.86	3.63	3.48	3.37	3.29	3.23	3.18	3.14	3.07	3.01
10	4.96	4.10	3.71	3.48	3.33	3.22	3.14	3.07	3.02	2.98	2.91	2.85

2. 可疑数据的检验与取舍

（1）实验中的可疑值　在分析检测实验中，由于随机误差的存在，使得多次重复测定的数据不可能完全一致，存在一定的离散性，并常常发现一组测定数据中经常会有 1～2 个测定值比其余测定值明显偏大或偏小，这样的测定值称为可疑值。可疑值可能是测定值随机流动的极度表现，它虽然明显偏离其余测定值，但仍然处于统计上所允许的合理误差之内，与其余测定值属于同一个总体，称之为极值。极值是一个好值，必须保留，当可疑值与测定值并不属于同一个总体时，称之为界外值、异常值，应淘汰。

对于可疑值，必须从技术上设法弄清楚其出现的原因。如是由实验技术上的失误引起的，应舍去；如不是实验技术上的过失引起的，既不能轻易地保留，也不能随意舍弃，应对可疑值进行统计检验，以便从统计上判明可疑值是否为异常值，如果判断为异常值则舍去。

（2）舍弃可疑值的依据　对于可疑值是极值还是异常值的检验，实质上就是区分随机误差和过失误差的问题。因为随机误差遵从正态分布的统计规律，在一组测定值中出现大偏差的概率是很小的。单次测定值出现 $\mu \pm 2\sigma$（σ 为标准差，也用 s 表示）之间的概率为 95.5％（这一概率也称为置信概率或置信度，$\mu \pm 2\sigma$ 将为置信区间），也就是说偏差大于 2σ 的出现概率为 5％（这概率也称之为显著概率或显著水平）；而偏差大于 3σ 的概率更小，只有 0.3％。通常分析检测实验中只进行少数几次测定，按常理来说，出现大偏差测定值的可能性理应是非常小的，若出现则有理由将偏差很大的测定值作为与其余的测定值来源不同是总体异常值而舍弃它，并将 2σ 和 3σ 称为允许合理误差范围，也称为临界值。

（3）可疑值的检验准则　已知标准差：实验中已知标准差 σ 的数值就直接用 2σ 或 3σ 作为取舍依据。未知标准差：当标准差 σ 未知，需要由测定值计算，并以此来检验该组测定值中是否含有异常值，判别方法较多，如狄克逊（Dixon）检验法、格鲁布斯（Grubbs）检验法、科克伦（Cochran）最大方差检验法等，下面介绍前两者检验法。

① 狄克逊检验法　也叫 Q 统计量法，是指用狄克逊法检验测定值（平均值）的可疑值和界外值的统计量，并以此来决定最大或最小的测定值的取舍。

Q 统计量法的检验步骤如下：

a. 将一组测定值按大小次序排列，则异常值必然出现在两端。

b. 根据测定的重复次数选择公式计算 Q 统计量。计算时，Q 统计量的有效数字应保留至小数点后 3 位。

c. 根据测定次数 n 和要求的置信水平，在狄克逊检验临界值表中查出检验显著概率为 5％ 和 1％ 的 Q 统计量的临界值 $Q_{0.05, (H)}$ 和 $Q_{0.01, (H)}$，其中 H 为受检验的一组按从小到大排列的测定值的最大的一个序数（即测定次数），从受检验的测定值的两个 Q 统计量计算值中，只选取较大的 Q 统计量与 Q 统计量的临界值比较。

d. 判定　若 $Q \leqslant Q_{0.05, (H)}$，则受检验的测定值可以正常接受。

e. 当 $x(1)$ 或 $x(H)$ 舍去时。还需对 $x(2)$ 或 $x(H-1)$ 再检验，注意此时统计量的临界值应为 $Q_{0.05, (H)}$ 和 $Q_{0.01, (H)}$，依次类推，但在舍去第二个测定值时要慎重考虑是否有其他原因。

② 格鲁布斯检验法　这是一种用于一组测量值或多组测量值的平均值的一致性检验和排除异常值的方法，应用格鲁布斯检验时，按下述三种不同情况进行处理。

a. 只有一个可疑值时，先将几个测定值按从小到大的顺序排序，设其中任意一个为检验的可疑值 x_d，计算统计量 G，根据格鲁布斯检验临界值表，查出相应显著性水平 α 和测定次数 n 时的临界值 G_α，n，根据结果进行判断：

若 $x_d \leqslant G_{0.05}$，n，则可疑值为极端值应保留；

若 $x_d > G_{0.01}$，n，则可疑值为异常值应舍去；

若 $G_{0.05}$，$n < x_d \leqslant G_{0.01}$，$n$，则该值属技术原因产生的可疑值应舍去，否则保留。

b. 如果可疑值有两个或两个以上，而且可疑值在同一侧，在检验时可以人为地暂时舍去两个可疑值中偏差更大的一个，用 $n-1$ 个测定值计算平均值和标准差，检验偏差较小的可疑值，若为异常值则先前舍去的必然为异常值。若检验值为非异常值，这时再由全部测定值计算平均值和标准差，去检验舍去的偏差大的可疑值，根据检验结果确定是否为异常值，再决定取舍。

c. 如果可疑值为两个或两个以上，并且分布在平均值两侧，检验方法同 b。

第二章

仪器分析实验室常规仪器及设备

第一节

仪器分析实验室常规分析仪器

一、紫外-可见分光光度计

紫外-可见吸收光谱法（ultraviolet visible absorption spectrometry，UV-VIS）又称紫外-可见分光光度法（ultraviolet-visible spectrophotometry）是指在 200～780nm 光谱区域内，研究物质分子或离子对紫外和可见光谱的吸收，对物质进行定性、定量和结构分析的方法。

1. 主要组成结构

紫外-可见分光光度计基本结构都是由五部分组成，即光源、单色器、吸收池、检测器及信号显示系统。

（1）光源　常见的光源有钨灯和氘灯两种，在可见光区（360～800nm）使用钨灯；在紫外光区（160～375nm）使用氘灯。氘灯的灯管内充有氢的同位素氘，其强度比同功率的氢灯大 3～5 倍，玻璃对这段光谱有吸收，所以氘灯的光窗需要用石英制作。紫外-可见分光光度计同时配备这两种光源。

（2）单色器　单色器是将光源发出的连续谱线分解成单色光的装置，它是分光光度计中的核心部件。单色器的色散能力越强，分辨率越高，所获得的单色光越纯。单色器一般由入射狭缝、准光器（将入射光变成平行光束）、色散元件（光栅或者棱镜）、聚焦元件（使从色散元件分出的光聚焦在不同的焦面上）和出射狭缝组成。

（3）吸收池　吸收池用于盛放分析试样，一般有石英和玻璃两种材质。石英适用于可见和紫外光区，玻璃适用于可见光区。参比池和吸收池应该是一对经过校正的吸收池，在使用前后都应该将吸收池洗干净，自然干燥，避免用加热或者烘干的方法干燥，以免引起光程长度的改变。

（4）检测器　常用的检测器有光电池、光电管和光电倍增管等。光电倍增管具有较高的灵敏度，响应时间短，在紫外-可见分光光度计上应用较为广泛。光电倍增管被强光照射时容易损坏，即使是瞬间的强光照射也会使管子性能产生不可逆的变化。因此，必须将它装于暗盒之中，光电倍增管的暗电流是仪器噪声的主要来源。

（5）信号显示系统　常用的显示器有检流计、微安表、电位计、数字电压表及数字显示或自动记录装置等。很多型号的分光光度计配有微处理系统，可以对操作进行控制和数据处理。

2. 岛津 UV-2450 分光光度计基本操作步骤

（1）光谱扫描

① 依次开启 UV-2450 仪器电源和电脑电源，仪器预热 30min。

② 双击桌面上"UVProbe"软件，然后点击"连接"，仪器开始初始化，约 15min 后所有初始化指标均为绿色时单击"确定"完成仪器初始化。

③ 单击工具栏上的"光度测定"，点击"M"按钮弹出光谱方法对话框。在测定标签的"测定范围"中输入开始和结束的波长。"扫描速度""采样间隔"等根据要求选择合适参数，单击"确定"。

④ 将两个都装有空白溶液的比色皿放入仪器中，单击下方"基线"按钮，出现对话框后点击"确定"进行基线扫描。扫描结束后将一个比色皿拿出放入样品溶液，点击"开始"进行样品扫描，扫描结束后出现保存对话框，将数据保存到指定的路径，输入文件名后点击"打开"再点击"确定"。

⑤ 依次放入待测样品溶液，点击"读取"进行数据采集。采集完毕后点击工具栏上的保存按键。

⑥ 测定完毕清洗比色皿，退出"UVProbe"程序，关闭仪器和电脑电源，整理实验台。

（2）光度扫描

① 依次开启 UV-2450 仪器电源和电脑电源，仪器预热 30min。

② 双击桌面上"UVProbe"软件，然后点击"连接"，仪器开始初始化，约 15min 后所有初始化指标均为绿色时单击"确定"完成仪器初始化。

③ 单击工具栏上的"光度模式"，点击工具条中"M"按钮弹出光度测试方法向导（波长）对话框，"波长类型"通常选择"点"，"波长"处输入待测波长，点击右侧"加入"，点击下面"下一步"进入光度测试方法向导（标准曲线）对话框。"类型"通常选择"多点"，"定量方法"通常选择"固定波长"，"单位"根据测试要求进行选择，"WL1"选下拉菜单中的默认值，点击"下一步"。进入测定参数（标准）页面中依照要求进行设定，点击"下一步"，测定参数（样品）页面中参数设置与测定参数（标准）相同。点击"下一步"后出现保存对话框，选择保存路径，输入文件名，点击"打开"后点击"完成"。又回到光度测定方法对话框，再次确认参数后，点击"关闭"。

④ 软件左侧标准表中样品 ID 这列输入标准样品名称，浓度一列输入配制标准溶液的浓度。样品表中只需要在样品 ID 这列中输入样品名称。

⑤ 参比池和样品池都放空白溶液，点击"自动调零"，然后将第一个标准品放入样品池中，点击"读数 STD"，后出现对话框，点击"是"。仪器读出第一个标准品的吸光度，然后依次放入标准溶液，点击"读数 STD"，以此类推直到将所有标准品测试完毕。将标准品拿出将样品放入，点击"读数 UNK"，完成样品测定。测定完毕后点击工具栏上的"保存"按键。

⑥ 测定完毕清洗比色皿，退出"UVProbe"程序，关闭仪器和电脑电源，整理实验台。

3. 注意事项

① 仪器预热时必须等待所有指示灯变成绿色才可进行下一步操作。

② 放入比色皿时务必小心轻放，以免溶液洒到仪器中，并确保比色皿完全放入槽内。

③ 样品扫描过程中切忌打开机门。

④ 更换样时，要关闭机门。

⑤ 比色皿使用前后要清洗干净，用擦镜纸擦干，避免划伤比色皿。

⑥ 远离腐蚀性气体，避免脏污多尘的环境；避免阳光直射，强磁场、电场。

二、傅里叶变换红外光谱仪

红外光谱（infrared spectrometry，IR）又称分子振动转动光谱，也是一种分子吸收光谱，是根据物质对红外辐射的选择性吸收特性而建立起来的一种光谱分析方法。20 世纪 50 年代初期，商用的红外光谱仪问世。传统红外光谱仪为色散型，现代新型的红外光谱仪多为配有计算机的干涉型。傅里叶变换红外光谱仪便是其中主要的代表，其工作原理是当光源发出的入射光进入干涉仪后分成两束光：一束透射光和一束反射光，这两束光经过不同路径后再聚到检测器上，发生干涉现象。当两束光的光程差为 λ/2 的偶数倍时，则落到检测器上的相干光相互叠加产生明线，有最大振幅；奇数倍时相互抵消，产生暗线，有最小振幅。测定时将样品放在此干涉光束中，试样吸收了其中某些频率光，使干涉图的强度曲线函数发生变化，再借助计算机通过傅里叶逆变化算出每个波长的强度，就可以得到任何波束处的光强。

1. 主要组成结构

傅里叶变换红外光谱仪主要由光源（硅碳棒、高压汞灯）、分光系统（迈克尔干涉仪）、吸收池、检测器和信号处理系统组成。

（1）光源　红外光源应能发射足够强度的连续红外光谱，而且能量分布均匀，强度不随波长变化而变化，中红外区常用的是硅碳棒或能斯特灯，电加热使其发射连续高强度红外辐射。

能斯特灯：使用氧化锆、氧化钇和氧化钍烧结而成的中空棒或者实心棒。在低温时不导电，当温度升高到 700℃ 时变成导电状态，开始发光，工作温度约为 1750℃，因此需要预热。它的优点是发光强度高，尤其在高于 $1000cm^{-1}$ 高波数区域，使用寿命长，稳定性好，但价格昂贵，操作不如硅碳棒方便。

硅碳棒：工作温度在 $1200\sim1400℃$，它在低波束区发光较强，使用波束可以低到 $200cm^{-1}$。因为硅碳棒由碳化硅烧结而成，因此有升华现象，应用温度过高将缩短硅碳棒的寿命，并会污染附近的反射镜。硅碳棒的优点是寿命长、便宜、发光面积大，使用波长范围较能斯特灯宽。

（2）吸收池　因为玻璃、石英材料不能透过红外光，所以要用能透过红外光的 NaCl、KBr、CsI、KBS-5（T1I58%，T1IBr42%）等材料制作红外吸收池。NaCl、KBr、CsI 等材料制成的窗片需要注意防潮。KBS-5 窗片不吸潮，但透光性较差。

（3）分光系统　分光系统位于吸收池和检测器之间，红外的单色器也是由色散元件、狭缝、反射镜构成。色散元件有棱镜和光栅两种形式，棱镜主要用于早期生产的仪器中，制作棱镜的材料和吸收池一样都要能够透过红外辐射。棱镜易吸收水蒸气而使表面透光性变差，其折射率随温度变化而变化，近年早已被光栅所取代。

（4）检测器　由于红外光量子能量度低，红外检测器输出的电信号往往很小，通常红外检测器有热检测器和光电导检测器。

2. 岛津傅里叶变换红外光谱仪 IRAffinity-1 基础操作

（1）开启傅里叶变换红外光谱仪　开启傅里叶变换红外光谱仪的电源，开启计算机，进入 Windows 操作系统。

（2）启动 IRsolution 软件　点击 IRsolution 软件，进入工作站工作页面，计算机自动对傅里叶变换红外光谱仪初始化。

（3）图谱扫描（以聚苯乙烯膜为例说明）

① 参数设置

a. 可以设置扫描参数的扫描参数窗口包括 5 个栏，"数据""仪器""更多""文件"和"高级"，点击每个栏都可以显示相应的栏目。

b. 数据栏　设置测量模式为透射，设置去积卷为 happ-genzel，设置扫描次数为 1～400 次，一般设置 10 次，设置分辨率为 4，设置记录范围为 400～4000。

c. 更多栏　设置各参数为 normal：gain-auto，aperture-auto；monitor：gain-1，mode-power。

d. 文件栏　用文件栏保存扫描参数栏的参数设置或者装载保存的参数。点击"另存为"按钮，然后选择或者输入保存路径和文件名（扩展名：＊.ftir）。

② 扫描

a. 背景扫描　点击 BKG 按钮进行背景扫描，扫描时背景架不能放有样品，当然有时需要放置空白样品进行背景扫描，如果做压片，则需要用纯溴化钾压片做背景。

b. 样品扫描　首先把样品放入样品室，点击"sample"进行样品测试，测试完成后可以获得样品的图谱，点击"stop"按钮可以停止扫描。

（4）显示图谱

① 在测量模式下，用鼠标右键点击图谱，选择"file"中的"open"可以查看以前保存过的图谱。

② 用鼠标拖曳可以放大图谱的任何地方，也可以用鼠标菜单进行其他操作。

③ 重叠图谱：在放大窗口的任意光谱都可以以重叠状态显示在同一窗口中。在"pure 2"光谱窗口重叠"pure 1"光谱。点击"pure 1"栏将其激活，按下"shift"按钮，拖曳"pure 2"栏，然后光谱"pure 1"移动到"pure 2"窗口，这时"pure 1"栏消失，在"pure 2"窗口用"ctrl"按钮取代"shift"按钮重叠两个光谱。重复这个操作可以重叠三个或者更多的光谱。在菜单栏点击"WINDOWS"命令的下拉式菜单中的"SPLIT"命令把每一个光谱都放回原来的窗口中。

④ 透过和吸收图谱的转换，可以用鼠标右键菜单进行转换。

（5）图谱处理

① 从菜单栏"manipulation 1"和"manipulation 2"的下拉菜单中可以选择各种处理功能。

② 峰值表　当有多个光谱显示时，点击一个光谱栏标记峰并激活光谱，然后点击"manipulation 1"的下拉式菜单的"peaktable"选项，自动转换到"处理"栏显示峰检测屏；要检测峰可以用"噪声 noise""阈值 thresbold"和"最小面积 min area"设置给每一个参数输入一个数值点击计算"calc"按钮显示吸收峰检测结果。要增加或者减少检测吸收峰数目，则改变各个参数的输入数值再点击计算"calc"按钮。如果有些峰值没有被自动标出，点击"add peak"键添加，按"add peak"键后光标会自动在图谱中，移动光标到所需的位置，"CLICK"后，此处的波数会被记录在峰列表中。要删除指定的峰，在"MANU-AL PEAK PICK"的下拉列表中选择该峰，点击"DELETE PEAK"后，会删除该峰。最后按"OK"键可以得到峰值表，要撤销计算可以按"calculate"键。

③ 其他处理功能

a. 平滑（smoothing）　可以用该功能滤除噪声；

b. 连接（connect）　可以用该功能去除已知的干扰峰，两点之间用直线连接；

c. 剪切（cut）　可以用该功能对图谱的任意部分进行分析。

（6）图谱检索

① 点击检索"search"按钮显示检索界面，在参数窗口的图谱库"librarise"栏标记将要被检索的图谱库，如果没有图谱可点击添加"add"按钮找到要添加的图谱库进行添加。可以同时选择多个图谱库。

② 显示检索结果　确定好图谱库后，点击图谱检索"spectrum search"按钮进行检索，根据结果评价的分数可以找到最接近的图谱，评分最高是 1000 分，并且按照得分顺序排列检索结果，与谱库顺序无关。

③ 建立自己的谱库　选择"检索"——新建谱库，写入谱库信息，然后 LIGHT 新建的谱库。在左边的树状结构图中选择要添加的文件，用右键点击谱图文件名，在弹出的下拉菜单中有"增加到谱库"，选择后即把谱图加入到谱库中。

（7）图谱保存　扫描完成后，图谱会自动保存到默认的文件夹中，可根据树形目录查看。

（8）关闭系统　确保所有必要的 IRsolution 数据已经保存；执行文件"File——退出 Exit"命令退出 IRsolution 软件；退出 Windows，关闭计算机；关闭红外仪主机右前方的开关；保持电源和红外系统相接，以便系统内部干燥。

3. 日常维护

（1）电源　为了安全，仪器连接不仅要接地线，还应该装有漏电保护装置。

（2）工作环境　温度控制在 17～27℃，湿度控制在 50％～70％。安装红外光谱仪的实验台应牢固、平整，防止因台面弯曲而使光路偏离原来方向，检测出现偏差。

（3）日常维护　每星期检查干燥剂两次，如果干燥剂中硅胶变成浅蓝色或粉红色，则需要更换干燥剂。每个星期保证开机预热 2h 以上。仪器要远离振动源，在测试期间尽量减少房间空气流动。

4. 注意事项

① 仪器尽量远离振动源；仪器尽量远离腐蚀性气体。

② 测试期间尽量减少房间空气流动。

③ 测定时实验室的 CO_2 含量不能太高，因此实验室里的人数应尽量少，无关人员最好不要进入，还要注意适当通风换气。

④ 为防止仪器受潮而影响使用寿命，红外实验室应经常保持干燥，尽量使用吸尘器清理地面。

⑤ 压片模具用后应立即擦干净，必要时用水清洗干净并擦干，置于干燥器中保存，以免锈蚀。

5. 固体试样的制备

红外光谱对试样具有较好的适应性，无论试样是固体、液体还是气体，纯物质还是混合物，有机物还是无机物都可以用红外光谱进行分析，并且用量少，分析速度快，测量时不破坏样品，还可以继续进行下一步的测定。但对试样一般有着最好是单一组分纯物质、不能含有游离水等要求。最常见的试样为固体试样的 KBr 压片法制备：将 0.5～2mg 试样在玛瑙研钵中研细，加入 100～200mg 干燥的 KBr 粉末，研磨均匀后，放入压膜内，用压片机加压，制成一定直径和厚度的透明片。KBr 和试样都要经干燥处理，混合物的粒度要小于 $2\mu m$，以免产生散射光影响检测结果。

三、原子发射光谱仪

原子发射光谱法（atomic emission spectrometry，AES）是光谱分析发展较早的一种方法。1859 年，德国学者基尔霍夫（Kirchhoff G R）、本生（Bunsen R W）研制出第一台用于光谱分析的分光镜，系统地研究了一些元素的光谱与原子性质的关系。1930 年罗马金（Lomakin）和塞伯（Scherbe）通过实验方法建立了谱线强度与分析物浓度之间的经验式，从而建立了发射光谱的定量分析方法。原子发射光谱法可测定 70 多种金属及非金属元素；由于不同元素的原子发射各自元素特征的谱线，原子发射光谱可同时对多种元素进行定性和定量测量，而且选择性好，准确度高。

1. 主要组成结构

原子发射光谱仪主要由激发光源和分光系统（光谱仪）组成。

（1）激发光源　　激发光源主要作用是提供能量使试样蒸发生成基态的原子蒸气，再吸收能量跃迁至激发态，返回基态时发射出元素特征光谱信号。光源的特性在很大程度上影响着测定的准确度、灵敏度和检出限。目前，常使用的光源为电感耦合等离子体（inductive coupled high frequency plasma，ICP），ICP 光源具有十分突出的特点：激发温度高（一般在 5000～8000K），惰性气氛，原子化条件好，元素周期表上除了气体元素、部分非金属元素及人造放射性元素外，其他元素均可以用 ICP 进行分析。不足之处是对非金属测定的灵敏度低，等离子气体工作费用高。

（2）光谱仪　　光谱仪的作用是将光源发出的不同波长的光散射成为光谱或单色光，得到按波长顺序排列的光谱并记录。常用的棱镜摄谱仪主要由四部分构成。

① 照明系统　　通常由三个透镜组成，主要作用是使光源发射的光均匀而有效地照明入射狭缝系统，使感光板上所摄得的谱线强度均匀一致。

② 准光系统　　使不平行的复合光变成平行光投射到色散棱镜上。

③ 色散系统　　将入射光色散成光谱。

④ 记录系统　　感光板是原子发射光谱最早使用的检测器。感光板主要由玻璃基片和感光层组成，感光层又称乳化剂，常用卤化银（AgBr 使用比较广泛）的微小晶体均匀地分散在精制的明胶中而制成。摄谱时将其置于分光系统的焦面处，接受分析试样的光谱而感光，然后在暗室显影、定影，感光层中金属银析出，形成黑色的光谱线。感光板的上谱线的黑度主要取决于曝光量，曝光量越大，谱线越黑。感光板的优点是得到的光谱信息可以永久保存，缺点是操作烦琐，后期需要显影、定影和测量谱线等，准确度较低，因此在过去 20 年间逐渐衰落，被光电倍增管逐渐取代。

电感耦合等离子体-质谱（inductively coupled plasma-mass spectrometry，ICP-MS），一种将 ICP 技术和质谱结合在一起的分析仪器，它能同时测定几十种痕量无机元素，可进行同位素分析、单元素和多元素分析，以及有机物中金属元素的形态分析。在 ICP-MS 中，ICP 起到离子源的作用，被分析样品由蠕动泵送入雾化器形成气溶胶，由载气带入等离子体焰炬中心区，发生蒸发、分解、激发和电离。高温的等离子体使大多数样品中的元素都电离出一个电子而形成正离子，并通过接口有效地传输至质谱仪，质谱仪通过选择不同质荷比的离子通过来检测到某个离子的强度，进而分析计算出某种元素的强度。

ICP-MS 主要由电感耦合等离子体、接口、质谱组成，如图 2-1 所示。

① 电感耦合等离子体包括样品引入系统和离子源，ICP-MS 中样品引入的方式有溶液气动引入、超声方式引入、电热蒸发方式引入、气体发生方式引入等，而离子源就是 ICP。

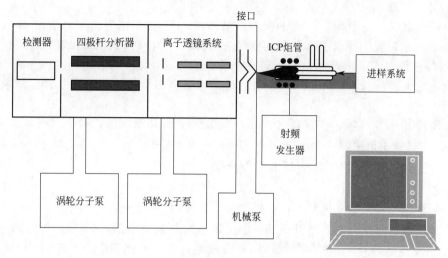

图 2-1　ICP-MS 结构示意图

② 接口包括采样锥和截取锥，是其关键部件。接口的功能是将等离子体中的离子有效地传输到质谱仪。

③ 质谱包括离子透镜系统、四极杆分析器和检测器。静电透射系统将穿过截取锥的离子拉出来，输送到四极杆滤质器，只有特定设置 m/z 的离子才能通过四极杆到达检测器，检测器对到达的离子的质量进行称量。

基本操作步骤如下。

2. Optima8000 ICP-AES 的基本操作步骤

（1）点燃等离子前的准备

① 确认仪器电路正常，打开计算机。

② 确认氩气钢瓶总压力，打开氩气钢瓶，检测氩气输出压力为 $600 \sim 800 \mathrm{kPa}$，切割气输出压力为 $600 \sim 800 \mathrm{kPa}$，打开冷却水循环机并检测温度设定是否正常。

③ 打开 OPTIMA8000DV 电源，启动 WINLAB 32 软件，等待仪器初始化结束，检查蠕动泵管，在锁定、换干净的过滤器前确定管子是否放在正确的位置，启动蠕动泵检查进样和排液是否正常。

（2）点燃等离子体　把试样毛细管浸入到去离子水中，在 "plasma control window" 窗口中单击 "plasma" 图标，点击 "on" 点燃等离子体。检查蠕动泵的速率、压力，确认雾化器的液体正被排出，约 15min 后仪器自动初始化（initialize optics）并检查结果。

（3）分析和数据处理

① 调出要分析的方法，此时工具栏最右边 "method" 旁出现方法名，点击 "manual" 图标，出现样品分析窗口。

② 打开建立数据文件 "result data set"，选用已储存或重新命名，选好是否打印后，依次点击空白图标 analyzer blank、标准图标（analyzer standard）、样品图标（analyzer sample）进行分析，此时，被点击的图标依次变为绿色，直至分析结束，如要停止当前样品分析，再点击一次图标。

③ 在分析样品时，如单位和标准一致，并未稀释，可直接点击样品图标进行分析，如单位不同可点击图标 "details"，出现样品信息表，填入样品质量、体积、单位及稀释倍数等信息，分析结果会直接得到样品的浓度结果。

（4）关闭仪器

① 分析结束后，先用 2%～5%的硝酸溶液清洗 5min，再用去离子水清洗 5min，点击图标"plasma off"关闭等离子体。在 plasma 控制窗口可看到 plasma 气熄火后进行维持约 10min，以保护炬管。

② 取出毛细管，点击"pump"，蠕动泵转动将里面溶液抽空，松开泵管，从泵上卸下管子。

③ 关闭冷却水循环机，待仪器"camera"的温度回升至室温，关闭氩气，关排放阀，关计算机，关仪器主机电源。

3. PE Elan9000 ICP-MS 的基本操作步骤

（1）开机

① 检查电源、排风管路连接、仪器炬管、工作线圈、泵管是否正常；

② 打开氩气、排风开关，打开电脑，点击工作站图标"elan"，确认软件运行；

③ 打开仪器电源开关：按顺序每隔 5s 慢慢地打开"SYSTEM"⟶"RFGENERA-TOR"⟶"ELECTRONICS"⟶"ROUGHING PUPMS"；

④ 点击"instrument"，打开"front panel"界面，点击"vacuum"的"start"按钮，抽真空至"vacuum pressure"为 10^{-6}，点火工作；

⑤ 安装进样的蠕动泵管，进样毛细管置于烧杯内水中，打开冷却循环机和"RFGEN-ERATOR"（若前面已打开可忽略）；

⑥ 点击"instrument"，打开"front panel"界面，点击"plasma"的"start"，点火；

⑦ 点火预热 20min，点击"open workspace"，打开"daily performance"软件，检查仪器绩效，如仪器性能指标不符合要求，需优化仪器参数，合格后开始工作；

⑧ 调出编辑好的方法，建立存放数据的文件夹，开始分析样品。

（2）关机

① 分析结束后，用 1%硝酸清洗液冲洗 5min，再用超纯水冲洗 5min；

② 点击"instrument"，打开"front panel"界面，点击"plasma"的"stop"按钮关闭等离子炬管；

③ 取出毛细管，泵逆时针方向转动几分钟后关闭（雾化器中残留溶液需排尽），松开泵管；

④ 如需长时间关机，则在"instrument"的"front panel"界面点击"vacuum stop"按钮关闭真空；

⑤ 关闭软件；

⑥ 如真空关闭，按顺序依次关闭仪器电源，按顺序每隔 5min 慢慢关闭"ROUGHING PUPMS"⟶"ELECTRONICS"⟶"RFGENERATOR"⟶"SYSTEM"，如不关闭真空，只需关闭"RFGENERATOR"；

⑦ 关闭软件，关闭冷却水循环机、氩气（氩气必须在真空关闭后才能关）、排风开关。

4. 日常维护

① 仪器表面、进样系统在使用前后都应该及时清洁干净。

② 蠕动泵管每次使用前后应及时检查。

③ 雾化器应及时清洁，防止堵住。

④ 应每周清洁一次雾化器、中心管、炬管，气路及各连接处的查漏及更换蠕动泵泵管也应每周进行一次，需每半年更换冷却循环水。

5. 注意事项

① 实验室温度要求在 15～35℃，温度变化应在 2.8℃/h 之内，仪器最佳工作温度为 (20±2)℃。实验室湿度要求在 20%～80%，最佳范围为 35%～50%。

② 定期吹扫光学室，并避免不良气体或水汽浸蚀。

③ 更换炬管、中心管等玻璃制品时，需戴防护手套。

④ 绝不可将雾化室置于超声波中超声，也不能在干燥箱中加热。

⑤ 等离子体工作时，不许打开 POP 窗口，防止潜在的紫外线辐射。

四、原子吸收光谱仪

原子吸收光谱法（atomic absorption spectrometry，AAS），也称原子吸收分光光度法，是根据物质的基态原子蒸气对特定谱线的吸收作用进行元素定量分析的方法。原子吸收现象于 19 世纪初被发现，直到 1955 年澳大利亚物理学家沃尔什（Walsh）发表论文"原子吸收光谱在化学分析中的应用"，才从理论上探讨了这个方法，奠定了原子吸收方法的理论基础，才使得这个方法广泛应用。

1. 主要组成结构

原子吸收分光光度计由光源、原子化器、单色器和检测器四部分组成。

（1）光源　光源的作用是发射谱线宽度很窄的元素共振线，对光源的要求是锐线光源，辐射强度大、稳定、背景小等。常见的光源为空心阴极灯及无极放电灯。

① 空心阴极灯　空心阴极灯是目前原子吸收分光光度计中普遍使用的锐线光源。结构如图 2-2 所示，它由一个空心圆筒状的阴极和一个阳极构成，阴极上熔有待测元素的纯金属或合金。阳极为钨、镍、钛等金属，阳极上面装有钛丝或钽丝做吸气剂，吸收灯内少量杂质气体。灯内充有低压惰性气体（常用氖气或氩气），灯体由石英玻璃制成。在电场的作用下，充氖气的空心阴极灯发射橙红色光，充氩气灯发射出淡紫色光，目的是便于调整光路。

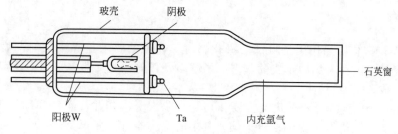

图 2-2　空心阴极灯结构

空心阴极灯工作原理：当两极通电后，管内的惰性气体开始电离，在电场的作用下，电子高速奔向阳极，正离子加速向阴极撞击，使阴极表面的金属物质发生溅射，被溅射出来的原子又与电子、离子、惰性气体原子相互碰撞而被激发，于是阴极发射出元素特征谱线。由于空心阴极灯的工作电流一般在 1～20mA，温度不高，所以热变宽不明显。被溅射出的阴极自由原子密度也较低，同时又因为是在低压气氛中放电，因此，发射线的压力变宽和自吸变宽都很小，辐射出的特征谱线比火焰中吸收线半宽度小。由于空心阴极灯的特殊结构，气态基态原子停留时间长，激发效率高，因而能发射出强度大的谱线。

② 无极放电灯　大多数元素的空心阴极灯具有良好的性能，是原子吸收仪器中常用的光源，但是其对于砷、硒、碲、镉、锡等这些易挥发、易溅射、难激发、低熔点的元素，性能不能令人满意。而无极放电灯对这些元素的测定具有优良的性能。

将数毫克的被测元素卤化物放在一个长 30～100mm，内径为 3～15mm 的真空石英管内，管内充有几百帕的氩气。石英管放在一个高频发生器线圈内，由高频电场作用激发出被测元素的原子发射光谱，因为是低压放电，所以称为无极放电灯。无极放电灯是目前原子吸收法测磷的唯一实用光源。

（2）原子化器　原子化器的作用是将试样蒸发并使待测元素转化为基态气态的原子，主要有火焰原子化器和非火焰原子化器。

① 火焰原子化器　火焰原子化器由雾化器、雾化室（预混合室）、供气系统和燃烧器四部分组成，如图 2-3 所示。

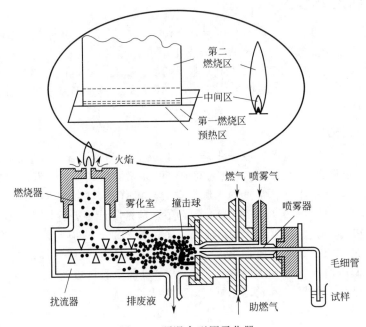

图 2-3　预混合型原子化器

a. 雾化器　雾化器的作用是将试液雾化。对雾化器的要求是雾滴均匀、喷速稳定。雾滴粒子的直径越小，在火焰中生成的基态原子越多。目前，喷雾器多采用不锈钢、聚四氟乙烯或玻璃等制成。

b. 雾化室（预混合室）　雾化室主要作用是去除大雾滴，并使燃气和助燃气充分混合，使气压稳定以便在燃烧器中得到稳定火焰。其中的扰流器可使雾滴变细，同时可以阻挡大的雾滴进入火焰。工作时大雾滴和冷凝液由废液口自动排出。一般的喷雾装置雾化效率为 5%～15%。雾化器的废液口要液封，以防进入空气造成火焰不稳或回火。

c. 供气系统　供气系统的作用是提供燃气和助燃气。

d. 燃烧器　在火焰原子化中，燃烧器的作用是用火焰的高温使试样分解并原子化。首先要提供足够高的温度才能使元素成为基态的气态原子，但是如果温度过高，被热能激发的部分分子、原子和离子也会发射相应的光谱，对测定产生干扰。复杂的原子化过程直接限制了方法的精密度，为此了解火焰的特性及影响因素是十分重要的。火焰的温度主要取决于燃气和助燃气的种类，最适宜的比例一般要用实验确定。常用的两种火焰是空气-乙炔焰和氧化亚氮-乙炔焰。

② 石墨炉原子化器　石墨炉原子化装置的原理是利用大电流通过高阻值的石墨管时产生高温，使石墨管中少量的试液蒸发并原子化，石墨炉温度最高可达 3300K，结构如图 2-4 所示。

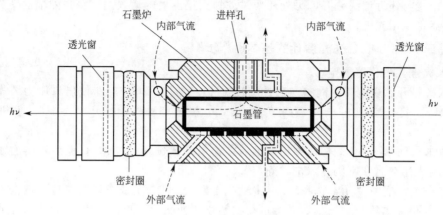

图 2-4　石墨炉原子化器

石墨炉原子化过程分为干燥、灰化、原子化、净化四个阶段。

a. 干燥　主要除去溶剂，使溶剂完全挥发，避免样品在灰化原子化时飞溅，温度控制在稍微高于溶剂的沸点，时间一般控制在 10～20s。

b. 灰化　使待测盐类分解并赶走阴离子，除去有机物及易挥发的基体，减少干扰吸收。在保证不损失待测物的情况下尽可能选用较高温度，一般温度在 500～800℃，时间为 10～30s。

c. 原子化　升高温度使待测物原子化，试样汽化后解离成基态原子蒸气，在保证待测物尽可能多地变成自由原子的情况下，选择低的原子化温度和原子化时间，以延长石墨炉的寿命。在原子化过程中停止载气的供应，以增加基态原子在石墨管中的停留时间，提高灵敏度，原子化温度一般在 1800～3000℃，时间为 5～8s。

d. 净化　在高温下加热 3～5s，除去石墨管中残留的分析物，以减少和避免记忆效应，这一过程也称除残。净化时间要短，以保护石墨炉。

石墨炉原子化法最大的优点是原子化效率高，气态原子在石墨炉中停留时间是在火焰中的 100～1000 倍，所以灵敏度高，但是随之带来的就是干扰多，导致精密度差。石墨炉样品用量少，特别适用于分析微量或者痕量的物质。

③ 氢化物原子化器　氢化物原子化法是低温原子化法的一种。在原子吸收光谱法中，有些易形成氢化物的元素，如 Ge、Sn、Pb、Bi、As、Sb、Se、Te 等，如果采用液体进样原子化，火焰原子化法或者石墨炉原子化法都不能得到很好的灵敏度。但这些元素在常温酸性介质中能被强还原剂 KBH_4 或 $NaBH_4$ 还原，生成极易挥发、易分解的氢化物，如 GeH_4、SnH_4、PbH_4、BiH_3、AsH_3、SbH_3、SeH_2、TeH_2 等。例如砷，其反应为：

$$AsCl_3 + 4NaBH_4 + HCl + 8H_2O = AsH_3 \uparrow + 4NaCl + 4HBO_2 + 13H_2$$

这些氢化物的解离能较低，用载气将氢化物引入火焰原子化器或电热原子化器中，可以在较低温度下（<1000℃）实现原子化。氢化物生成的过程本身是个分离过程，被测元素转化为氢化物后全部进入原子化器，因此测定灵敏度高；样品中的基体不被还原，对测定的影响很小，大大提高了原子吸收光谱的应用范围。

④ 汞低温原子化器　汞在常温下有一定的蒸气压，沸点低（357℃），将试液中的 Hg^{2+} 用 $SnCl_2$ 或盐酸羟胺还原为 Hg，然后用载气将 Hg 蒸气引入带有石英窗的气体吸收池内测定其吸光度。本方法的灵敏度和准确度都较高，可检出 $0.01\mu g$ 的 Hg。这就是环境检测中测定水中有害元素汞时常用的冷原子吸收法。

（3）单色器和检测器　现代仪器的分光系统主要用光栅作为色散元件，主要作用是将元素的共振线与邻近谱线分开，另外还要过滤掉火焰发射的谱线，避免强烈辐射使光电管疲劳。检测器主要用光电倍增管。

2. 岛津 AA-6300 分光光度计的基本操作步骤

（1）火焰原子化器测定

① 依次打开乙炔钢瓶主阀（逆时针旋转 $1\sim1.5$ 周），调节旋钮使出口压力表指针指示为 $0.09MPa$。打开空压机电源，调节输出压力为 $0.35MPa$。打开 AA-6300 主机电源和电脑。

② 双击桌面 wizzard 图标，弹出页面后在窗口左侧选择"操作"，然后点击右侧 AA 主机图片。输入用户名和密码，点击"确定"。

③ 点击图片框中"元素选择"，单击"确定"，出现"元素选择"窗口，点击右侧"连接"，电脑与 AA 主机建立通信，开始进行初始化。初始化后点击"确定"。软件出现火焰分析的仪器检查目录页面，依照实际情况将 9 个方框分别进行打钩，如果有不符合自检要求的应尽快按要求解决，然后点击"确定"。

④ 在"元素选择"界面，点击右侧"选择元素"出现装载窗口。在装载参数页面选择左上角"周期表"，在周期表中选择待测定元素，点击"确定"。

⑤ 在元素选择页面点击右侧"编辑参数"出现"光学参数"的设置窗口，在"点灯"方框中点上对号。然后点击"谱线搜索"。谱线搜索页面中两项都显示"OK"后，关闭页面。

⑥ 回到制备参数页面，点击右侧的"校准曲线设置"，在校准曲线页面中设置浓度单位、工作曲线的组成点数等，设置完成点击"OK"。

⑦ 回到制备参数页面，点击右侧"样品组设置"，样品组设置页中设置样品的个数，设置完成点击"更新"。点击"下一步"，选择"发送参数"，点击"下一步"再次确定"光学参数"，点击"下一步"确认设置的气体流量、燃烧器高度等参数，点击"完成"。

⑧ 点火前需确认 C_2H_2 气、空气供给情况以及排风机是否打开，确认完毕后同时按住 AA 主机上的黑、白按钮，等待火焰点燃，仪器需要预热 $15min$。

⑨ 火焰点燃后，用纯净水进样，观测火焰是否正常，点击"自动调零"。根据工作表的顺序，依次进相应浓度的标准溶液和样品溶液，点击下方"开始"或键盘上"F5"执行样品的测试，标准溶液测试结束后软件会自动绘出校准曲线，并给出标准方程与相关系数，软件会根据标准曲线自动计算样品浓度。

⑩ 测试完成后，用纯净水代替样品进样，清洗整个系统 $10min$，选择上方工具栏中"仪器"菜单下的"余气燃烧"，将管路中剩余的气体烧尽。关闭空压机电源，将空压机气缸中的剩余气体放空，避免管路中存有气体。关闭排风机电源，退出软件，关闭电脑电源，关闭 AA 主机电源。

（2）石墨炉原子化器测定

① 依次打开 AA-6300 主机，自动进样器，石墨炉和电脑电源。打开氩气钢瓶主阀（完全旋开），调节旋钮使出口压力表指针指示为 $0.35MPa$，打开冷却循环水电源。

② 双击桌面 wizzard 图标，在窗口中左侧处选择"操作"，然后点击右侧 AA 主机图片。输入用户名和密码，点击"确定"。

③ 点击图片框中"元素选择"，单击"确定"。出现"元素选择"窗口，点击右侧"连接"，电脑与 AA 主机建立通信，开始进行初始化，初始化后点击"确定"。

④ 在"元素选择"界面，点击右侧"选择元素"出现装载窗口。在装载参数页面选择左上角"周期表"，在周期表中选择待测定元素，点击"确定"。

⑤ 返回"元素选择"界面点击右侧"编辑参数"出现"光学参数"的设置窗口,在"点灯"后面方框中点上对号,然后点击"谱线搜索"。谱线搜索页面中两项都显示"OK"后,关闭页面。

⑥ 回到制备参数页面,点击右侧的"校准曲线设置",在校准曲线页面中设置浓度单位、工作曲线的组成点数等,设置完成点击"OK"。

⑦ 回到制备参数页面,点击右侧"样品组设置",样品组设置页中设置样品的个数,设置完点击"更新"。点击"下一步",选择发送参数,点击"下一步"再次确定"光学参数"。点击"下一步"确认设置石墨炉升温程序参数,点击"完成"。

⑧ 在测定前确认氩气、循环冷却水已经打开。点击"试验测定"选择"手动测定"的方式,通过界面上实时吸光度确定仪器是否满足测试要求(干净无污染的石墨管的吸光度应该在 $0.00x$ 左右)。如果试验正常,点击"开始"进行测定。软件会自动执行标准品和样品的顺序设定,并自动绘出校准曲线,给出标准方程与相关系数,根据标准曲线计算样品浓度。

⑨ 测定结束依次退出软件,关闭软件、石墨炉电源、自动进样器电源、循环冷却水装置、氩气钢瓶阀门和 AA 主机电源。

3. 注意事项

① 乙炔纯度要达到98%,当乙炔钢瓶压力低于 0.05MPa 时必须更换,否则钢瓶内溶解物会溢出,造成仪器内气路堵塞,不能点火。

② 为了保护石墨管不被氧化,氩气纯度要在 99% 以上。

③ 使用 N_2O 时,需要使用带加温功能的减压阀。由于 N_2O 是以液态储存的,使用时变为气态吸热,会影响汽化室温度,甚至使雾化室结冰,灵敏度降低。

④ 为了防止意外电流冲击,必须保证各部件的良好接地。

⑤ 如果测定中数据波动大或吸收灵敏度减小,有可能是雾化器中进样毛细管堵塞,需要清洗雾化器。

⑥ 用火焰原子化器时,废液管要放在废液面之上,以免废液由于负压吸入燃烧头中,污染整个系统。

⑦ 定期检查废液罐水位,如果水位不够高应及时补充。

⑧ 如果燃烧头的缝被碳化物或盐类等物质堵塞,火焰变得不规则,应该熄灭火焰,等燃烧器冷却后用厚纸或薄的塑料片擦去锈斑或堵塞物。再次点火后如果还出此现象,应用纯水清洗或者稀酸等合适的洗涤剂浸泡过夜,再用纯净水冲洗干净。

⑨ 当测定样品有高浓度共存物组分时(如高盐等),盐类可能会附着在燃烧缝的内壁。因此测定样品后,务必使用纯净水进样冲洗,以保证燃烧器的通畅。

⑩ 重装燃烧头时应做燃烧器原点位置调节。

⑪ 抽风系统排风力不能过大,否则会引起火焰不稳定,导致噪声过大。

五、原子荧光光谱仪

原子荧光光谱(atomic fluorescence spectrum,AFS)是利用原子荧光谱线的波长和强度进行物质的定性与定量分析的方法。原子蒸气吸收特征波长的辐射之后,将原子激发到高能级,激发态原子接着以辐射方式去活化,由高能级跃迁到较低能级的过程中所发射的光称为原子荧光。当激发光源停止照射之后,发射荧光的过程随即停止。原子荧光可分为 3 类:共振荧光、非共振荧光和敏化荧光,其中以共振荧光最强,在分析中应用最广。

1. 氢化物发生-原子荧光光度计主要组成结构

原子荧光光度计由激发光源、原子化器、光学系统、检测器、氢化物发生器五部分组成。

（1）激发光源　可用连续光源或锐线光源。常用的连续光源是氙弧灯，常用的锐线光源是高强度空心阴极灯、无极放电灯、激光等。连续光源稳定，操作简便，寿命长，能用于多元素同时分析，但检出限较差。锐线光源辐射强度高，稳定，可得到更好的检出限。

（2）原子化器　原子荧光分析仪对原子化器的要求与原子吸收光谱仪基本相同，主要是原子化效率要高。氢化物发生-原子荧光光度计是专门设计的，是一个电炉丝加热的石英管，氩气作为屏蔽气及载气。

（3）光学系统　光学系统的作用是充分利用激发光源的能量和接收有用的荧光信号，减少和除去杂散光。色散系统对分辨能力要求不高，但要求有较大的集光本领，常用的色散元件是光栅。非色散型仪器的滤光器用来分离分析线和邻近谱线，降低背景。非色散型仪器的优点是照明立体角大，光谱通带宽，集光本领大，荧光信号强度大，仪器结构简单，操作方便。缺点是散射光的影响大。

（4）检测器　常用的是日盲型光电倍增管，在多元素原子荧光分析仪中，也用光导摄像管、析像管做检测器。检测器与激发光束成直角配置，以避免激发光源对检测原子荧光信号的影响。

（5）氢化物发生器

① 间断法　在玻璃或塑料发生器中加入分析溶液，通过电磁阀控制 $NaBH_4$ 溶液的加入量，并可自动将清洗水喷洒在发生器的内壁进行清洗，载气由支管导入发生器底部，利用载气搅拌溶液以加速氢化反应，然后将生成的氢化物导入原子化器中。测定结束后将废液放出，洗净发生器，加入第二个样品如前述进行测定，由于整个操作是间断进行的，故称为间断法。这种方法的优点是装置简单、灵敏度（峰高方式）较高。这种进样方法主要在氢化物发生技术初期使用，现在有些冷原子吸收测汞仪还在使用，缺点是液相干扰较严重。

② 连续流动法　连续流动法是将样品溶液和 $NaBH_4$ 溶液由蠕动泵以一定速率在聚四氟乙烯的管道中流动并在混合器中混合，然后通过气液分离器将生成的气态氢化物导入原子化器，同时排出废液。采用这种方法所获得的是连续信号。该方法装置较简单，液相干扰少，易于实现自动化。由于溶液是连续流动进行反应的，样品与还原剂之间严格按照一定的比例混合，故对反应酸度要求很高的那些元素也能得到很好的测定精密度和较高的发生效率。连续流动法的缺点是样品及试剂的消耗量较大，清洗时间较长。这种氢化物发生器结构比较复杂，整个发生系统包括两个注射泵，一个多通道阀，一套蠕动泵及气液分离系统；整个氢化物发生系统价格昂贵。

③ 断续流动法　针对连续流动法的不足，在保留其优点的基础上，1992 年，断续流动氢化物发生器的概念首先由西北有色地质研究院郭小伟教授提出，它是一种集结了连续流动与流动注射氢化物发生技术两者的优点而发展起来的一种新的氢化物发生装置。此后由海光公司将这种氢化物发生器配备在一系列商品化的原子荧光仪器上，从而开创了半自动化及全自动化氢化物发生-原子荧光光谱仪器的新时代。它的结构几乎和连续流动法一样，只是增加了存样环。仪器由计算机控制，按下述步骤工作：第一步，蠕动泵转动一定的时间，样品被吸入并存储在存样环中，但未进入混合器中。与此同时，$NaBH_4$ 溶液也被吸入相应的管道中。第二步，泵停止运转以便操作者将吸样管放入载流中。第三步，泵高速转动，载流迅速将样品注入混合器，并使其与 $NaBH_4$ 反应，所生成的氢化物经气液分离后进入原子化器。

④ 流动注射氢化物技术　流动注射氢化物发生技术是结合了连续流动和断续流动进样的特点，通过程序控制蠕动泵，将还原剂 $NaBH_4$ 溶液和载液 HCl 注入反应器，又在连续流动进样法的基础上增加了存样环，样品溶液吸入后储存在取样环中，待清洗完成后再将样品溶液注入反应器发生反应，然后通过载气将生成的氢化物送入石英原子化器进行测定。

2. 原子荧光光度计操作步骤

① 打开仪器灯室，在 A、B 道上分别插上或检查元素灯；打开氩气，调节减压表次级压力为 0.3MPa；打开仪器前门，检查水封中是否有水。

② 依次打开计算机、仪器主机（顺序注射或双泵）电源开关；检查元素灯是否点亮，新换元素灯需要重新调光；双击软件图标，进入操作软件。

③ 在自检测窗口中点击"检测"按钮，对仪器进行自检；点击元素表，自动识别元素灯，选择自动或手动进样方式；点击"点火"按钮，点亮炉丝。

④ 点击仪器条件，依次设置仪器条件、测量条件（如要改变原子化器高度，需要手动调节）；点击标准曲线，输入标准曲线各点浓度值和位置号；点击样品参数，设置被测样参数。

⑤ 点击测量窗口，仪器运行预热 1h；将标准品、样品、载液和还原剂等准备好，压上蠕动泵压块，进行测量，处理数据打印报告。

⑥ 测量结束后用纯水清洗进样系统 20min；退出软件，关闭仪器电源和计算机电源，关闭氩气；打开蠕动泵压块，把各种试剂移开，将仪器及试验台清理干净。

3. 日常维护

① 实验室温度应保持在 15～30℃，湿度应该保持在 45％～70％。

② 所用试剂应均为优级纯，且需现用现配，水应为超纯水。

③ 泵头上经常涂抹硅油，确保泵头运转灵活，经常检查泵头软管是否老化，建议使用一段时间后及时更换软管。

4. 注意事项

① 在开启仪器前，一定要注意开启载气。

② 检查原子化器下部去水装置中水封是否合适。

③ 试验时注意在气液分离器中不要有积液，以防溶液进入原子化器。

④ 在测试结束后，一定要运行仪器，用水清洗管道。关闭载气，并打开压块，放松泵管。

⑤ 更换元素灯时，一定要在主机电源关闭的情况下，不能带电插拔。

⑥ 元素灯的预热必须是在进行测量时且在点灯的情况下，这样才能达到预热稳定的作用，只打开主机，元素灯虽然也亮，但起不到预热稳定的作用。

六、气相色谱仪

气相色谱法（gas chromatography，GC）是以气体为流动相的色谱分析法。作为流动相的气体称为载气，常用的载气有 N_2、H_2、Ar 和 He 等。气相色谱分析中，气体黏度小，传质速率高，渗透性强，有利于高效快速地分离。气相色谱法具有高选择性、高效能、低检测限、分析速率快和应用范围广的特点。

1. 主要组成结构

气相色谱仪主要包括气体输送系统、进样系统、色谱分离系统、检测系统、数据记录及处理系统、温度控制系统。

（1）气体输送系统 气相色谱仪的气路是一个载气连续运行的密闭系统，包括气源、净化器、气体流速控制和测量装置。气路的气密性、载气流量的稳定性和测量流量的准确性，对气相色谱的测定结果起着重要的作用。

（2）进样系统 进样系统包括进样器和汽化室。进样系统的作用是把待测样品（气体或液体）快速而定量地加到色谱柱中进行色谱分离。进样量的大小、进样时间的长短和样品汽化速率等都会影响色谱分离效率和分析结果的准确性及重现性。

① 进样器　液体样品的进样，一般用微量注射器，微量注射器的重复性为 2.0%。新型仪器带有全自动液体进样器，清洗、润冲、取样、进样、换样等过程自动完成，一次可放置数十个试样。

气体进样器为六通阀，如图 2-5 所示。六通阀分为推拉式和旋转式两种。试样首先充满定量管，切入后，载气携带定量管中的试样气体进入分离柱，重复性优于 0.5%。

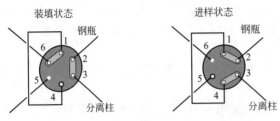

图 2-5　旋转式六通阀

② 汽化室　液体样品在进柱前必须在汽化室内变成蒸气。汽化室为不锈钢材质的圆柱管，上端为进样口，载气由侧口进入，柱管外部用电炉丝加热。汽化室的温度通常控制在 50～500℃，以保证液体试样能快速汽化。汽化室要求热容大，使样品能够瞬间汽化，并要求死体积小。对易受金属表面影响而发生催化、分解或异构化现象的样品，可在汽化室通道内置一玻璃插管，避免样品直接与金属接触。汽化室注射孔用厚度为 5mm 的硅橡胶密封，由散热式压管压紧，采用长针头注射器将样品注入热区，以减小汽化室死体积，提高柱效。

（3）色谱分离系统　柱分离系统是色谱分析的心脏部分。气相色谱柱有填充柱和毛细管柱两种，如图 2-6 和图 2-7 所示。随着技术的进步，填充柱将会被更高效、更快速的毛细管柱所取代。填充柱和毛细管柱的区别和特性见表 2-1。

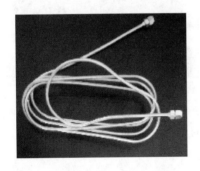

图 2-6　填充柱

图 2-7　毛细管柱

表 2-1　填充柱和毛细管柱的区别和特性

项目	填充柱	毛细管柱
柱形	U 形，螺旋形	螺旋形
材料	不锈钢，玻璃	玻璃，弹性石英
柱长	0.5～6m	30～500m
柱内径	2～6mm	0.1～0.5mm
特性	渗透性小，传质阻力大，n 低，速率慢	渗透性大，传质阻力小，n 高，速率快

（4）检测系统　经色谱柱分离后的组分依次进入检测器，按其浓度或质量随时间的变化，转化成相应电信号，经放大后记录和显示，得到色谱流出曲线。气相色谱分析常用的检测器有热导检测器、氢火焰离子化检测器、电子捕获检测器、火焰光度检测器等。

（5）数据记录及处理系统　记录仪和色谱处理系统是记录色谱保留值和峰高或峰面积的设备。常用的记录仪是自动平衡电子电位差计，将从检测器来的电位信号记录成为电位随时间变化的曲线，即色谱图。计算积分器是一种色谱数据处理装置，一般包括一个微处理器、前置放大器、自动量程切换电路、电压-频率转换器、采样控制电路、计数器及寄存器、打印机、键盘和状态指示器等。

（6）温度控制系统 柱温是影响分离的最重要的因素，是色谱分离条件的重要选择参数。汽化室、分离室、检测器在色谱仪操作时均需控制温度。气相色谱仪温度控制系统通常有电源、温控和微电流放大器等部件。电源部件对仪器的检测系统、控制系统和数据处理系统各部件提供稳定的直流电压，同时也给仪器的各种检测器提供一些特殊的稳定电压或电流，以便获得稳定的电压、磁场或电流；温控部件、程序升温部件对气相色谱仪的柱箱、检测器室和汽化室或辅助加热区进行控制，要求控温范围在（$\pm 0.1 \sim \pm 0.3$）℃，温度梯度 $< \pm 0.5$℃；微电流放大器把检测器的信号放大，以便推动记录仪或数据处理系统工作。

一般情况下汽化室温度比色谱柱恒温箱温度高 $50 \sim 100$℃，以保证液体试样瞬间汽化而不分解，有些气相色谱仪的汽化室也可进行程序升温控制。检测器的温度与色谱柱恒温箱温度相同或稍高于后者，以防止被分离后的组分通过时冷凝。

2. 气相色谱仪操作规程

（1）安捷伦 GC7890 气相色谱仪的操作步骤

① 检漏 先将载气出口处用螺母及橡胶堵住，再将钢瓶输出压力调到 $3.9 \times 10^5 \sim 5.9 \times 10^5 Pa$（$4 \sim 6 kgf/cm^2$），继而再打开载气稳压阀，使柱前压力约为 $2.9 \times 10^5 \sim 3.9 \times 10^5 Pa$（$3 \sim 4 kgf/cm^2$），并查看载气的流量计，如流量计无读数则表示气密性良好，这部分可投入使用；倘若发现流量计有读数，则表示有漏气现象，可用十二烷基硫酸钠水溶液探漏，切忌用强碱性皂水，以免管道受损，找出漏气处后加以处理。

② 载气流量的调节 气路检查完毕后在密封性能良好的条件下，将钢瓶输出气压调到 $2 \times 10^5 \sim 3.9 \times 10^5 Pa$（$2 \sim 4 kgf/cm^2$），调节载气稳压阀，使载气流量达到合适的数值。注意，钢瓶气压应比柱前压（由柱前压力表读得）高 $4.9 \times 10^4 Pa$（$0.5 kgf/cm^2$）以上。

③ 恒温 在通载气之前，将所有电子设备开关都置于"关"的位置，通入载气后，按一下仪器总电源开关，主机指示灯亮，色谱室鼓风马达开始运转。

④ 热导检测器的使用 色谱室温度恒定一段时间后，将热导、氢焰转换开关置于"热导"上，并打开热导电源及氢焰离子放大器的电源开关，用热导电流调节器把桥路电流调到合适的值。

⑤ 停机 使用完毕后，先关记录纸开关，再关记录仪电源开关，使记录笔离开记录纸。然后关热导电源及氢焰离子放大器的电源开关，如为氢火焰离子化检测器，须先关闭氢气稳压阀和空气针形阀，使火焰熄灭。接着关温度控制器开关和切断主机电源，最后关闭高压气瓶和载气稳压阀。

（2）岛津 GC-2014C 气相色谱仪的操作步骤

① 开机 接通主机电源，点击 GC-2014C 主机上的"SYSTEM"键，然后再按"PF1"键启动 GC。双击计算机上的"CS-Light Real Time Analysis 1"，再打开连接器 CBM-102 的电源开关，听到"滴"声后，即联机成功。

② 参数设置 调节载气按钮，设定载气流速。按"SET"键设定柱温、进样口及检测器温度。点击工具栏"Monit"图标，待检测器温度升到 100℃ 以上时，检测器自动点火，观察到火焰实心为点火成功。再根据测定样品的沸点按"SET"键设定柱温、进样口及检测器温度。当"STATUS"键和"TEMP"键由黄色变为绿色，且基线平稳时，即可进样。

③ 样品测定 按"样品记录"图标，保存要测定的样品数据。

手动进样。当"STATUS"键和"TEMP"键由绿色变为黄色时，按"停止"图标结束当前测定。数据收集完毕，进行数据处理。

④ 数据处理　回到主屏，双击"CS-Light Postrun Analysis"调出已经收集到的色谱图，进行数据处理。点击"编辑"编辑积分参数，设立定量方法，设定组分表，保存处理方法。调出报告模式，放入数据，即可打印报告。

⑤ 关机　关氢气发生器（氢气钢瓶）、空气压缩机的电源开关。将柱温、进样器温度、检测器温度降到100℃以下。关闭色谱系统。关计算机、GC-2014C 主机电源开关。关闭仪器总开关。

3. 注意事项

① 一定要先关闭主机，再关氮气阀门。

② 在进样口和检测器温度比较低时，先将柱箱温度设低一点，待进样口和检测器温度升上去后再升柱箱温度。

③ 应先通载气15min 以上，然后检测器通电，以保证热导元件不被氧化或烧坏。

④ 气体净化管内的吸附剂必须定期活化处理，以保持净化效果。

⑤ 必须牢记在热导池出口接头处旋上闷头螺帽，防止在切断载气后，外界空气中的氧返进色谱柱和检测器系统，为了保护色谱柱和检测器，在高温使用后，尤其要注意必须在柱箱和检测器温度降到70℃以下，才能关闭气源。

七、高效液相色谱仪

高效液相色谱法（high performance liquid chromatography，HPLC）是 1964～1965 年开始发展起来的一项新颖快速的分离分析技术。它是在经典液相色谱法的基础上，引入了气相色谱的理论，在技术上采用了高压、高效固定相和高灵敏度检测器，使之发展成为高分离速率、高分辨率、高效率、高检测灵敏度的液相色谱法，也称为现代液相色谱法。

1. 主要组成结构

高效液相色谱仪的基本组成可分为：流动相输送系统，进样系统，色谱分离系统与检测、记录数据处理系统等四个部分。

（1）流动相输送系统

① 储液槽　常使用 1L 的锥形瓶。在连接到泵入口处的管线上加一个过滤器，以防止溶剂中的固体颗粒进入泵内。为了使储液槽中的溶剂便于脱气，储液槽中常需要配备抽真空及吹入惰性气体装置。常用的脱气方法有：超声波振动脱气，加热沸腾回流脱气，真空脱气。

② 高压泵　高压泵的作用是输送恒定流量的流动相。高压泵按动力源划分，可分为机械泵和气动泵；按输液特性分，可分为恒流泵和恒压泵。其中往复活塞泵是 HPLC 最常用的一种泵。

a. 往复活塞泵的结构　往复活塞泵的结构比较复杂，主要由传动结构、泵室、活塞和单向阀等构成。其优点是输液连续，流速与色谱系统的压力无关，泵室的体积很小（几微升至几十微升），因此适用于梯度洗脱和再循环洗脱，而且清洗方便，更换溶剂容易。缺点是输送有脉动的液流，因此液流不稳定，引起基线噪声。通常采用串联或并联双泵的方法使用。

b. 梯度洗脱装置　梯度洗脱也称溶剂程序。是指在分离过程中，随时间函数程序地改变流动相组成，即程序地改变流动相的强度（极性、pH 或离子强度等）。梯度洗脱装置有两种：一种是低压梯度装置；一种是高压梯度装置。高压梯度装置又可分为两种工作方式。一种是用两台或多台高压泵将不同的溶剂吸入混合室，在高压下混合，然后进入色谱柱。它的优点是只要通过电子器件分别程序控制两台或多台输液泵的流量，就可以获得任何一种形式的淋洗浓度曲线。其缺点是如需混合多种溶剂，则需要多台高压泵。另一种是以一台高压泵通过多路电磁阀控制，同时吸入几种溶剂（各路吸入的流量可以控制），经混合后送到色谱柱，这种方式只需要一台高压泵。

（2）进样系统　进样系统包括进样口、注射器、六通阀和定量管等，它的作用是把样品有效地送入色谱柱。进样系统是柱外效应的重要来源之一，为了减少对板高的影响，避免由柱外效应引起的峰展宽，对进样口要求死体积小，没有死角，能够使样品像塞子一样进入色谱柱。

目前，多采用耐高压、重复性好、操作方便的带定量管的六通阀进样（图2-8）。

（3）色谱分离系统　色谱分离系统包括色谱柱、恒温装置、保护柱和连接阀等。分离系统性能的好坏是色谱分析的关键。采用最佳的色谱分离系统，充分发挥系统的分离效能是色谱工作中重要的一环。

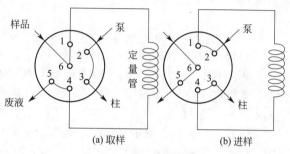

图 2-8　六通阀进样

① 色谱柱　色谱柱包括柱子和固定相两部分。柱子的材料要求耐高压，内壁光滑，管径均匀，无条纹或微孔等。最常用的柱材料是不锈钢管。每根柱端都有一块多孔性（孔径 $1\mu m$ 左右）的金属烧结隔膜片（或多孔聚四氟乙烯片），用以阻止填充物逸出或注射口带入颗粒杂质。当反压增高时，应予以更换（更换时，用细针剔除，不能倒过来敲击柱子）。柱效除了与柱子材料有关外，还与柱子内径大小有关。应使用"无限直径柱"以提高柱效。

② 恒温装置　柱温是液相色谱的重要操作参数。一般来说，在较高的柱温下操作，具有三个好处。

a. 能增加样品在流动相中的溶解度，从而缩短分析时间。通常柱温升高 $6℃$，组分保留时间减少约 30%。

b. 改善传质过程，减少传质阻力，增加柱效。

c. 降低流动相黏度，因而在相同的流量下，柱压力降低。液相色谱常用柱温范围为室温至 $65℃$。

③ 保护柱　为了保护分析柱，常在进样器与分析柱之间安装保护柱。保护柱是一种消耗性的柱子，它的长度比较短，一般只有 $5cm$ 左右。虽然保护柱的柱填料与分析柱一样，但粒径要大得多，这样便于装填。保护柱应该经常更换以保持它的良好状态而使分析柱不被污染。

④ 连接阀　连接阀装置包括连接管以及与连接管连接的接头阀。连接管为一套管，套管包括一端口管以及内置于所述端口管的中间管。接头阀为切换阀，内设有内螺纹部、与内螺纹部紧密连通的密封部、与密封部连通的贯通孔。

（4）检测、记录数据处理系统　检测、记录数据处理系统包括检测器、记录仪和微型数据处理机。常用的检测器有示差折光检测器、紫外吸收检测器、荧光检测器和二极管阵列检测器等。记录数据处理系统与气相色谱仪相同。已有现成的色谱工作软件出售。

色谱工作站是由一台微型计算机来实时控制色谱仪，并进行数据采集和处理的一个系统。它由硬件和软件两个部分组成，硬件是一台微型计算机，再加上色谱数据采集卡和色谱仪器控制卡。软件包括色谱仪实时控制程序、峰识别程序、峰面积积分程序、定量计算程序和报告打印程序等。它具有较强的功能：识别色谱峰、基线的校准、重叠峰和畸形峰的解析、计算峰的参数（保留时间、峰高、峰面积和半峰宽等）、定量计算组分含量等。色谱工作站的工作界面目前多采用 Windows NT 或 Windows 95 平台，使用起来十分方便。

2. 高效液相色谱仪操作规程

（1）安捷伦 1260 高效液相色谱仪操作步骤

① 过滤流动相，根据需要选择不同的滤膜。

② 有一段时间没用，或者换了新的流动相，需要先冲洗泵和进样阀。冲洗泵，直接在泵的出水口，用针头抽取。冲洗进样阀，需要在"manual"菜单下，先点击"purge"，再点击"start"，冲洗时速度不要超过 10mL/min。

③ 打开 HPLC 工作站（包括计算机软件和色谱仪），连接好流动相管道，连接检测系统。

④ 进入 HPLC 控制界面主菜单，点击"manual"，进入手动菜单。

⑤ 对抽滤后的流动相进行超声脱气 10～20min。

⑥ 调节流量，初次使用新的流动相，可以先试一下压力，流速越大，压力越大，一般不要超过 2000。点击"injure"，选用合适的流速，点击"on"，走基线，观察基线的情况。

⑦ 设计走样方法。点击"file"，选取"select users and methods"，可以选取现有的各种走样方法。若需建立一个新的方法，点击"new method"。选取需要的配件，包括进样阀、泵、检测器等，根据需要而不同。选完后，点击"protocol"。一个完整的走样方法包括：a. 进样前的稳流，一般 2～5min；b. 基线归零；c. 进样阀的 loading-inject 转换；d. 走样时间随样品的不同而不同。

⑧ 进样和进样后操作。选定走样方法，点击"start"，进样，所有的样品均需过滤。方法走完后，点击"postrun"，可记录数据和做标记等。全部样品走完后，再用上面的方法走一段基线，洗掉剩余物。

⑨ 关机时，先关计算机，再关液相色谱仪。

（2）岛津 LC-20AD 液相色谱仪操作步骤

① LC solution 工作站中使用 LC 单元分析样品和采集数据，开始＜LC 实时分析＞应用。

a. 在开机之前，根据所做样品的方法要求，准备好所用流动相（$0.45\mu m$ 膜减压过滤后，超声脱气 15min），并确认吸滤头已置于液面之下。标样及样品配制好（$0.22\mu m$ 膜过滤）。

b. 打开 LC 高压泵、柱温箱、检测器单元，其中 CBM 的电源最后打开。对高压泵进行必要的 purge 操作，排除相应流路中的气泡，使新鲜溶剂在流路中得以置换；检查高压泵在动作前的压力显示值，必要时对此压力值进行调零。

c. 打开 PC 电源，待正常进入 Windows 操作系统。

d. 双击桌面上工作站图标，弹出 login（登录）窗口。

e. 在 login 窗口中输入用户名（user ID）及密码（password）。

login 窗口确认后听见 LC 发出"哔"的声音，表示工作站与 LC 联机正常。点击进入仪器实时分析界面。

② LC solution 操作步骤如下。

a. 仪器参数设定（可自行填写参数或调用方法）。

分析条件设置可自行填入参数或打开一个已建立的方法设定，设置好后点击"file"——"save method as"，点击"down load"键，向仪器各单元传送参数，点击"instrument on/off"开关，使仪器处于开启状态。

b. 系统开始运行，检查各单位参数应与设定方法一致，等待系统平衡。一般情况下，由于流动相不同，交换平衡时间不定，可以观察 detecter 检测器输出信号变化，如果输出信号稳定不变，即认为接近平衡，可以调零等待。确认系统平衡后，准备进样分析，也可以通过改变衰减或预览基线观察基线变化，待基线平稳，准备进样操作。

c. 单针进样分析

Ⅰ. 点击 single start 图标。

Ⅱ. 编辑样品参数："sample ID"样品信息，"method name"方法文件名，"date path"数据存储路径，"data name"数据文件名。

Ⅲ. 点击 OK 后，开始进样操作（重复单针进样，重复执行上述步骤即可）。

Ⅳ. 每个样品在设定的时间内分析，根据方法中的积分参数，所有色谱数据会自动进行积分处理，得到色谱图。点击"post run analysis"进入数据后处理界面，进行定性、定量分析。

③ LCsolution 中样品定量分析，数据结果处理。

a. 制作标准曲线　在后处理"postrum"中打开标准品的图谱点击"WIZARD"，选择好参数后，点击下一步选择要定量的峰后，单击下一步。

选择定量方法（外标法）及校正的水平数，校正曲线的种类（直线）等参数，单击下一步，给要定量的物质峰命名及输入各水平的浓度值，单击完成。

单击"file"——"save method as"另存方法为"***.lcm"。

最后在此界面上再次覆盖保存"***.lcd"方法。以后要处理未知数据就会看到校正结果。

b. 打开样品的色谱图，将制作好的标准曲线拖入，在"result"状态下查看样品的浓度等信息。

④ 关机。

a. 点击"instrument on/off"（系统开/关），使仪器处于关闭状态。

b. 更换甲醇及水，打开"puege"键，冲洗柱子及管路，待检测器基线平衡后，关工作站、各个单元开关及电脑。

（3）注意事项

① 流动相中的有机相均需色谱纯度，水相用超纯水。脱气后的流动相要小心振动尽量不引起气泡。

② 色谱柱应轻拿轻放，第一次使用时应用 60％甲醇冲洗柱子约 1h，并记录 100％甲醇的柱压，以备以后参考。

③ 所有过柱子的液体均需严格的过滤。

④ 压力不能太大，最好不要超过仪器规定压力的 2/3。

八、离子色谱仪

离子色谱（ion chromatography，IC）是高效液相色谱的一种，是分析阴离子和阳离子的一种液相色谱方法。是以低交换容量的离子交换树脂为固定相对离子性物质进行分离，用电导检测器连续检测流出物电导变化的一种色谱方法。根据分离机理，离子色谱可分为高效离子交换色谱（HPIC）、离子排斥色谱（HPIEC）和离子对色谱（MPIC）。其中，HPIC 是应用离子交换的原理，采用低交换容量的离子交换树脂来分离离子，是离子色谱中应用最广泛，最常用的离子色谱。其色谱柱的主要填料类型为有机离子交换树脂，即：以苯乙烯二乙烯苯共聚体为骨架，在苯环上引入磺酸基，形成强酸型阳离子交换树脂，引入叔胺基而形成季铵型强碱性阴离子交换树脂，这种树脂填料具有耐酸碱、易再生处理、使用寿命长的优点，缺点是机械强度差、易溶胀、易受有机物污染。硅质键合离子交换剂也常用来作为离子色谱柱的填料，它是以硅胶为载体，将有离子交换基的有机硅烷与其表面的硅醇基反应，形成化学键合型离子交换剂，优点是柱效高、交换平衡快、机械强度高，缺点是不耐酸碱、只宜在 pH＝2～8 范围内使用。离子色谱具有检测速度快、方便、灵敏度高、选择性好、同时分析多种离子化合物及分离柱的稳定性好、容量高的特点。另外，采用离子色谱进行阳离子分析时可以分离不同价态的同一元素，比如 Cr^{6+}、Cr^{3+} 等。

1. 主要组成结构

IC 系统的构成与 HPLC 相同，也是由流动相传送部分、进样器、分离柱、检测器和数据处理 5 个部分组成，在需要抑制背景电导的情况下通常还配有 MSM 或类似抑制器。主要不同之处是 IC 的流动相部分采用耐酸碱腐蚀的 PEEK 材料的全塑 IC 系统。

在离子色谱中，不仅被测离子具有导电性，流动相本身也是一种电离物质，具有很强的电离度。所以，在离子色谱柱后端，需加入相反电荷的离子交换树脂填料，如阴离子色谱柱后加入氢型的阳离子交换树脂，阳离子色谱柱后加入氢氧根型的阴离子交换树脂填料，由分离柱流出的携带待测离子的洗脱液，在这里发生两个重要的化学反应：一个是将流动相转变为低电导组分，以降低来自流动相的背景电导；另一个是将样品离子转变成其相应的酸或碱，以增加其电导。这种在分离柱和检测器之间能降低背景电导值而提高检测灵敏度的装置，称为抑制柱（抑制器）。其工作原理如图 2-9 所示。

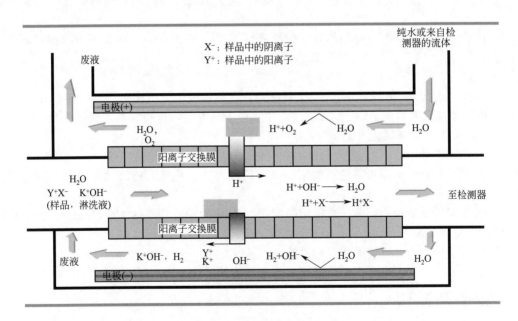

图 2-9　阴离子抑制器的工作原理

2. 岛津 LC-10ADsp 离子色谱仪操作规程

① 开机　开启高压泵、检测器、柱温箱的电源开关，再打开系统控制器的电源开关。

② 排气　将处理好的流动相更换上，把高压泵上的排空阀逆时针旋转 180°，按下"purge"键，排气，同时观察流路管道是否有气泡存在，自动停止后，关闭排空阀。

③ 打开电脑，打开工作站　设置实验条件，点击"下载"将实验条件传递给各单元，各单元调节参数，点击"文件"目录下"另存文件为"保存文件到指定位置，如已有相同条

件的文件直接调出使用。

④ 点击"instrument on" 开始运行，待基线平稳后，开始进样分析。

⑤ 关机 实验结束后，用现有的流动相清洗色谱柱1～2h，更换流动相为超纯水，清洗色谱柱及流路（若长时间不用需要用0.1%叠氮化钠冲洗1～2h）。关闭工作站、电脑，关闭高压泵、柱温箱、检测器、系统控制器，并拔下电源。

3. 日常保养

① 当基线噪声变大，灵敏度降低时，应定期清洗电导检测器，具体方法为：

a. 用3mol/L的HNO_3溶液清洗电导池，再用去离子水清洗电导池至pH值达中性；

b. 用0.001mol/L的KCl溶液校正电导池，使电导值显示为$147\mu S$。

② 高压泵使用时的工作压力不得超过规定的最大压力，否则会使高压密封环变形导致漏液。定期更换柱塞密封圈和定量环。

③ 仪器若长期不用，抑制器应每周通水15min。

④ 抑制器出现漏液，使峰面积减小（灵敏度下降）和背景电导升高时应按下面方法及时处理。

a. 峰面积减小 主要原因为微膜脱水、抑制器漏液、溶液流路不畅和微膜被沾污。可用注射器向阴离子抑制器内与淋洗液流路相反的方向注入少许0.2mol/L的硫酸溶液。同时向再生液进口处注入少许纯净水，并将抑制器放置30 min以上。抑制器内沾污的金属离子可以用草酸钠清洗。

b. 背景电导值高 观察淋洗液或再生液流路是否堵塞，系统中无溶液流动也会造成背景电导偏高或使用的电抑制器电流设置的太小等问题。膜被污染后交换容量下降亦会使背景电导升高。而失效的抑制器在使用时会出现背景电导持续升高的现象，此时应更换一支新的抑制器。

c. 漏液 抑制器漏液的主要原因是抑制器内的微膜没有充分水化。因此，长时间未使用的抑制器在使用前应让微膜水溶胀后再使用。另外要保证再生液出口顺畅，因此反压较大时也会造成抑制器漏液。另外抑制器保管不当造成抑制器内的微膜收缩、破裂也会发生漏液现象。

4. 注意事项

① 新安装的仪器或一个月以上没使用的离子色谱仪应对流路进行清洗后再使用（具体方法参考说明书）。

② 色谱柱的工作压力尽可能低，应避免压力急剧变化，色谱柱不能碰撞、弯曲或强烈震动。色谱柱绝对不能干涸，一周以上不用时可将色谱柱从流路中取下，两头用封头封好存放在阴冷处。

③ 色谱柱吸附了多价阴离子时，会造成被测离子溶出时间发生变化及峰形变差，可对色谱柱反冲洗，具体方法见色谱柱使用说明书或咨询工程师。

④ 当峰形变差，基线噪声或漂移变大，须对抑制器进行再生处理，具体方法见说明书或咨询工程师。

⑤ 水样做离子色谱分析前，必须先稀释并过滤处理，之后方可进样。

⑥ 离子色谱仪在使用中应时刻关注气泡是否存在，任何操作步骤都应防止将气泡带到系统中。抑制器在通入淋洗液时，应将"电流调节"开关打开，调整电流至50～70mA。

⑦ 每次分析结束后应反复冲洗进样口，防止样品的交叉污染，对于手动进样器使用时扳动进样阀要迅速，以免造成超压，使流动管路泄漏或停泵；但不可过猛，以免损坏六通阀。

九、质谱联用仪

质谱分析是现代物理与化学领域内使用的一个极为重要的工具。从第一台质谱仪的出现（1912 年）至今已有近百年历史。早期的质谱仪器主要用于测定原子质量、同位素的相对丰度，以及研究电子碰撞过程等物理领域。第二次世界大战时期，为了适应原子能工业和石油化学工业的需要，质谱法在化学分析中的应用逐渐受到了重视。之后出现了高分辨率质谱仪，这种仪器对复杂有机分子所得的谱图，分辨率高，重现性好，因而成为测定有机化合物结构的一种重要手段。20 世纪 60 年代末，色谱-质谱联用技术的出现且日趋完善，使气相色谱法的高效能分离混合物的特点，与质谱法的高分辨率鉴定化合物的特点相结合，加上电子计算机的应用，大大提高了质谱仪器的效能，为分析组成复杂的有机化合物提供有力手段。近年来各种类型的质谱仪器相继问世，而质谱仪器的心脏——离子源，也是多种多样的，因此质谱法已日益广泛地应用于原子能、石油化工、电子、冶金、医药、食品、陶瓷等工业生产部门，农业科学研究部门，以及核物理、同位素地质学、化学、考古、环境监测、空间探索等科学技术领域。

1. 主要组成结构

用来检测和记录待测物质的质谱，并以此进行分子（原子）量、分子式以及组成测定和结构分析的仪器称为质谱仪。质谱仪的种类很多，按质量分析器的不同，主要可分为单聚焦质谱仪、双聚焦质谱仪、四极滤器质谱仪、离子阱质谱仪及飞行时间质谱仪等；按进样状态不同，可分为气相色谱-质谱联用仪（GC-MS）、液相色谱-质谱联用仪（LC-MS）、毛细管电泳-质谱联用仪（CE-MS）和高频电感耦合等离子体-质谱联用仪（ICP-MS）等。

质谱仪由进样系统、离子源（或称电离室）、质量分析器、离子检测和记录系统等部分组成。此外，由于整个装置必须在高真空条件下运转，所以还应有高真空系统。

（1）高真空系统 为避免离子与分子之间碰撞，质谱仪必须在高真空条件下工作。离子源的压力通常为 $10^{-5} \sim 10^{-4}$ Pa，质量分析器的压力在 $10^{-6} \sim 10^{-5}$ Pa 之间。通常用机械泵预抽真空，然后用扩散泵高效率并连续地抽气。

（2）进样系统 进样系统的作用是将待测物质（即试样）送进离子源，选用不同的离子源，其进样方式可能不同，一般可分为直接进样和间接进样。

① 直接进样 仪器有一个直接进样杆，将纯样或混合样直接进到离子源内或经注射器由毛细管直接注入。缺点是不能分析复杂的化合物体系。

② 间接进样 它是经 GC 或 HPLC 分离后再进入到质谱的离子源内。

（3）离子源 离子源的作用是使试样中的原子、分子电离成离子，它是质谱仪的核心，它的性能与质谱仪的灵敏度和分辨率等相关。常见的离子源有电子电离源（EI）、化学电离源（CI）、电喷雾电离源（ESI）、场致电离源（FI）和场解析电离源（FD）等。

（4）质量分析器 质量分析器也称为质量分离器、过滤器。其作用是将离子源产生的离子按照质荷比的大小分开，并使符合条件的离子飞过此分析器，而不符合条件的离子立即被过滤掉。质量分析器的种类很多，常用的有单聚焦分析器、双聚焦分析器、飞行时间分析器、离子阱分析器以及四极杆分析器等。四极杆质量分析器如图2-10 所示。

（5）离子检测和记录系统 经过质量分析器分离后的离子束，按质荷比的大小先后通过出口狭缝，到达检测器，它们的信号经放大后送入数据处理系统，由计算机处理以获得各种处理结果，将处理的结果由记录系统记录下来得到质谱图。

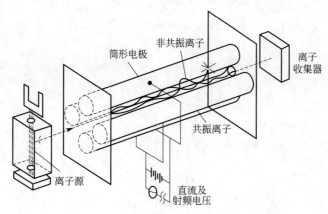

图 2-10　四极杆质量分析器

2. 岛津 2010prop-utrol 气质联用仪的操作步骤

（1）开机顺序

① 打开氦气瓶，将分压表调到 0.7～0.8MPa。

② 打开质谱仪电源开关。

③ 打开气谱电源开关。

④ 打开计算机。

（2）进入系统及检查系统配置

① 双击电脑屏幕的"GCMS Real Time Analysis"，联机后进入主菜单窗口（正常情况时仪器有鸣叫声）。

② 单击左侧"system configuration"，检查系统配置是否正确（系统配置内容不可随意改动），无误后点击"set"（设置）。

（3）启动真空泵方法

① 单击左侧"vacuum control"图标，出现"真空控制"窗口，单击"自动启动"后，真空系统启动。

② 在"vent valve"的灯呈绿色（即关闭）的前提下，启动机械泵（rotary pump）。

③ 低压真空度小于 300Pa 时，单击"auto startup"，自动启动真空控制。

④ 启动完成后，至少抽真空 30min，可进行调谐。

（4）调谐方法

① 单击左侧的"tuning"图标，进入调谐子目录中，再单击"peak monitor view"图标，在"monitor"选项中选择"water，air"选项，将"detector"电压设为 0.7kV（最低），然后在"m/z"中依次输入 18、28、32，在"factor"中均输入适当的放大倍数。

② 选择灯丝 1 或 2 点燃，如果 18 峰高于 28 峰，表示系统不漏气，同时观察高真空度，保证在 0.0015Pa 以下，关闭灯丝。

③ 建立调谐文件名，然后点击左侧的"start auto tuning"图标，计算机自动进行调谐，并打印调谐结果，然后保存调谐文件（＊.qgt）。

④ 调谐结果必须同时满足以下几个条件，方可进行分析。

a. base peak 必须是 18 或 69，不能是 28（28 为 N_2），否则为漏气。

b. 电压应小于 1.5kV。

c. m/z 中 69、219、502 三个峰的 FWHM 最大差小于 0.1。

d. m/z 中 502 的 ratio 值大于 2。

只有同时满足上述条件后,方可进行样品测试。每次调谐结果要统一存档保存,以便维修时查看。

(5)方法编辑 单击左侧主菜单的"date acquisition"图标进入方法编辑页面,共分四个部分:sample、GC、MS、FID 依次编辑各部分分析参数,然后保存方法文件(*.qgm)。

(6)样品的测定操作

① 单击左侧菜单的"date acquisition"中的"sample iogin"。

② 编辑好数据文件名(*.qgd)选择要使用的调谐文件(*.qgt)编辑好相关的样品信息,点击"确定",然后按"stanby",传输参数。

③ 待"start"键变成绿色字体后,点击"start",AOC 开始准备进样,进样后检测开始。

注意:在用 FID 检测时设定此项内容应使用左侧主菜单"data acquistion"中的"batch processing",然后点击"setting",在"type"中选择 FID 使用的 LINE,然后编辑批处理表各项参数。

(7)关机

① 节能模式 节能模式是指在待机分析期间,将仪器各部分温度降低,载气流量减小,但真空系统工作正常,以便之后需要分析时只需将温度和流量恢复即可快速分析。单击仪器监视器中"节能模式"图标,在弹出窗口后,点击窗口"是(Y)",将仪器切换到节能模式。在节能模式中,系统会弹出"节能模式"窗口。如进行分析单击窗口中"解除"即可退出节能模式,系统将被还原为节能模式前的状态。

② 完全关机 点击"时实分析"页面中左侧的开关图标"vacuum control",按自动关机"auto shutdown",仪器自动降温,当离子源温度均降到 100℃以下时,自动停泵,卸掉真空压力后可依次关闭 GC、MS 电源。

3. 安捷伦 1260 液相质谱联用仪操作步骤

(1)开机

① 打开质谱电源开关至"on"状态,打开真空电源开关至"on"状态;

② 用放电针堵上离子传输毛细管;

③ 真空开关开启约 1h 后,打开电子电源开关;

④ 打开数据处理系统,即打开计算机;

⑤ 计算机与仪器通讯正常后,双击桌面"TSQ tune"图标,打开调谐界面,点击心形图标,选择"vacuum"项,检查仪器真空状态,当真空度低于 5×10^{-6} MPa 时,进行参数的优化;

⑥ 质谱仪信号稳定以后,打开液相色谱泵、自动进样器开关;

⑦ 待各模块指示灯显示正常后,双击桌面"chomeleon"图标,打开液相色谱软件。

(2)化合物 ESI/MS 质谱条件优化

① 在 TSQ Tune 软件中,打开优化界面;并开启扫描模式;

② 连接管路,选择合适浓度的待测化合物经注射泵注入质谱;

③ 设置扫描参数;

④ 调整离子源参数,使目标化合物达 e6 以上(负离子模式 e5 以上);

⑤ 分别在 MS Only、MS+MS/MS 下进行优化;

⑥ 优化结束后,选择"accept";并选择"save tune as"进行保存。

（3）建立仪器方法 打开 TraceFinder 软件，新建仪器方法，分别点击"chomeleon""TSQ quantum"按钮对液相色谱、质谱条件按标准进行设置。

（4）样品序列建立及样品分析 在 TraceFinder 系统主界面，选择"acquisition"，进入界面后选择"setup"，设置样品分析批次顺序，点击运行。

（5）关机

① 在"TSQ tune"界面，将质谱设置为待机"standby"状态，关闭质谱软件；

② 在"chomeleon"界面，关闭液相流速，关闭液相色谱软件；

③ 先关闭质谱电子开关、再关闭真空开关；

④ 大约 3min 后关闭质谱主电源开关；

⑤ 关闭液相软件各部分模块电源。

4. 日常维护

（1）一级维护

① 清洁卫生，保持仪器表面及台面整洁卫生，无异物堆积。

② 保持电源插座、插头稳固、接触良好；电源线无破损、漏电现象。

③ 定期查看氦气瓶压力，当氦气瓶压力低于 0.6MPa、氢气瓶压力低于 0.4MPa 时，应及时更换新气瓶。

④ 定期检查机械泵油液面高度和油体浑浊情况。

（2）二级维护

① 检查气体钢瓶各截止阀的关闭性能是否良好。方法为：将调压器的出口压力调节阀逆时针转到底，然后缓慢打开总阀；用肥皂水涂覆连接部分，检查是否漏气；关闭总阀后，钢瓶总压力指示应该保持稳定。

② 仪器自检是否正常，升温是否正常。

（3）三级维护 三级维护是出现较大故障时，由专业人员完成的维护。

（4）维护周期

① 一级维护每月进行一次。

② 二级维护每季度进行一次（必要时可随时进行）。

③ 三级维护出现故障时随时进行。

十、电位滴定仪

利用物质的电学及电化学性质来进行分析的方法称为电化学分析法。它通常是使待分析的试样溶液构成一化学电池（电解池或原电池），然后根据所组成电池的某些物理量（如两电极间的电动势，通过电解池的电流或电荷量，电解质溶液的电阻等）与其化学量之间的内在联系来进行测定。电分析化学法的灵敏度和准确度都很高，手段多样，分析浓度范围宽，能进行组成状态、价态和相态分析，适用于各种不同体系，应用面广。由于在测定过程中得到的是电信号，因而易于实现自动化和连续分析。电分析化学法在化学研究中亦具有十分重要的作用。它已广泛应用于电化学基础理论、有机化学、药物化学、生物化学、临床化学、环境生态等领域的研究中。自动滴定电位仪主要是由滴定管、滴定池、指示电极、参比电极、搅拌器、测电动势的仪器六部分组成，见图 2-11。

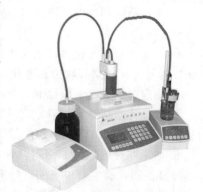

图 2-11 自动多功能滴定仪

1. ZDJ-400 型自动电位滴定仪的操作步骤

（1）开机前准备工作　首先应对仪器做一次检查，看仪器正常使用条件是否完全保证，看基本部件安装是否到位，看各供流管路接头连接是否可靠；检查电气线路各种连接是否匹配、正确；滴定液和试剂的准备；滴定管的准备（将进液管与溶剂瓶连接好，出液管插在电极支架上，下面放置废液杯以防废液污染实验台）。

（2）清洗滴定管　为了保证滴定管内充满氢氧化钠滴定液，需要对滴定管进行清洗，此时需按"清洗"键进入清洗滴定管选项。按下"清洗"键后屏幕提示输入清洗次数和清洗体积。然后按"启动"键开始清洗，在清洗过程中屏幕将显示清洗已完成的量。

（3）连接电极　根据滴定分析选择合适电极，并把电极接头插入仪器后部相应电极接口处。

（4）选择、编辑适当的方法　用户可以直接调用以前编辑好的方法进行实验，也可以先将一个系统方法复制出来，再对其进行编辑。

（5）标定滴定液　按"样品"键，选择设定方法，按"确认"键，输入样品信息，根据提示按"启动"键，进入滴定过程。滴定过程中可以按"↑""↓"键在上述数值显示、滴定曲线、一阶导数曲线 3 种界面中互相切换，进行观察。达到停止条件后，滴定仪停止滴定，显示保存结果界面。如启动自动打印功能，按"确认"键后自动打印报告；此时如果按"退出"键则返回待机状态，滴定结果不保存。（如果滴定液使用基准物质直接配制的，此步可省去。）

（6）样品滴定　同"标定滴定液"。

（7）冲洗滴定管及电极　滴定分析结束后用纯水冲洗各管路、电极、滴定管和滴定池。冲洗后，关机。

2. 日常维护和注意事项

① 检查滴定液的容积，不能少于 5mL。如选择"氧化还原滴定"模式，溶液杯内溶液不能少于 100mL。

② 如上次试验采用了会产生沉淀或结晶的滴定剂（如 $AgNO_3$），应对滴定管做认真清洗，以免产生结晶，损坏阀门。

③ 开机前不得更换滴定管。（必须使仪器上在用的滴定管完成一次补液动作，活塞处于下死点位置时，方可进行更换。）

④ 上次开机完毕后与本次开机的时间间隔不得少于 1min。

⑤ 仪器使用环境温度及滴定液温度不得超过 35℃，否则将引起滴定管装置中的活塞变形，而影响使用。

⑥ 放置仪器的实验室其室温最好在实验时控制在 15～25℃，实验完毕后打开门窗通风，以防仪器元件、线路板腐蚀或老化。

⑦ 滴定时，应注意管路和活塞中无气泡存在。

⑧ 实验完毕后，擦拭滴定管头、搅拌桨；冲洗干净管路；电极擦干套上保护套，以防内充液挥发；擦拭滴定平台和仪器面板。在主菜单状态下关机，拔去电源插头。

⑨ 如果是经常用的专用滴定管，则仅需用较小的清洗体积进行较少次数的清洗。如果不是经常使用，滴定管中可能有气泡渗入，或者空气中的水分会渗入位于滴定管部分的滴定液中，此时需要用较大的清洗体积进行较多次数的清洗。如果不是专用滴定管则需要先将滴定管中的滴定液排空，再用较大的清洗体积进行较多次数的清洗。

第二节

仪器分析实验室常用辅助设备

一、微量加样器

微量加样器是一种常用于实验室移取少量或微量液体的精密仪器，常用的规格有 $1\mu L$、$2\mu L$、$10\mu L$、$100\mu L$、$200\mu L$、$1000\mu L$、$5000\mu L$、$10000\mu L$ 等，适用于临床及常规化实验室使用。不同规格的微量加样器配套使用不同大小的枪头，不同厂家微量加样器形状略有不同，但工作原理及操作方法基本一致。微量加样器不仅加样更为精确，而且品种也更多种多样，如微量分配器、多通道微量加样器等，见图 2-12。微量加样器的物理学原理有两种：一是使用空气垫（又称活塞冲程）加样；二是使用无空气垫的活塞正移动加样，不同原理的微量加样器有其不同的特定应用范围。

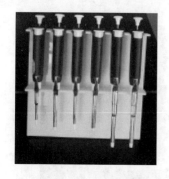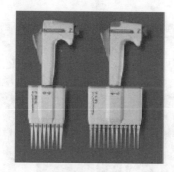

图 2-12　常见的微量加样器

1. 移液枪（器）使用方法

（1）量程调节　手持移液枪时，掌心和四根手指握住枪柄，食指紧靠前段钩状结构，大拇指放在控制按钮上，见图 2-13(a)。调节量程时，若从大体积调为小体积，则按照正常调节方法，顺时针旋转旋钮即可；但若从小体积调为大体积，则应先逆时针旋转刻度旋钮至超过量程的刻度，再回调至设定体积，这样可以保证量取的最高精确度，见图 2-13(b)。调节量程时，千万不要将按钮旋出量程，以防卡住内部机械装置而损坏移液枪。

（2）枪头装配　将移液枪垂直插入枪头中，稍微用力左右微微转动即可使其紧密结合。如果是多道（如 8 道或 12 道）移液枪，则将移液枪第一道对准第一个枪头，然后倾斜地插入，往前后方向摇动即可卡紧。枪头卡紧的标志是略微超过 O 形环，并可以看到连接部分形成清晰的密封圈，见图 2-13(c)。

（3）移液方法　保证移液枪、枪头和液体处于相同温度。吸取液体时，移液枪应保持竖直状态，将枪头插入液面下 2~3mm。移液前可以先吸放液体 3~4 次以润湿吸液嘴（尤其是要吸取黏稠或密度与水不同液体时）。移液方法有两种，一种是前进移液法：用大拇指将按钮按下至第一停点，然后慢慢松开按钮回原点（吸取固定体积液体），接着将按钮按至第一停点排出液体，稍停片刻继续按按钮至第二停点吹出残余液体，最后松开按钮。另一种是反向移液法：该法一般用于转移高黏液体、生物活性液体、易起泡液体或极微量液体。具体操作是先按下按钮至第二停点，慢慢松开按钮至原点，吸取液体后，斜靠容器内壁将多余液体沿器壁流回容器，接着将按钮按至第一停点排出设置好体积的液体，继续保持按住按钮位于第一停点（千万别再往下按），取下有残留液体的枪头，弃之即可，或将枪头斜靠容器壁将多余液体沿器壁流回容器，见图 2-13(d)～(f)。

（4）移液枪放置　使用完毕，先将使用过的枪头打下，再将旋钮调节至最大刻度，然后将其竖直挂在移液枪架上，见图 2-13(g)～(i)。当移液器枪头里有液体时，切勿将移液枪水平放置或倒置，以免液体倒流腐蚀活塞弹簧。

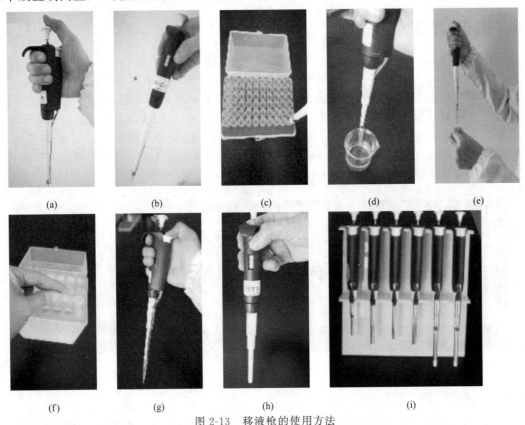

图 2-13　移液枪的使用方法

2. 瓶口分配器使用

瓶口分配器通常被安装于 4L 旋口瓶上，使用时，先将顶部旋钮调节至需要的刻度，方法同移液枪，旋开嘴部旋塞，打开安全阀，进行移液工作，移液结束后，关闭安全阀，旋上旋塞。

3. 注意事项

① 装配移液枪枪头时，单道移液枪是将移液端垂直插入吸头，左右微微转动，上紧即可；用移液枪反复撞击吸头来上紧的方法是不可取的，这样操作会导致移液枪部件因强烈撞击而松散，严重的情况会导致调节刻度的旋钮卡住。使用多道移液器时，将移液枪的第一道管口对准第一个吸头，倾斜插入，前后稍许摇动上紧，吸头插入后略超过 O 形环即可。

② 使用过程中应轻拿轻放，枪头吸有液体时，不可平放或倒立拿放。使用完毕后，及时清洁干净然后挂在移液枪架上，并把废弃的枪头打扫至指定的地方。

4. 维护与保养

① 使用移液枪注意匀速吸液，以免吸到枪里，如液体不小心进入活塞室应及时清除。

② 移液枪使用完毕立即把移液枪头推掉，调至量程最大值，垂直放置在移液枪架上。

③ 根据使用频率所有移液枪应定期用肥皂水或 60% 的异丙醇清洗，再用双蒸水清洗并晾干。

④ 避免放置高温处以防变形致漏液或不准。

⑤ 发现问题应及时咨询厂家或专业人员，并按照其指导方法进行处理。

⑥ 当移液枪枪头有液体时切勿将移液枪水平或倒置放置，以防液体流入活塞室腐蚀移液枪活塞。

⑦ 移液枪吸液、排液时应尽量速度均匀，以保证高精准度。

⑧ 检查是否漏液的方法：吸液后在液体中停 1~3s，观察吸头内液面是否下降，如果液面下降，先检查吸头是否有问题，如有问题要及时更换吸头，更换吸头后液面仍下降说明活塞组件有问题，应找专业维修人员修理。

⑨ 需要高温消毒的移液枪应首先查阅所使用移液器是否适合高温消毒后再行处理。

⑩ 移液枪应有专人保管，保管人应按检定周期定期进行检定或校准。

二、超声波清洗器

超声波清洗器是用于清除污物的仪器，通过换能器将超声波发生器产生的高频振荡信号转换成机械振动而传播到介质中，用以清洗物品、排除气泡、加速固体试剂溶解等。其组成结构如图 2-14 所示，超声波清洗器主要由超声波清洗槽和超声波发生器两部分构成。超声波清洗槽用坚固、弹性好、耐腐蚀的优质不锈钢制成，底部安装有超声波换能器振子。超声波发生器产生高频高压，通过电缆连接线传导给换能器，换能器与振动板一起产生高频共振，从而使清洗槽中的溶剂受超声波作用洗涤污垢。

图 2-14　超声波清洗器

1. 操作规程

① 清洗槽内加入清洗液，液面高度与网篮上沿口平齐。清洗时，根据不同清洗要求添加洗涤剂，所用洗涤剂不腐蚀清洗机槽、机体，严禁使用强酸、强碱作清洗剂。

② 把所需的清洗物件放入网篮内。

③ 插上电源，打开开关。

④ 选择清洗方法

a. 直接清洗法　将清洗物直接放进网篮内，并保证清洗液完全浸泡清洗物；

b. 间接清洗法　将清洗物放在烧杯或锥形瓶等容器中，容器中装满清洗液，将容器及清洗物放入超声清洗器中进行洗涤。

⑤ 参数设置

a. 时间设置　按"SET"键一次，进入时间设定，通过"↑"和"↓"键设置参数。

　　b. 功率设置　设定好时间后，再按"SET"键一次，进入功率设定，通过"↑"和"↓"键来设置需要的参数。

　　c. 温度设定　设定好功率后，再按"SET"键一次，进入功率设定，通过"↑"和"↓"键来设置需要的值。按"SET"键，退出设置，仪器自动保存设置参数。

　　⑥ 根据清洗物积垢程度设定清洗时间，一般为 $5 \sim 30min$，特别难清洗的物质，可适当延长清洗时间。

　　⑦ 清洗结束后，用蒸馏水漂洗三次。

　　⑧ 实验结束后做好仪器使用记录。

2. 注意事项

　　① 超声波清洗器中液体体积必须满足仪器液位要求，否则极易造成损坏。

　　② 超声波清洗器的最佳清洗温度在 $30 \sim 65℃$。

　　③ 超声波清洗器不能使用易燃或低闪点的溶液作为清洗液，同时避免使用酸性清洗液和漂白剂。

　　④ 仪器严禁长时间工作，以免电感、变压器等散热元件因高温而熔化、烧毁，造成短路。

　　⑤ 对于精密、表面光洁度高的物体，采用长时间的高功率密度清洗会对物体表面产生"空化"腐蚀，例如宝石：猫眼石、珍珠、翡翠、坦桑黝帘石、孔雀石、绿宝石、青金石和珊瑚等不建议使用超声清洗。

　　⑥ 超声波频率越低，在液体中产生空化效应越强，频率高则超声波方向性强，适合于精细物体清洗。

　　⑦ 较重的物件，通过挂具悬挂在清洗液内，以免物件过重压坏清洗机。

3. 保养与维护

　　① 仪器应放置在避免雨淋、远离热源、环境干燥的地方。

　　② 仪器应有专人保管，并定期进行除灰、清洁，保证仪器内外清洁。

　　③ 当心超声波清洗器顶端进风口处溅入导电液对清洗机线路系统造成严重损害。

　　④ 使用过程中，避免碰撞或剧烈震动。

　　⑤ 定期清理被污染的清洗液，定期让油泵运转一次，每次至少在 $10min$ 以上。

　　⑥ 较长时间不用时，应将槽内清洗液放净，并将机体擦洗干净，套好防尘罩。

三、高速冷冻离心机

　　离心机是利用离心力等物理技术手段使颗粒较大的物质和母液分开的一种快速有效的仪器。目前在农业、医药、食品卫生、生物制品、生物工程、细胞生物学、分子生物学和生物化学等诸多领域得到了广泛的应用，各种高速、低速离心机已成为现代仪器分析实验室中不可或缺的设备。离心机主要分为低速离心机、高速离心机、高速冷冻离心机和超高速冷冻离心机等。下面就以 eppendorf 高速冷冻离心机为例介绍其工作原理和使用方法。

1. 操作规程

　　① 插上电源，把电源开关打在"on"位置，这时电源指示灯亮，仪器进入运行状态；

　　② 按"open"键，打开机盖，选择合适的转头：离心时离心管所盛液体不宜超过总容量的 2/3，以免液体溢出，将已平衡好的离心管对称放入转头内，盖好转头盖子，拧紧螺丝，关上机盖；

　　③ 依次按"调转数""调温度""调时间"键，选择离心参数，或按"低转速""快速调温度""快速调转数"键，选择离心参数；

　　④ 按开始键启动仪器，一旦发现离心机有异常（如不平衡而导致机器明显震动，

或噪声很大），应立即按停止键，必要时直接按电源开关切断电源，停止离心，并找出原因；

⑤ 使用结束后清洁转头和离心机腔，仪器内湿气消散后关闭离心机盖；

⑥ 实验结束后做好仪器使用记录。

2. 注意事项

① 使用前后应注意转头内有无漏出液体，要保持清洁干燥，更换转头时确保卡口卡牢。

② 离心管应精确平衡，质量差不超过0.05g，对于高速离心机，不仅要求质量平衡，也要求配平液的密度与离心液的密度相等，以达到力矩平衡。

③ 离心管内液体不宜过满，以免腐蚀性液体溅出腐蚀离心机，同时造成离心不平衡。

④ 离心结束后应让仪器自停，严禁用手助停，以免沉淀泛起，伤人损机。

⑤ 离心过程中，操作人员不得离开仪器，一旦发生异常情况操作人员不能关电源时，应按"stop"键。

⑥ 离心机在预冷状态时，离心机盖须关闭，离心结束后取出转头并倒置于实验台上，擦干腔内余水，离心机盖处于打开状态。

⑦ 装离心液时注意检查离心管是否老化、变形、有裂纹。

3. 保养与维护

① 使用完毕后及时清除离心机内水滴、污物及碎玻璃渣，擦净离心腔、转轴、吊环、套筒及机座。

② 仪器应有专人保管，经常做好离心机的防潮、防过冷、防过热、防腐蚀药品污染，并定期进行除灰、清洁，保证仪器内外清洁。

③ 应按计量部门的规定进行检定。

④ 仪器保管人应依据JJG 1066—2011《精密离心机》方法进行期间核查。

四、旋转蒸发仪

旋转蒸发仪又叫旋转蒸发器，是实验室广泛使用的一种蒸发仪器，主要用于减压下连续蒸馏大量易挥发溶剂，尤其适用于对萃取液的浓缩和色谱分离时接收液的蒸馏，被广泛应用在化学、化工、生物医药等领域。如图2-15所示，旋转蒸发仪由真空泵、蒸馏

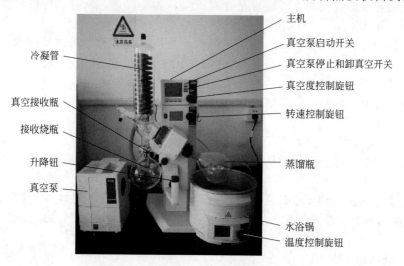

图2-15　步琦R-215旋转蒸发仪示意图

瓶、加热锅、冷凝系统等部分组成。蒸馏瓶是一个带有标准磨口的茄形或圆底烧瓶，通过回流蛇形冷凝管与减压泵相连，回流冷凝管另一开口与带有磨口的接收烧瓶相连，用于接收被蒸发的溶剂。在冷凝管与减压泵之间有一个三通活塞，当体系与大气相通时，可以将蒸馏烧瓶、接收烧瓶取下，转移溶剂，当体系与减压泵相通时，则体系处于减压状态，并配有恒温水浴锅作为蒸馏热源。通过控制转速旋钮，使蒸馏瓶在最适合的速率下恒速旋转以增大蒸发面积，使用真空泵使蒸馏瓶处于负压状态，蒸馏瓶在旋转的同时置于水浴锅中恒温加热，瓶内溶液在负压下、蒸馏瓶内进行加热蒸发。所得热蒸气在冷凝系统作用下迅速液化，回流至接收烧瓶中。

1. 操作规程

① 向水浴锅中加入适量蒸馏水，插上电源，打开开关，旋转水浴锅上的"温度控制"旋钮，设置水浴温度；

② 装上蒸馏瓶，插上主机和真空泵电源，打开各个开关，按下主机上的"升降"钮，使蒸馏瓶浸入水中，调整高度使蒸馏瓶内液面与水浴锅中蒸馏水液面平行；

③ 冷凝器上的三个外接头中一个接进水（一般接自来水），一个接出水，最后一个接真空泵。将上端口抽真空接头关闭，插上冷凝循环机电源，由左至右依次打开冷凝循环机开关、"pump"键、"run"键；

④ 到达设置水浴温度后，调节主机上"转数控制"旋钮设置旋转速率，调节主机上的"真空度控制"旋钮，设置真空度，按"真空泵启动开关"键，抽真空并开始浓缩或精制；

⑤ 实验完成后，按"真空泵停止及卸真空"键，停止抽真空，再按"真空泵停止及卸真空"键，卸真空；

⑥ 将旋转速率按钮归为"0"；

⑦ 按主机上的"升降"钮将蒸馏瓶提起，若还有样品需要旋转蒸发，重复上述操作；

⑧ 从右至左依次关闭冷凝循环机的"stop""pump"、开关，将水浴锅温度旋钮调为"室温"左右，依次关闭水浴锅、主机、真空泵的开关，并拔下电源；

⑨ 实验结束后清理实验台面，并做好仪器使用记录。

2. 注意事项

① 使用前仔细检查仪器，玻璃件是否有破损，各接口是否吻合，玻璃零件接装应轻拿轻放，装前应洗干净、擦干或烘干。

② 水浴锅中通电前须加水，尽量加蒸馏水，并及时更换水浴锅内蒸馏水（夏天要求三天更换一次）。

③ 蒸馏瓶不可一面受热，加热时蒸馏瓶必须旋转，以防爆沸。

④ 冷循环水的冷却温度同加热水浴锅温度最好有 $50℃$ 温差，以确保良好的冷却效果。

⑤ 各磨口、密封面、密封圈及接头安装前需涂一层真空脂。

⑥ 蒸馏瓶中加入待蒸液体的体积不能超过 2/3，蒸馏瓶中待蒸液的液面最好与水浴锅的液面相同。

⑦ 如真空度无法达到要求，需检查各接头、接口是否密封；密封圈、密封面是否有效；主轴与密封圈之间真空脂是否涂好，真空泵及其皮管是否漏气；玻璃件是否有裂缝、坏损的现象。

3. 保养与维护

① 用软布（可用餐巾纸替代）擦拭各接口，然后涂抹少许"真空脂"，注意：不是实验

室常用的凡士林。

② 仪器应有专人保管，并定期进行除灰、清洁，保证仪器内外清洁。

③ 各连接处应定期活动以免粘死，定期清洗真空接收瓶。

五、氮吹仪

氮吹仪也叫氮气吹干仪、自动快速浓缩仪等，该仪器将氮气快速、连续、可控地吹向加热样品表面，使待处理样品中溶剂迅速蒸发、分离，从而实现样品的无氧浓缩，同时，该仪器能够保持样品纯净，从而达到快速分离纯化的效果，主要应用于大批量样品的浓缩制备，诸如药物筛选、激素分析、液相、气相以及质谱分析中的样品前处理制备等。氮吹仪利用不活泼气体氮对加入的样品溶液进行吹扫，打破液体上空的气液平衡，使液体挥发浓缩速率加快，同时对底部进行加温，从而达到样品快速浓缩的目的。如图 2-16 所示，氮吹仪由气体分配室、气针、高度调节支架、氮气接口、高度微调部件、支柱、固定组件、机箱、衬套、加热块、样品试管或试瓶等部件组成。试管通过带弹簧的试管夹和支撑盘固定位置，根据试管大小和溶剂多少，各导气管可独立升降至合适的高度。

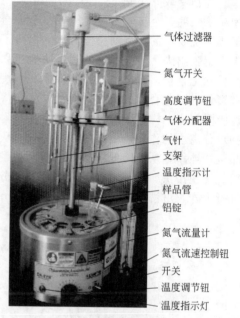

气体过滤器
氮气开关
高度调节钮
气体分配器
气针
支架
温度指示计
样品管
铝锭
氮气流量计
氮气流速控制钮
开关
温度调节钮
温度指示灯

图 2-16　氮吹仪

1. 操作规程

① 仪器安装好后，将主机电源插头插好，打开开关；

② 将氮气管路和仪器接口进行连接；

③ 提前安排所用气针通道的位置（不用的通道应关闭旋钮）；

④ 调节"温度调节"钮，设定温度（水浴氮吹要先在水槽内加水，水位高度为水槽 1/3～2/3 的高度）；待温度稳定后，将装有样品的试管放入加热块（或试管架）孔槽中；

⑤ 调节气室高度，设定气针出气口与样品界面的位置；

⑥ 缓慢打开氮气总阀门（防止样品溅起，造成损失和污染）并观察吹扫情况，微调气针高度（一般针头距离溶液表面 6mm）和阀门流量，直到样品表面吹起波纹；

⑦ 实验结束，关闭氮气，关闭加热开关，将样品试管取出，拔出电源；

⑧ 实验结束后清理实验台面，并做好仪器使用记录。

2. 注意事项

① 氮吹仪不能用于燃点低于 100℃ 的物质。

② 氮吹仪应在通风橱中使用，保证通风良好，操作时注意保护手和眼睛。

③ 浓缩样品前，建议氮气空吹 5～10min，以防气路中残留有气体污染样品。

④ 石油醚等易燃物质及酸性或碱性物质不得使用氮吹仪。

⑤ 开始通入氮气时，应缓慢开启阀门使其压力不超过压力表量程，以防样品被溅起造成损失和污染，也防止损坏压力表。

⑥ 为防止交叉污染，氮吹仪每次使用后，应及时清洗气针管。

3. 保养与维护

① 定期用有机溶剂清洗气针，防止交叉污染。

② 如用水做加热介质应做到随时更换，如铝粒为加热介质应注意保管。

③ 仪器应有专人保管，并定期进行除灰、清洁，保证仪器内外清洁。

六、固相萃取仪

固相萃取（solid-phase extraction，SPE）是一种被广泛应用的样品前处理技术。它将固相萃取的各个步骤有效集成在一个平台中，完全实现整个固相萃取（活化、上样、淋洗、干燥、洗脱）的全自动操作，大大提高了样品前处理效率，将分析工作者从烦琐的前处理工作中解脱出来，使样品前处理更快捷、高效。固相萃取仪是利用固体吸附剂吸附液体样品中的目标化合物，使之与样品的基体和干扰物分离，再用洗脱液洗脱或加热解吸附以达到分离和富集目标化合物的目的。通常方法是将固体吸附剂装在一个针筒状柱子中，使样品溶液通过吸附剂床，样品中的化合物保留在吸附剂上（依靠吸附剂对溶剂的相对吸附），再加入一种对分离物的作用力更强的溶剂洗脱，从而达到对样品富集、分离、净化处理的目的，使样品更加纯净，从而降低样品中杂质对检测的影响。如图 2-17 所示，固相萃取仪主要包括主机、洗脱接头、真空装置、废液管等部分，使用时将 SPE 柱插入洗脱接头，根据实验要求进行上样、淋洗、洗脱等操作。

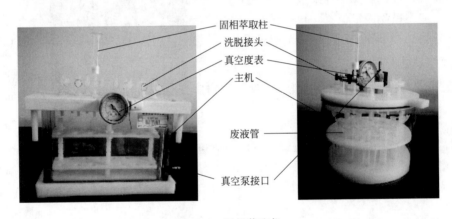

图 2-17　固相萃取仪

1. 操作规程

首先根据待测样品的性质，选择对其有较强保留能力的固定相，若待测样品带负电荷，可用阴离子交换填料，反之则用阳离子交换填料，若为中性待测物，可用反相填料萃取。SPE 小柱或滤膜大小与规格应视样品中待测物的浓度大小而定，对于浓度较低的样品，一般应选用尽量少的固定相填料萃取较大体积的样品。

① 将活化后的 SPE 柱插在洗脱接头处；

② 关闭洗脱接头，将样品溶液转移到萃取柱中，打开洗脱接头，使样品溶液自接口处缓缓流出至废液管，或打开真空泵开关，将样品溶剂抽出至废液管，一般流速为 1mL/min；

③ 选择淋洗液淋洗 SPE 柱的固相部分，一般流速为 1.0～3.0mL/min；

④ 选择洗脱液对目标物进行多次洗脱，合并洗脱液，将洗脱液浓缩或挥干后，进行后续分析；

⑤ 实验结束后，清洗废液管及洗脱接口，做好仪器使用记录。

2. 注意事项

① SPE 小柱活化过程中不能干涸。

② 上样速率不能过快，以 1mL/min 为宜，最大流速不能超过 5mL/min。

③ SPE 小柱排列不能太密，方便操作。

④ 最后的淋洗液最好抽干。

⑤ 洗脱液流速不宜太快，以 1mL/min 为宜。

⑥ 使用结束后清理机器，不能留有水滴、污物等残留。

3. 保养与维护

① 实验结束后应及时清洗主机内部，以免腐蚀或有残留。

② 每次萃取后应及时清洗萃取头，以免交叉污染。

③ 仪器应有专人保管，并定期进行除灰、清洁，保证仪器内外清洁。

七、气体钢瓶

仪器分析实验中常会使用氢气、氮气、氦气、氩气等高纯度气体，因此，仪器分析实验室通常会有多种气体钢瓶。这些气体钢瓶是由碳素钢或合金钢制成，正常环境温度下（$-40 \sim 60℃$）可重复充气使用，适用于装压力在 150×10^5 Pa 以下的气体，容积多为 $0.4 \sim 1000L$。

1. 类型

根据盛装介质物理状态不同，气体钢瓶可分为以下三类。

（1）永久性气体钢瓶　临界温度低于 $-10℃$ 的气体称为永久性气体，盛装永久性气体的气瓶称为永久性气体气瓶，如氧气瓶、氮气瓶、空气瓶、CO_2 气瓶及惰性气体等的气瓶均属此类，其常用标准压力系列多为 15MPa、20MPa、30MPa。

（2）液化气体钢瓶　临界温度等于或高于 $-10℃$ 的各种气体在常温、常压下呈气态，经加压和降温后变为液体。有些气体临界温度较高（高于 $70℃$），如硫化氢、氨气、丙烷、液化石油气等，在环境温度下始终处于气液两相共存状态，其常用标准压力系列多为 $1.0 \sim 5.0MPa$。

（3）溶解气体气瓶　这种气瓶专门用于盛装乙炔气体。因乙炔气体极不稳定，高压下易聚合或分解，液化后的乙炔稍有振动就会引起爆炸，所以不能以压缩气体状态充装，必须把乙炔溶解在溶剂中（通常为丙酮），其最高工作压力不超过 3.0MPa。

2. 操作规程

① 每个气体钢瓶使用前必须配备专业减压阀，一般可燃性气体钢瓶气门螺纹是顺开逆关，不可燃或助燃气体的钢瓶气门螺纹则相反，减压阀一般不得混用。减压阀上与地面垂直的多为气瓶总压力表，与该表呈 45°夹角的为工作压力表。

② 使用时逆时针打开钢瓶阀门，调节工作压力阀门保证出口压力符合仪器工作压力。

③ 使用结束后，顺时针关闭钢瓶阀门，乙炔等易燃气体应排出管道。

④ 实验结束后做好仪器使用记录。

3. 注意事项

因钢瓶有爆炸和泄漏危险，尤其是可燃性气体，所以使用时应特别注意以下几点。

① 气体气瓶存放时应放置在阴凉、干燥、远离阳光直射、暖气等地方。

② 搬运气瓶时要轻、稳，把瓶帽旋上，使用时必须固定牢靠。

③ 气瓶应留有余气，以防止混入其他气体或杂质而造成事故。

④ 氧气瓶及附件不得沾油脂，手或手套上沾有油污后不得操作氧气钢瓶。

⑤ 气瓶外壁必须时刻保证漆面完好和标志清晰。按照标准（GB 7144）对气瓶颜色作了明确规定，如乙炔钢瓶为白色，氮气和空气钢瓶为黑色，氧气钢瓶为淡蓝色，氨气钢瓶为淡黄色，二氧化碳钢瓶为铝白色，氢气钢瓶为淡绿色等。

⑥ 氢气瓶使用时应格外小心，最好放在远离实验室的房间，并应安装漏气报警器。

4. 保养与维护

① 使用期间的气瓶应定期进行检验，盛装不同气体的钢瓶检验周期不同，如盛装腐蚀性气体的钢瓶应每 2 年检验一次；盛装一般气体的钢瓶每 3 年检验一次；盛装惰性气体的钢瓶每 5 年检验一次。

② 减压阀应定期到计量部门进行检定，只有检定合格的减压阀才可以使用。

第三章

样品制备

仪器分析实验中的样品制备是指为了获得科学、真实、有代表性的检测结果，根据样品的性质、工作目的和分析方法，制订选取样品的方法及加工方案，对各类样品进行不同的处理。制备的目的是使样品便于运输或储存；使样品均匀化；增强代表性以利于分析检测。样品的制备大致可分为 4 个步骤：样品的采集，样品的存储，样品的前处理，样品的净化。

第一节

样品的采集

一、采样

样品采集简称采样，是指从整批被检样品中抽取一定量的、具有代表性的样品，供分析检验用，它是进行理化检验的基础。

1. 采样目的

样品是获得检测数据的基础，而采样则是分析检测过程的第一步，也是最基础的工作。最终分析结果是否有意义很大程度上是由采样是否有代表性而决定的，若采样不合乎规范，则后面采用再先进、精密的仪器，所取得的结果都毫无意义，检验结果会失去真实性，会导致错误的结论，给工作带来损失，所以必须重视样品的采集。

2. 采样原则

样品分析检测根据样品的数量通常分为全数检验和采样检验。全数检验是一种理想的检验方法，但由于样品数量众多，检测工作量大、费用高、耗时长，且检测方法多数对样品具有破坏性，因此全数检验在实际工作中的应用极少。采样检验通常是从整批样品中抽取一部分进行检验，用于分析和判断该批样品的特征。样品来自整体，代表总体进行检测，因此可能存在错判的风险。在实际工作中，要对采样方法、采样部位和数量、样品运输和保存等做出明确规定。一般采样必须遵循如下 5 个原则。

（1）样品采集的代表性　采样一般是从整批样品中抽取其中一部分进行分析检测，将检验结果作为整批样品的检验结论。因此，要求采集的样品能够真正反映被采集样品的整体水平，但在实际工作中影响采样代表性的因素很多，如不同组织状态的差异、不同部位的差异及采样过程中产生的误差等，都将直接影响样品对总体的代表性。在采样过程中，应避免和消除上述因素的影响，确保采集的样品对整体样品的代表性。

（2）样品采集的随机性　所谓随机性原则，是指采样时，整体中每个个体被抽选的概率是完全均等的，因而样品有相当大的可能保持和整体相同的性质，减少采样误差。对采集的样品不论是进行现场常规检测还是送实验室做品质检测，一般都要求按随机原则采集样品。

（3）样品采集的针对性　样品种类繁多，属性千差万别，分析检测的项目众多，采集的样品要具有针对性，必须明确具体的检验目的，保证采集的样品能够反映特定区域、品种的性质。根据不同的检验目的，确定样品的种类、来源、部位、数量及采样的方法等问题，针对性地采集能够确保获得检测目的的典型样品。

（4）样品采集的可行性　采样的方法和数量，使用的采样工具、装置和仪器，都应切合实际，合理可行，符合样品检测的要求，应在准确的基础上达到经济、快速，节省人力物力的要求。

（5）样品采集的公正性　采样时，采样人员不少于 2 人，并经过专门培训，熟知采样程序和方法。采样人员应遵守法律、秉公办事，确保采样程序的规范性和一致性，样品的代表性和科学性。

3. 采样方法

样品采集方法分随机采样和代表性采样。随机采样是按照随机原则从大批样品中抽取部分样品，采样时应确保所有样品都有均等的机会被抽取。常用的随机采样方法包括简单随机采样、系统随机采样和分层随机采样等方法。代表性采样是已经掌握了样品随空间（位置）和时间变化的规律，按照这个规律采集样品，使样品能代表其相应部分的质量和性质。采样时，一般采用随机采样和代表性采样相结合的方式，具体的采样方法则根据分析对象的性质而定。

（1）采集方法

① 散粒状样品　散粒状样品（如食品、粉末状食品等）的采样器包括自动样品收集器和带垂直喷嘴或斜槽的样品收集器等。自动样品收集器通过水平或垂直的空气流来对连续性生产的粉末状、颗粒状样品进行分离，通过气流产生的正、负压对样品进行选择，然后分别包装送检。带垂直喷嘴或斜槽的样品收集器可用于对粉末状、颗粒状或浆状样品去除杂质，然后按四分法取样，包装送检。

② 液体样品　液体样品在采样前必须进行充分混合，混合时可采用混合器。采样时使用长形管或特制采样器，一般采用虹吸法分层取样，每层各取 500 mL 左右，装入小口瓶中混合。

③ 较稠的半固体样品　对于较稠的半固体样品（如蜂蜜，稀奶油等），使用采样器分别从上、中、下三个部分取出样品，混合均匀后缩减至所需数量的平均样品。

④ 小包装的样品　对于小包装的样品（如奶粉、罐头等），一般是按照生产班次连包装一起取样，取样数为 1/3000，尾数超过 1000 的取 1 罐，但每天每个品种取样数不少于 3 罐。

⑤ 鱼、肉、果蔬等组成不均匀的样品　根据检验的目的，组成不均匀的样品可对各个部分（如肉，包括脂肪、肌肉部分；蔬菜包括根、茎、叶等）分别采样，经过捣碎混合后成

为平均样品。制备样品时，必须将带核的果实、带骨的禽畜、带鳞的鱼等样品先去除核、骨、鳞等不可食用部分，然后再进行样品的制备。有些样品需要根据检验目的而正确地采样，如进行水对鱼的污染程度检验时，只取内脏即可，采样时应加以注意。

⑥ 土壤样品　多采用五点法，即在小区的中间和四个角的方向定五点取样。采样时应当注意，避免在地头或边沿采样（留 0.5m 边缘），在所选的采样点上要有选择地采样，应选择正常的样品采集，避免采集出现问题的样品而使测定结果缺乏普遍性。同时，应先采集对照区的样品，再按剂量从小到大的顺序采集其他小区的样品，每个小区采集一个代表性样品。

（2）采样部位及采样量　样品种类的差异，决定采样部位和采样量也不相同。

① 土壤样品多采用 0～20cm 耕作层，每个小区设 5～10 个采样点，采样量不少于 1kg。

② 水样多点取约 5000mL，混匀后取 1000～2000mL。

③ 对于谷物、蔬菜、水果等根据食用部位分别采集，一般不少于 4～10 个，不少于 2kg。

二、样品处理

按照上述采样方法采集得到的样品往往数量过多，颗粒太大，因此必须对样品进行粉碎、混匀和缩分等处理，保证样品的均匀性，在分析检测时抽取任何部分的样品都能代表全部被测物质的成分。样品处理必须在不破坏待测成分的前提下进行。

（1）样品处理的原则

① 在样品采集、包装和预处理过程中避免残留药物的损失；

② 易分解或降解的药物应避免暴露；

③ 避免在样品采集和储运过程中损坏或变质，影响含量；

④ 避免交叉污染。

（2）样品处理的方法　根据被检测目标的性质和检测要求，常用的样品处理方法包括摇动、搅拌、切细或搅碎、研磨或捣碎等。通常液体样品、浆体和悬浮液体样品需用离心机或过滤的方法除去样品中的漂浮物和沉淀物，然后摇动或搅拌均匀；固体样品需切细或搅碎；动植物样品取可食用部分切成小块，用高速捣碎机捣碎后，取适量进行分析。目前，通常使用高速组织捣碎机进行样品的制备。

（3）样品缩分　根据样品种类和性质的不同，采用合适的方法进行缩分，将采集的样品处理成实验室样品。对于干燥的颗粒状及粉末状样品，最常用的缩分法是圆锥四分法。所谓四分法选取样品，是将样品按测定的要求磨细，过筛，混合均匀后堆积成圆锥体，并拍成圆饼形，然后沿直径方向分成四等份，取对角的两份样品再混合，按照上述方法重复进行，直到获得合适数量的样品作为"检验样品"为止。

三、样品的封样、运输及保存

采集并处理完成的样品需用不含分析干扰物质和不易破损的惰性包装袋（盒）装好，每一个样品都应贴好标签。标签上应注明唯一的、清晰的标记编码，而且标签标记编码应当牢固，不易掉，并且要明显，与取样单填写的信息有适当联系（有关的样品资料，包括样品名称、采样时间、地点、注意事项等信息）并迅速送到实验室。

样品放入包装袋（盒）后进行封样，确保样品不能拆封或拆封后无法复原，确保样品的原封样特性。样品一经封样，在送达实验室检测前，任何人不得擅自开封或更换，否则该样品作废，并追究相关人员的责任。

除可常温保存的样品外，样品最好能在冷冻状态下运送和保存。实验室交接样品时必须检查样品的封识，并仔细核对样品数量、状态、样品编号及采样单等信息，信息无误后，与送检人填写样品交接单，并签名。同时实验室应该有样品交接、处理、登记、储藏的程序，以保证样品符合分析、复验、复查的要求。

样品在实验室应储存在 1～5℃的温度下，并应尽快检测（3～5d），以保证样品的性质、成分不发生变化。若不能立即分析，可将制备好的样品装在洁净、密封的容器内，易腐败变质的样品应置于－20℃下储存，放入冰箱冷藏或冷冻保存，不能使样品受潮、挥发、风干、污染及变质等，以保证检测结果的准确性。再检测时先解冻然后马上检测，检测冷冻样品时应不使水或冰晶与样品分离。在特殊情况下，在不影响检验结果的前提下，允许加入适量的防腐剂。

第二节

样品的制备

样品制备是指将样品处理成适合测定的待测溶液的过程，包括从样品中提取待测组分，浓缩提取液和去除提取液中干扰性杂质的分离、净化、衍生化等步骤。样品制备对样品的分析起着至关重要的作用，通常样品中待测物质的浓度往往很低，或者样品本身对分析产生干扰，分析检测前须对样品进行预处理，进行样品的分离或浓缩，或去除样品中的干扰成分，提高分析方法的灵敏度，降低检测限，以确保得到理想的检验结果。

一、样品制备的原理

利用待测组分与样品基质的物理化学特性差异，使其从对检测系统有干扰作用的样品基质中提取分离出来。化合物的极性和挥发性是指导样品制备最有用的理、化特性。极性主要与化合物的溶解性及两相分配有关，如在进行液-液提取、固-液提取、液-固提取等操作时就是利用样品的极性这一理化特性。而挥发性则主要与化合物的气相分布有关，如在进行吹扫捕集提取、顶空提取等操作时就是利用化合物的挥发特性。

1. 分子的极性和水溶性

样品的极性（polarity）和水溶性（water solubility）是选择提取和净化条件的重要参考依据，在提取过程中常采用"相似相溶"原理，当物质的极性与溶剂的极性相近时有较大的溶解度，反之则溶解度小。待测物质的极性决定其在某种溶剂中的溶解性，所以应该使用与待测物质极性相近的溶剂为提取剂，使其在溶剂中达到最大溶解度。

溶解性是指物质在水相和有机相中的溶解能力，溶解度的大小很大程度上取决于化合物所含官能团的种类、数量、溶剂的性质和其他外部因素。在估计物质的水溶性时还必须考虑其分子的大小。当极性相近时，大分子化合物的水溶性比小分子化合物的低。这也是为什么大分子量的脂族烃、多核芳烃、氯代烃和聚合物的水溶性非常低的原因。此外水溶性还受以下外部因素的影响。

（1）温度　水溶性受温度影响很大，温度越高溶解度越大。一般温度每上升10℃，溶解度增加一倍，但气体则随温度的上升溶解度下降。硫羟氨基甲酸酯类农药（如杀螟丹）的溶解性具有逆温度效应，因为在较高温度下它以低极性的互变异构体为主。目前大多数文献中所列的溶解度均是在单一温度下的数据，无法知道该化合物溶解度是正温度还是逆温度效应。

（2）含盐量 溶剂中溶解的盐会降低有机物的溶解度。有机物的"盐析"作用就是利用这一原理提高其从水溶液中的回收率。

（3）有机质 溶解的有机质（如腐殖酸和灰黄霉酸）、助溶剂（如丙酮）、表面活性剂均会增加有机化合物的水溶性。由于许多药物均含有有机杂质或加工助剂，其溶解度也会受这些物质的影响。

（4）pH值 pH值可显著影响可解离的酸性或碱性农药的溶解度，甚至对"中性"农药也有相当的影响。

2. 分配定律

分配定律（distribution）也是一个与极性及溶解性相关的概念，它是指在一对互不相溶的二相溶剂系统中，由于物质在非极性相和极性相中的溶解度不同，当达到平衡时，物质在该二相中的浓度比在一定条件下为一常数的定律，即：

$$[A]_{非极性相}/[A]_{极性相}=K_D$$

K_D 称为分配系数，其值大小与溶质及溶剂的性质及平衡时的温度等条件有关，而与相体积无关。K_D 值越大，存在于非极性溶剂中的物质越多，越有利于用非极性溶剂向极性溶剂中提取待测物质，而 K_D 值越小，则存在于极性溶剂中物质越多，越有利于用极性溶剂向非极性溶剂中提取待测物质。

在农药残留分析样品制备中，我们常应用分配定律进行农药的提取和分离净化。常用的二相溶剂系统有：①水不溶溶剂-水（如正辛醇-水、乙酸乙酯-水、氯仿-水、石油醚-水等）；②己烷（石油醚）-丙酮；③己烷（石油醚）-乙腈；④己烷（石油醚）-二甲基甲酰胺（DMF）；⑤己烷（石油醚）-二甲基亚砜（DMSO）等系统。以正辛醇-水溶剂测出的分配系数称为辛醇-水分配系数。目前，文献已列有大多数农药的辛醇-水分配系数。

3. 挥发性和蒸气压

挥发性（volatility）是指液态或固态物质转变为气态的物理性能。挥发性决定物质在气液或气固二相中的分布。它在气相色谱、顶空提取和吹扫捕集提取等农药残留的常用技术方法中得到应用。一个化合物的挥发性可用沸点和蒸气压两个参数来表示。由于沸点是指液体沸腾时的温度，而我们常要了解的是物质在沸点以外的温度的挥发性，所以，在农药残留分析中，农药挥发性的高低主要采用蒸气压这个参数。农药蒸气压是衡量农药由固态或液态转化为气态趋向的物理量，即二相或三相共存时农药蒸气的压强，它与体积无关，而与温度密切相关，即蒸气压随温度的升高而增加。

蒸气压（vapor pressure）除了与气相色谱保留值相关外，还能预知农药残留分析时在蒸发浓缩过程中化合物损失的可能性。如有机磷农药敌敌畏、甲拌磷和二嗪磷的蒸气压比马拉硫磷等高几个数量级，在蒸发浓缩时，尤其是把溶剂完全除去时，化合物就极容易损失。

二、样品制备的常规技术

1. 提取技术

提取（extraction）是指通过溶解、吸着或挥发等方式将样品中的待测组分分离出来的操作步骤，也常称为萃取。由于待测组分含量甚微（痕量），提取效率的高低直接影响分析结果的准确性。提取方案的选定主要是根据待测组分的理化特性来定，但也需要考虑试样类型、样品的组分（如脂肪、水分含量）、待测组分在样品中存在的形式以及最终的测定方法等因素。用经典的有机溶剂提取时，要求提取溶剂的极性与分析物的极性相近，也即采用"相似相溶"原理，使分析物能进入溶液而样品中其他物质处于不溶状态。如用挥发性分析物的无溶剂提取法，则要求提取时能有效促使分析物挥发出来，而样品基体不被分解或挥发。

　　提取时要避免使用作用强烈的溶剂、强酸强碱、高温及其他剧烈操作，以减少之后操作的难度和造成的损失。样品的提取方法多种多样，但基本上都是基于化合物的极性-溶解度或挥发性-蒸气压的理化特性而建立的。目前，样品常用的提取方法有溶剂提取法、固相提取法及强制挥发提取法三类。

　　（1）溶剂提取法　溶剂提取法（solvent extraction）是最常用、最经典的有机物提取方法，具有操作简单，不需要特殊或昂贵的仪器设备，适应范围广等优点。溶剂提取法是根据待测组分与样品组分在不同溶剂中的溶解性差异，选用对待测组分溶解度大的溶剂，通过振荡、捣碎、回流等方式将分析物从样品基质中提取出来的一种方法。溶剂提取法的关键是选择合适的提取溶剂。

　　在提取过程中，溶剂的选择是关键，要考虑三方面的要求：一是溶剂的极性，遵循"相似相溶"原理；二是溶剂的纯度，如有必要需重蒸馏净化。三是溶剂的沸点，45～80℃为宜。沸点太低，容易挥发，而沸点太高，不利于提取液的浓缩。

　　① 液-液提取法　液-液提取法（liquid-liquid extraction，LLE）是指根据分配定律，用与液体样品（一般是水）不混溶的溶剂与样品液体接触、分配、平衡，使溶于样品液体相的化合物转入提取溶剂相的过程。液-液提取法提取效率的高低取决于化合物与提取溶剂的亲和性、二相体积比和提取次数三个因素，提取过程可分为：等体积一次提取；等体积多次提取；不等体积一次提取和不等体积多次提取。液-液提取法适合非极性至中等极性药物，而对于强极性和水溶性较大的药物，用液-液提取一般较为困难，回收率较低。

　　液-液提取法通常用分液漏斗进行，如图3-1所示。操作时选择容积较液体样品体积大1倍的分液漏斗。提取前将分液漏斗的活塞薄薄地涂上一层润滑脂，塞好后将活塞旋转几圈，使润滑脂均匀分布，关好活塞，将分液漏斗放在提取架上。提取溶剂体积一般约为样品体积的10%～30%。提取时手持分液漏斗进行振摇。开始时摇晃几次，要将分液漏斗下口向上倾斜（朝向无人处），打开活塞，使过量的气体放出。关闭活塞后再进行振摇，如图3-2所示。如此重复至放气时只有很小压力，再剧烈振摇3～5min后，将分液漏斗放回架上静置分层，如图3-3所示。目前实验室通常采用自动萃取仪（图3-4），能够代替人工振摇，精度高、效果好，能够减轻试验人员的劳动强度。

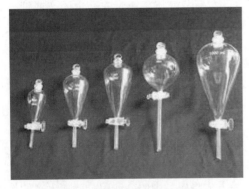

图3-1　不同规格的分液漏斗

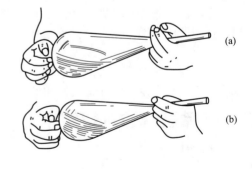

图3-2　分液漏斗的萃取振摇

　　② 固-液提取法　固-液提取法（solid-liquid extraction，SLE）是将固体放入提取剂中，加以振荡，必要时加热，通过溶解、扩散作用使固相物质中的化合物进入溶剂（包括水）中的过程。它主要用于固体样品（如土壤、动植物样品）中检测目标的提取。固-液提取过程中，不同样品类型对溶剂的选择有很大影响。含水量大的样品，应采用与水混溶的溶剂或混合溶剂提取；含脂肪多的样品则用非极性或极性弱的溶剂提取；土壤样品则用含水溶剂或混

图 3-3　静置分层

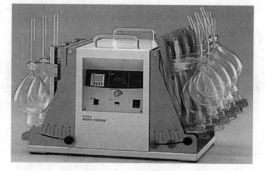

图 3-4　自动萃取仪

合溶剂提取。值得注意的是，目前较多的农药残留分析方法中对动植物组织、食品等固体样品采用与水混溶的溶剂（如丙酮、乙腈）提取，这样可以减少油脂、蜡质等非极性杂质的含量，同时有些样品提取后经加水稀释可以方便地用固相提取技术进行净化和浓缩。常用的提取方法包括振荡浸提法、组织捣碎法、超声波法和索氏提取法等。

③ 振荡浸提法　将样品粉碎后置于具塞锥形瓶中，加入一定量的提取溶剂，用振荡器振荡提取 1～3 次，每次时间多在 0.5～1h，有时也需要更长时间。过滤出溶剂后，再用溶剂洗涤滤渣一次或数次，合并提取液后进行浓缩净化。这一方法适用于土壤、蔬菜、水果和谷物等样品。

④ 组织捣碎法　将样品先进行适当的切碎，再放入组织捣碎机（图 3-5 和图 3-6）中，加入适当的提取溶剂，快速捣碎 3～5min，过滤，残渣再重复提取一次即可。该方法适用于蔬菜、水果等新鲜动植物组织样品中待测物质的提取。

图 3-5　组织捣碎匀浆机

图 3-6　手持式组织捣碎机

⑤ 索氏提取法　用合适的提取溶剂在索氏提取器（图 3-7）中连续回流提取几小时，获

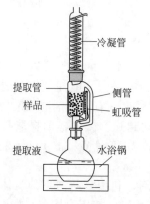

冷凝管
提取管
样品
侧管
虹吸管
提取液
水浴锅

图 3-7　索氏提取器装置

取浸提液。该方法提取效率高，但是耗时长（8h 以上），适用于匀浆法等难提取的样品中待测物质的提取。

⑥ 消化提取法　在消化炉上（图 3-8），用消化液把试样消煮分解后，再用溶剂提取的一种方法。适用于动物样品量少而又不易捣碎的器官（皮、鳃、肠等），以及残留药物以螯合态存在的样品。

图 3-8　不同型号的消化炉

⑦ 超声波法　一般是用超声波清洗机（图 3-9）进行超声波提取，在超声波清洗槽中装入一定量的水，然后将装有样品和提取剂的玻璃瓶放入清洗槽中，通过空化作用使分子运动加快；同时将超声波的能量传递给样品，使组分脱附和加快溶解。超声波法操作简单、一次可以同时提取多个样品，其提取时间短、速度快、提取效率高，因此广泛应用于化学化工，医疗，药物残留分析等领域中。

图 3-9　不同型号的超声波清洗机

⑧ 微波助提法　利用极性溶剂（如乙醇、甲醇、丙酮和水）的分子可以迅速吸收微波能量的样品前处理技术。微波是频率介于 0.3~300GHz 的电磁波，能促进组分的释放和溶解。有机溶剂的选择对提取效果至关重要，溶剂偶极矩的强度是有机溶剂与微波加热有关的主要因素。偶极矩越大，有机溶剂分子在微波场中的振动越强。微波辅助提取具有选择性高、用时短、加热均匀、溶剂消耗少、有效成分提取率高等优点。常用微波提取仪如图 3-10 所示。

⑨ 超临界流体萃取法　以超临界状态下的流体为溶剂，利用该状态下的流体所具有的高渗透能力和高溶解能力分离混合物的过程。超临界流体是温度与压力均在其临界点之上的

图 3-10　不同型号的微波提取仪

流体，性质介于气体和液体之间，有与液体相接近的密度，与气体相接近的黏度及高的扩散系数，故具有很高的溶解能力及良好的流动、传递、渗透性能。实验室常用的超临界流体萃取仪如图 3-11 所示。

图 3-11　超临界流体萃取仪

（2）固相提取法　固相提取法又称为液-固提取法和固相萃取法（solid-phase extraction，SPE），是由液-固萃取和柱液相色谱技术相结合发展而来的，指液体样品中的分析物通过吸着作用（吸附和吸收）被保留在吸着剂上，然后用一定的溶剂洗脱的过程，适合分离性质差别较大的物质。该法用于人体体液中的药物提取，称为"柱提取"，后用于水中农药的提取和净化，并称为"固相提取"。固相提取技术是取代"液-液提取"的新技术，具有提取、浓缩、净化同步进行的作用。这一技术具有操作简单、重复性好、节省溶剂、快速、适用性广、可自动化和用于现场等优点。目前主要用于水样中分析物的提取，但也开始越来越多地应用于食品中农药兽药残留分析的样品制备。在农药残留分析中，尤其是对较强极性农药（如氨基甲酸酯类农药）的提取能发挥很好的作用。

① 固相提取的基本原理　固相提取法是利用选择性吸附与选择性洗脱的液相色谱法分离原理。我们把吸附剂作为固定相，样品中的溶剂（水）或洗脱时的溶剂为流动相，利用吸附剂对待测物质和干扰性杂质吸着能力的差异所产生的选择性保留，对样品进行提取和净化。这种保留可通过改变吸附剂的类型，调整样品和洗脱溶剂的类型、pH 值、离子强度和体积等来满足不同分析的需要。

固相提取吸附剂根据其对中性有机化合物的保留机制和溶剂洗脱能力，常分为正相和反相吸附剂两类。正相吸附剂（如硅胶、弗罗里硅土、中性氧化铝等）属极性保留，溶剂极性越强，洗脱能力越强；反相吸附剂（如 C_{18}、C_8、C_2、CH、PH 等）属非极性保留，溶剂极性越强，洗脱能力越弱。由于农药残留分析中的固相提取主要是水样，要使其中的农药被保留而提取出来，就要使水的洗脱能力最弱，所以要使用反相吸附剂进行提取。最常用的反相吸附剂是 C_{18}（十八碳烷基键合硅胶），其粒子大小一般为 $40\mu m$、孔径为 $60\sim100\mathring{A}$，适于在 pH 为 $2\sim8$ 范围下的中等极性残留农药的提取。正相吸附剂主要用于提取后样品的净化处理。

吸附剂的吸附容量是指单位质量吸附剂所能吸附的有机化合物的总质量。吸附容量越大，能吸附残留农药的量就越大。现在使用的固相吸附剂大都有 $500\mu g/g$ 以上的吸附容量，有的高达 $15\sim60mg/g$。穿透体积是指在固相提取时化合物随样品溶液的加入而不被自行洗脱下来所能流过的最大液样体积，也可以理解为样品溶液的溶剂对样品中残留农药的保留体积。

固相提取现在多是使用商品化的固相提取小柱或是固相提取盘。它是由高强度和高纯度的聚乙烯或聚丙烯塑料制成，装有 $100\sim2000mg$ 吸附剂，形状各异，可自行套接使用和与注射器连接进行加压或减压操作。现在，市面上已有专用的 SPE 装置用于加压或减压以及批量自动化处理，如图 3-12 和图 3-13 所示。

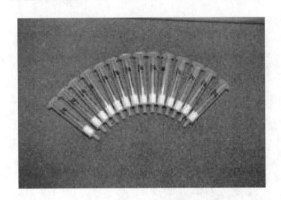

图 3-12　SPE 柱

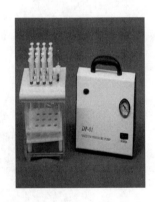

图 3-13　SPE 自动化处理仪

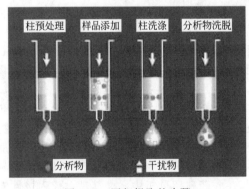

图 3-14　固相提取的步骤

② 固相提取的步骤和方法　如图 3-14 所示，典型的固相提取操作包括如下四个步骤：

第一步是柱的活化和平衡，用适当的溶剂冲洗以活化吸附剂表面，然后再用水冲洗让柱处于湿润和适于接受样品溶液的状态；

第二步是上样，将用水稀释的样品溶液加在柱上，减压使样品通过柱；

第三步是清洗，即净化步骤，以比水极性稍弱、能洗脱杂质而让分析物保留的溶剂过柱，去除干扰物；

第四步是洗脱，用少量极性再弱些的溶剂将分析物洗脱回收，用于测定。

固相提取可以是持留分析物在柱中，然后用溶剂洗脱进行分析，也可以是持留样品中的杂质，让分析物通过，然后收集用于分析。如进行农残检测时，水样残留农药一般用前一种方式提取，而食品、动植物样品残留农药一般用第二种方式。特别是对于含水量高的果蔬样品，用水混溶性溶剂提取后，提取液中水的量比较大，将提取液通过一个反相提取柱（如 C_{18}、C_8 或 pH）就可把油脂、蜡质等非极性杂质持留在柱中而被去除（非极性提取）。如果农药的极性中等，其辛醇-水分配系数在 100～1000，就可以通过溶剂（一般是丙酮或乙腈）的加入量来调节提取液中的含水量，使农药很容易地洗脱下来。能够与水形成氢键，或能通过调节 pH 值使其离子化的农药，都可用一定比例的水-有机溶剂洗脱。在农药残留分析样品的提取净化上，一般都是先用反相柱处理，因此所用的洗脱剂就是水混溶的溶剂或单独用水，使亲脂的杂质吸附在柱上，而农药流过柱子。

固相提取洗脱溶剂的选择主要根据分析物的亲脂性和柱的保留机制而定。一系列不同极性的溶剂可用于固相提取洗脱。非极性分析物可用甲醇、乙腈、乙酸乙酯、氯仿和正己烷洗脱；而极性分析物可用甲醇、异丙醇及丙酮洗脱。

③ 固相微萃取法　固相微萃取（solid phase microextraction，SPME）是在 SPE 基础上发展起来的高效的样品预处理技术，利用固相提取的方法实现样品的分离和净化，但所用的固相材料和分离机制不同。SPME 是通过待测组分在样品和固相涂层之间的平衡达到分离，固相是覆盖着高聚物固定相（聚丙烯酸酯）的熔融石英纤维，浸入样品中，待测组分扩散吸附到石英纤维表面的涂层，当吸附平衡后，利用 GC 或 HPLC 进行分析测定。

固相微萃取法的操作流程包括：

a. 吸附　萃取过程中应使用磁力搅拌、超声振荡等方式，缩短平衡时间；

b. 解析　高温解析（GC）或溶剂洗脱（HPLC）；

c. 纤维的老化和清洗　使用前需老化 0.5～4h。

④ 基质固相分散萃取法　基质固相分散萃取（matrix solid-phase dispersion，MSPD），是将样品与吸附填料（与 SPE 的吸附材料相同）一起混合，研磨，得到半干状态的混合物作为装柱的填料，用不同的溶剂淋洗柱，将各种待测物洗脱下来。吸附剂分为正相吸附剂和反相吸附剂，正相吸附剂主要用于分离极性较大的物质；反相吸附剂，如 C_8，C_{18}，用来分离亲脂性物质。该方法的优点是分析时间短，溶剂用量少，能避免样品乳化、转融等带来的损失，但是取样量小易造成检测限高，净化方面不如其他技术好。

（3）强制挥发提取法　强制挥发提取法（forced volatile extraction），适用于易挥发物质，利用物质挥发性进行提取的方法。这样可以不使用溶剂，在挥发提取的同时去除挥发性低的杂质。吹扫捕集法和顶空提取法属于此类提取法。

① 吹扫捕集法　吹扫捕集法（purge-and-trap）主要用于样品中挥发性有机物的分析。具体操作步骤分为以下四步：

a. 吹沸　在常温下，以氮气（或氦气）等惰性气体的气泡通过水样将挥发物带出来；

b. 捕集　吹沸出来的挥发物被气流带至捕集管，被管中的吸附剂吸附、富集；

c. 解吸　过瞬间加热使捕集管中的挥发物解吸，并用载气带出，直接送入 GC；

d. GC 分析。

② 顶空提取法　顶空提取法（headspace extraction）是与吹扫捕集法相类似的技术，但它适用于水样以及其他液态样品和固态样品，它也可以直接与气相色谱仪连接进行分析。

顶空制样法的操作步骤主要有：

a. 加热密封样品瓶，使顶空层分析物平衡；

b. 通过注射器将载气压向样品瓶；

c. 断开载气，使瓶中顶空层气样流入气相色谱仪供分析。

（4）其他常见的提取方法

① 加速溶剂萃取法　加速溶剂萃取法（ASE）是一种全自动提取技术，根据待测物对有机溶剂有较高的亲和力的特性，通过提高温度（50～200℃）和压力（1.5～2.0MPa）加速萃取，提高提取效率，该方法适用于固体、半固体样品。该方法溶剂用量少，快速。提取效率高，但选择性不高，需要净化后再进入仪器分析检测。

② 免疫亲和色谱　免疫亲和色谱（IAC），是一种以抗原抗体中的一方作为配基，亲和吸附另一方的分离系统。其原理是将抗体与惰性微珠（如纤维素、琼脂糖等）共价结合，装柱，将抗原溶液过免疫亲和柱，非目标化合物不保留，最后用洗脱液洗脱抗原，得到纯化的抗原。该方法过程简单，特异性强、效率高，但特异性抗体难得且载体价格昂贵。

2. 样品的浓缩技术

由于在样品分析中通常分析物在样品中的量非常少，而且常规溶剂提取法所用溶剂的量相对来说非常大，从样品中提取出来的待测物质溶液，一般情况下浓度都是非常低的，在做净化和检测时，必须首先进行浓缩，使检测溶液中待测物达到分析仪器灵敏度以上的浓度。常用的浓缩方法有减压旋转蒸发法、K-D 浓缩法和氮气吹干法。

（1）减压旋转蒸发法　利用旋转蒸发器，可以在较低温度下使大体积（50～500mL）提取液得到快速浓缩，操作方便，但分析物容易损失，且样品还须转移、定容。旋转蒸发器的原理是利用旋转浓缩瓶对浓缩液起搅拌作用，并在瓶壁上形成液膜，扩大蒸发面积，同时又通过减压使溶剂的沸点降低，从而达到高效率浓缩的目的。

（2）K-D 浓缩法　K-D 浓缩法（Kuderna-Danish evaporative concentration），利用 K-D 浓缩器直接将样品浓缩到刻度管中的方法，适合于中等体积（10～50mL）提取液的浓缩，其特点是可有效减少浓缩过程中的样品损失，且能直接定容测定，无须转移样品，但适合少量体积的样品，操作烦琐。

（3）氮气吹干法　氮气吹干法（gas blowing evaporation），直接利用氮气气流轻缓吹沸提取液及提高水浴温度，以加速溶剂的蒸发速度来浓缩样品，能有效防止氧化反应，但只适合于小体积浓缩，且对于蒸气压较高的样品，比较容易造成损失。现在，在许多实验室都是联合固相提取柱一起使用，达到浓缩、净化的目的。

第三节

样品的净化

净化（cleanup）是指通过物理的或化学的方法去除提取物中对测定有干扰作用的杂质的过程，主要是利用分析物与基体中干扰物质的理化特性的差异，将干扰物质的量减少到能正常检测目标残留农药的水平。其中，物理的方法有分配（极性）、沉淀（溶解性）、挥发（挥发性）、色谱（极性）；而化学的方法有分配（酸-碱性）、浓酸碱（降解作用）、氧化（降解作用）、衍生化（分子改变）等。两相溶剂的分配和吸附色谱是用得最多的净化方法，其他方法则是在有特殊要求时使用。单残留分析时，净化所用方法与残留分析物的理化特性密切相关。而在多残留分析时，净化操作所用方法也比较通用化。任何一个净化方法都必须考虑时间和成本与检测限之间的关系。净化是消去检测背景噪声、降低检测限的有效方法。一般来说，检测限越低，要消除的干扰杂质就越多，净化要求越高。这时，净化过程比较复杂，常常是多种方法结合使用。

一、样品中杂质的种类

（1）脂质　这是一类由脂肪酸和醇构成的酯或烃类物质，在动植物产品中大量存在。

脂质物质不易挥发，量大，对气相色谱分析不利，可能堵塞进样口和柱子，改变色谱性能，还会缓慢地降解为易挥发物质干扰检测。

（2）色素　这是一类结构上没有多大关联的有色化合物，溶于极性较弱的溶剂。主要是会对比色和分光光度分析有影响。腐蚀性试剂能使其降解。

（3）其他杂质　肽类和氨基酸含有氮，常常还含有硫，这对使用 N—或 S—的选择性检测系统会产生干扰。碳水化合物无色、无挥发，且在有机溶剂中溶解度较低，所以只会对低挥发性和高水溶性农药的分析造成困难。木质素也和碳水化合物差不多，但它可以降解为酚类物质，从而影响某些农药（如氨基甲酸酯类和苯氧羧酸类）的酚类代谢物的分析。有些维生素的理化性质与很多农药的性质很相近，因而也会产生干扰。环境中非农药污染物对农药残留分析有很大的干扰。如，硫对气相色谱分析中的电子捕获、电解电导和火焰光度检测器都有响应。

二、常用的净化方法

1. 柱色谱法

柱色谱法是一种应用最普遍的传统净化方法，其基本原理是将提取液中的待测物质与杂质一起通过一根适宜的吸附柱，使它们被吸附在具有表面活性的吸附剂上，然后用适当极性的溶剂来淋洗，待测物质一般先被淋洗出来，而脂肪、蜡质和色素等杂质持留在吸附柱上，从而达到分离、净化的目的。

吸附剂要具有较大的比表面积，适宜的表面孔径和吸附活性，粒度分布范围尽量窄，并具有一定的强度。常用来作净化处理的色谱柱有以下几种。

（1）弗罗里硅土柱　弗罗里硅土（florisil）是农药残留分析净化中最常用的吸附剂，也称硅镁吸附剂，主要由硫酸镁与硅酸钠作用生成的沉淀物经过过滤、干燥而得。需经过 650℃ 的高温加热 1~3h 活化处理，才能提高对杂质的吸附能力，而不影响农药的淋洗率。

（2）氧化铝柱　氧化铝（alumina）不如弗罗里硅土那样常用，但价格便宜，也是一种比较重要的吸附剂。它有酸性、中性、碱性之分，可根据农药的性质选用。有机氯、有机磷农药在碱性中易分解，用中性或酸性氧化铝。均三氮苯类除草剂则使用碱性氧化铝。氧化铝柱最大的特点是淋洗液用量较少，但一般由于氧化铝的活性比弗罗里硅土要大得多，因而农药在柱中不易被淋洗下来，当用强极性溶剂时，农药与杂质又会同时被淋洗下来，所以在应用前必须将氧化铝进行去活处理。

（3）硅胶柱　硅胶（silica gel）是硅酸钠溶液中加入盐酸而制得的溶胶沉淀物，经部分脱水而得非晶态的多孔固体硅胶。它能有效地去除糖等极性杂质，特别是它对 N-甲基氨基甲酸酯农药不会像在弗罗里硅土或氧化铝中那样不稳定。通常也需活化处理去除残余水分，使用前再加入一定量的水分以调节其吸附性能。由于硅胶的吸附能力与其表面的硅羟基数目有关，一般活化时温度不宜超过 170℃，以 100~110℃ 为宜。初始用弱极性溶剂淋洗，如戊烷或己烷，洗脱弱极性化合物，然后逐渐增加溶剂的极性，洗脱极性较强的化合物。糖等强极性化合物一般用甲醇等强极性溶剂也难以洗脱下来，可以很方便地去除。

（4）活性炭　活性炭（active carbon）柱色谱一般很少单独使用，经常与弗罗里硅土及氧化铝按一定比例配合使用；活性炭对植物色素有很强的吸附作用。将活性炭与 5~10 倍量的弗罗里硅土和氧化镁及助滤剂 Celite 545 等混合，用乙腈-苯（1∶1）作淋洗剂，能有效地净化许多有机磷农药。

（5）其他填料色谱柱　现在在农药残留样品净化中非常多地将提取与净化同时在一根固相提取柱上完成，但也可以单独用于净化处理。如果使用 C_{18} 柱，则能有效地去除脂肪等非极性杂质。许多酸碱性农药及其代谢转化物常用离子交换柱作净化处理。

2. 凝胶渗透色谱法

凝胶渗透色谱（gel permeation chromatography，GPC），基本原理是根据多孔凝胶对不同大小分子的排阻效应进行分离，作净化处理，去除脂肪、聚合物、共聚物、天然树脂、蛋白质、甾类等大分子化合物，以及细胞碎片和病毒粒子等杂质。在多种多样的农药残留基体中存在着大量这类大分子杂质，它们在进行 GC 或 LC 分析测定时一般不能通过柱子，虽然不会对检测器产生反应，但由于堵塞进样阀和柱子，造成柱子寿命缩短和结果产生偏差，同时其降解物也可能影响到检测器。凝胶渗透色谱是利用多孔的凝胶聚合物将化合物按分子大小选择性分离的机制，即由于大分子化合物不能进入填料粒子的孔内，溶剂淋洗时只能在粒子间隙通过，而小分子化合物能在粒子孔内穿行，二者运行路径的距离不一样，大分子的路径短，最先流出，小分子的路径长，最后流出。这样就能把最先流出的大分子化合物去除而得到净化。

3. 液-液分配法

液-液分配法（liquid-liquid partition）的原理和操作与前面介绍的液-液提取完全一样，是一种简单而且应用最广泛的净化分离技术。由于各物质在不同溶液中的溶解度不同，当混合物在互不相溶的两种溶剂中混合时，混合物中的各组分在极性相似的溶剂中溶解度最大，而在极性差别大的溶剂中溶解度小，即不同物质在两相溶剂中分配系数不同，从而达到分离净化的目的。采用极性溶剂与非极性溶剂配成溶剂对进行液-液分配。如甲醇-二氯甲烷、甲醇-正己烷（石油醚）、甲醇-三氯甲烷等。比如，农药与脂肪、蜡质和色素等一起被己烷提取后，再用乙腈与其共同振摇，由于农药的极性比脂肪、蜡质和色素等要大一些，因此大部分可被乙腈提取，经过几次提取后，农药几乎完全与脂肪等杂质分离，从而达到净化的目的。

4. 吹扫共馏法

吹扫共馏法（sweep codistillation）与吹扫捕集和顶空法的原理相同，是从水样或不易挥发的基体中除去挥发性较低的杂质的净化技术。在惰性气体和溶剂蒸气流动的作用下，使脂质和其他低挥发性提取成分挥发出来，然后通过冷凝或吸附柱将其收集，使待测组分和杂质分离。

5. 沉淀净化法

沉淀净化法（precipitation cleanup methods）是在低温环境下，脂肪和蜡质会形成结晶，可将其从溶解度较高的提取物中除去。如动植物样品利用丙酮提取后，放入-80℃中，脂质和某些色素就会沉淀出来。此法可代替脂肪净化中的液-液分配法。

6. 化学净化法

化学净化法（chemical cleanup methods）是用强酸或强碱将待净化样品基体消解掉，留下可测知降解物的净化方法。该方法适用于稳定的有机氯农药，如氯丹、艾试剂等，用发烟硫酸处理后，能够除去水解后的脂质和色素物质。

7. 多残留分析净化法

随着大量农药的使用，对于农产品施药的历史情况，不可能全面了解，又因农药使用后在光、空气、植物体内酶的代谢作用下，转化成其他形式存在，而兽药会参与动物的新陈代谢，因此，在农、兽药残留分析的提取与净化时，必须考虑多残留分析的需要。

多残留分析样品的净化一般把溶剂分配和柱色谱当作其"核心"技术。美国食品和药品管理局（FDA）把食品分为非脂肪食品和脂肪食品两类进行净化处理，如表 3-1 所示。根据样品含脂肪的多少可采用石油醚或乙腈提取，然后以石油醚/乙腈分配去除提取物中的脂质。

表 3-1 非脂肪食品和脂肪食品的净化处理

食品类型	提取溶剂	净化	色谱柱	检测器
非脂肪食品	丙酮	硅酸镁/MeCl$_2$	OV-101	ECD
	含水丙酮	活性炭/MgO	OV-17	FPD-P
		活性炭/烷化硅藻土	OV-225	FPD-S
		C$_{18}$ 提取柱	DEGS	ELCD-N
		硅酸镁/混合醚	C$_8$（HPLC）	ELCD-X
				后柱荧光（HPLC）
	乙腈	石油醚/丙酮分配	OV-101	ECD
	水/乙腈	硅酸镁/混合醚		FPD-P
		硅酸镁/MeCl$_2$		ELCD-X
				ELCD-N
				NP-TSD
脂肪食品	石油醚	石油醚/乙腈分配	OV-101	EC
	其他溶剂	硅酸镁/混合醚	OV-17	FPD-P
		硅酸镁/MeCl$_2$		ELCD-X
		凝胶渗透		ELCD-N
		氧化铝＋硅酸镁		NP-TSD

三、样品制备效果的确认

样品的制备效果通常是用测定添加回收率的方法进行。即在样品中添加已知量的待测组分的标准物质，经过样品制备后，以添加标准物质的样品的测定值和未添加标准物质样品的测定值之差与添加的标准物质的量之比即为添加回收率：

$$回收率 = \frac{加标试样测定值 - 试样测定值}{加标量}$$

测定回收率时，一是要求尽量用不含目标物质的空白样品，如果无法做到，则加标样份和对照样份一定要取自充分混匀的同一份样品材料，同时要测定与样品制备过程完全相同但不含样品的溶剂空白；二是加标的浓度范围应接近样品测定中分析物质的浓度范围，可设高、中、低三个浓度梯度，最低浓度应该低于该农药的最大残留限量（MRL），或者按仪器的最低校准浓度（lowest calibrated level，LCL）设定，最高浓度根据测定方法的实际浓度范围定，一般不超过标准曲线的线性范围。每个浓度应作 3 次以上的重复，以求得回收率的标准偏差和变异系数。一般对于单残留分析方法的回收率范围要求在 80%～110%，但在缺少合适的残留分析方法或是在较低的检测浓度情况下，以及在多残留分析时，回收率稍低一些的方法也是可以接受的。

第四章

仪器分析基本实验

实验一　苯及其同系物的光谱扫描及溶剂效应

【实验目的】

1. 了解紫外-可见分光光度计的主要构造、原理；
2. 掌握紫外-可见分光光度计光谱、光度测定的操作方法；
3. 掌握不同官能团及溶剂效应对最大吸收波长的影响。

【实验原理】

紫外-可见吸收光谱法（ultraviolet-visible absorption spectrometry，UV-VIS）又称紫外-可见分光光度法（ultraviolet-visible spectrophotometry）是指在 $200 \sim 780nm$ 光谱区域内，研究物质分子或离子对紫外和可见光谱的吸收，从而对物质进行定性、定量和结构分析的方法。

紫外-可见分光光度计的工作原理是：在双光速仪器中，从光源发出的光经分光后，再经扇形旋转镜分成两束，交替通过参比池和样品池，测得的是透过样品溶液和参比溶液的光信号强度之比。如图 4-1 所示，紫外-可见分光光度计结构由五部分组成：光源、单色器、

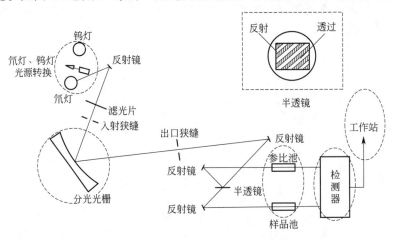

图 4-1　岛津 UV-2450 双光束紫外-可见分光光度计光路图

吸收池、检测器和数据处理系统。

本实验利用紫外光谱仪验证苯、苯酚、苯甲酸、苯乙酮、硝基苯、氯苯等苯的同系物光谱变化及不同极性溶剂对萘和碘的吸收峰的影响。

【实验用品】

1. 仪器　紫外-可见分光光度计，容量瓶，石英比色皿，移液管。

2. 试剂　苯，苯酚，苯甲酸，苯乙酮，硝基苯，氯苯，萘，乙醇，环己烷，碘溶液，四氯化碳，4-(间-甲苯基偶氮)-1-萘酚，氯仿，乙酸。

【实验步骤】

1. 试剂的配制

(1) 苯，苯酚，苯甲酸，苯乙酮，硝基苯，氯苯，萘的溶液配制　分别称取苯、苯酚、苯甲酸、苯乙酮、硝基苯、氯苯、萘各100mg于100mL容量瓶中并准备两份，分别用乙醇和环己烷溶解、混匀、定容、备用。

(2) 碘溶液的配制　分别称取碘100mg于100mL棕色容量瓶中并准备两份，分别用乙醇和四氯化碳溶解，混匀，定容，备用。

(3) 4-(间-甲苯基偶氮)-1-萘酚溶液的配制　分别取4-(间-甲苯基偶氮)-1-萘酚100mg于100mL容量瓶中并准备四份，分别用苯、环己烷、氯仿和乙酸溶解、混匀、定容、备用。

2. 样品图谱扫描

(1) 将苯、苯酚、苯甲酸、苯乙酮、硝基苯、氯苯、萘的环己烷溶液进行光谱扫描，将获得的数据进行记录；

(2) 将苯、苯酚、苯甲酸、苯乙酮、硝基苯、氯苯、萘的乙醇溶液进行光谱扫描，将获得的数据进行记录；

(3) 将碘的乙醇和四氯化碳溶液进行光谱扫描，将获得的数据进行记录；

(4) 将4-(间-甲苯基偶氮)-1-萘酚的不同溶剂配制的溶液进行光谱扫描，将获得的数据进行记录。

【数据记录与处理】

苯、苯酚、苯甲酸、苯乙酮、硝基苯、氯苯、萘不同溶剂稀释液的光谱扫描数据

项目	乙醇溶剂							环己烷溶剂						
试剂	苯	苯酚	苯甲酸	苯乙酮	硝基苯	氯苯	萘	苯	苯酚	苯甲酸	苯乙酮	硝基苯	氯苯	萘
λ_{max}														
精细结构														

碘和4-(间-甲苯基偶氮)-1-萘酚不同溶剂稀释液中的光谱扫描数据

项目	碘		4-(间-甲苯基偶氮)-1-萘酚			
溶剂	乙醇	四氯化碳	苯	环己烷	氯仿	乙酸
λ_{max}						
精细结构						

【注意事项】

1. 实验中配制的有机试剂使用后应倒入有机废液桶中。

2. 实验过程中应戴好口罩、手套等防护品，防止有毒气体挥发。

3. 石英比色皿相对于玻璃材质的比色皿偏软，应小心擦拭、清洗。

【思考题】

1. 如果试剂的光谱吸收带与理论不符，其中可能含有什么杂质？

2. 如何区别石英比色皿和玻璃比色皿？

3. 进行光谱扫描时，需要参比溶液吗？

实验二　饮料中苯甲酸含量的测定

【实验目的】

1. 掌握紫外-可见分光光度法测定苯甲酸含量的基本原理及操作方法；
2. 复习紫外-可见分光光度计的操作。

【实验原理】

苯甲酸（benzoic acid）也称安息香酸，分子式为 $C_7H_6O_2$，分子量为 122.12，微溶于水，易溶于乙醇、乙醚等有机溶剂。苯甲酸钠也称安息香酸钠，是一种白色颗粒或晶体粉末，无嗅或微带安息香气味，味微甜，有收敛味。苯甲酸钠是常用的防腐剂，通常用在碳酸饮料、酱油、蜜饯等食品中。

苯甲酸具有环状共轭结构，在波长 228nm 和 272nm 处有 E 吸收带和 B 吸收带。本实验通过测量苯甲酸的紫外吸收光谱，根据朗伯-比尔定律采用外标法测定了饮料中苯甲酸钠的含量。

【实验用品】

1. 仪器　紫外-可见分光光度计，电子天平，旋转蒸发仪，蒸馏瓶，超声波清洗器，容量瓶，烧杯，玻璃棒，分液漏斗，量筒。
2. 试剂　苯甲酸（优级纯），乙醚。

【实验步骤】

1. 样品的制备

准确称取雪碧饮料 100.00g（精确至 0.001g）于 100mL 烧杯中，将烧杯置于超声波清洗器中超声 30min 排出 CO_2 气体，若晃动烧杯后杯壁上有细密气泡，继续超声，直至杯壁上没有细密气泡。将雪碧饮料倒入分液漏斗中，加入 100mL 乙醚，进行萃取，将萃取液转移至蒸馏瓶中，继续分别用 100mL、80mL 乙醚进行萃取，收集萃取液于蒸馏瓶中，用旋转蒸发仪浓缩至 10mL，定容，备用。

2. 标准溶液的配制

准确称取 10.00mg（精确至 0.01mg）苯甲酸于 100mL 容量瓶中，用乙醚溶解、摇匀、定容，获得 100μg/mL 的标准储备液，准确移取标准储备液 0.00mL，1.00mL，2.00mL，3.00mL，4.00mL，6.00mL 于 25mL 容量瓶中（相当于 0.0μg/mL、4.0μg/mL、8.0μg/mL、12.0μg/mL、16.0μg/mL、24.0μg/mL），用乙醚定容，获得标准工作液，备用。

3. 仪器的测定

（1）光谱扫描　扫描范围为 200～400nm，确定苯甲酸的最大吸收波长。

（2）标准曲线的绘制　在光度模式下，以确定的最大吸收波长为检测波长，分别取标准工作液以空白试剂为参比在最大吸收波长处测定不同浓度的标准溶液的吸光度，以苯甲酸质量浓度为横坐标，吸光度值为纵坐标，制定标准曲线。

（3）样品的测定　将样品放入紫外-可见分光光度计吸收池中，在上述实验条件下，以空白试剂为参比在最大吸收波长处测定吸光度，将测得的样品溶液的吸光度值代入标准曲线求得样品中苯甲酸浓度。

【数据记录与处理】

1. 标准曲线的绘制

标准曲线浓度/(μg/mL)	0.00	4.00	8.00	12.00	16.00	24.00	样品
吸光度值							
线性方程							
相关系数							

2. 样品中苯甲酸的含量

$$X = \frac{cVf \times 1000}{m \times 1000}$$

式中，X 为雪碧中苯甲酸的含量，mg/kg；c 为标准曲线上查得的样品溶液的浓度，μg/mL；f 为稀释倍数；m 为样品质量，g；V 为样品浓溶液的体积，mL。

【注意事项】
1. 校准基线时样品室池架内应空置。
2. 做定量分析时应做池空白以消除比色皿带来的误差。
3. 苯甲酸标准溶液的浓度可以根据待测样品中的含量进行适当调节。

【思考题】
1. 食品中苯甲酸含量检测还有哪些方法？
2. 如何利用一元线性回归法绘制标准曲线及计算样品中苯甲酸含量？

实验三　解联立方程组法测定混合物中非那西汀和咖啡因的含量

【实验目的】
1. 了解紫外-可见分光光度计的不同定量方法；
2. 掌握双波长法测定二组分混合物的定量方法。

【实验原理】
当二组分混合物中各组分的吸收带互相重叠时，只要他们能符合朗伯-比尔定律，根据吸光度加和原理，即可对两个组分在两个适当波长下进行两次吸光度的测定，然后解两个联立方程计算两个组分的浓度。

A_{λ_1} 的吸光度：　$A_{\lambda_1}^{B_1+B_2} = A_{\lambda_1}^{B_1} + A_{\lambda_1}^{B_2} = k_{\lambda_1}^{B_1} c_{B_1} b + k_{\lambda_1}^{B_2} c_{B_2} b$

A_{λ_2} 的吸光度：　$A_{\lambda_2}^{B_1+B_2} = A_{\lambda_2}^{B_1} + A_{\lambda_2}^{B_2} = k_{\lambda_2}^{B_1} c_{B_1} b + k_{\lambda_2}^{B_2} c_{B_2} b$

解联立方程，得：

$$c_{B_1} = \frac{A_{\lambda_1}^{B_1+B_2} k_{\lambda_2}^{B_2} - A_{\lambda_2}^{B_1+B_2} k_{\lambda_1}^{B_2}}{k_{\lambda_1}^{B_1} k_{\lambda_2}^{B_2} - k_{\lambda_2}^{B_1} k_{\lambda_1}^{B_2}}$$

$$c_{B_2} = \frac{A_{\lambda_1}^{B_1+B_2} - k_{\lambda_1}^{B_1} c_{B_1}}{k_{\lambda_1}^{B_2}}$$

式中，A 为吸光度；k 为摩尔吸光系数，L/(mol·cm)；c 为浓度，mol/L；b 为光程长度，cm；B_1 和 B_2 表示不同组分；λ 为波长。

在非那西汀和咖啡因的二组分混合物中，两组分的吸收曲线如图 4-2 所示，非那西汀在 244nm 处有一吸收峰，而咖啡因在 272nm 处有一吸收峰。经实验测得，在水溶液中，$k_{244}^{\text{非}} = 11212$L/(mol·cm)，$k_{272}^{\text{非}} = 2364$L/(mol·cm)，$k_{244}^{\text{咖}} = 2790$L/(mol·cm)，$k_{272}^{\text{咖}} = 8744$L/(mol·cm)。在 244nm 处和 272nm 处分别测得非那西汀和咖啡因混合液的吸光度值 A_{244} 及 A_{272}。然后利用上面的公式计算每种组分的浓度。

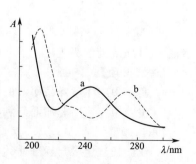

图 4-2　非那西汀（a）和咖啡因（b）的吸收曲线

【实验用品】

1. 仪器　紫外-可见分光光度计，电子天平，石英比色皿，容量瓶，吸量管，烧杯。
2. 试剂　样品溶液，非那西汀对照品，咖啡因对照品，乙醇。

【实验步骤】

1. 样品的制备

移取未知样品 10.00mL（$\rho_{非} \approx 40 \sim 60 \mu g/mL$，$\rho_{咖} \approx 60 \sim 90 \mu g/mL$）于 50mL 容量瓶中，用蒸馏水稀释至刻度，摇匀，备用。

2. 标准溶液配制

非那西汀标准溶液（100$\mu g/mL$）：准确称取 5.00mg 非那西汀标准品于小烧杯中，加少许乙醇溶解，转移到 50mL 容量瓶中，用蒸馏水稀释至刻度，摇匀，备用。

咖啡因标准溶液（150$\mu g/mL$）：准确称取 7.50mg 咖啡因标准品于小烧杯中，加少许去离子水溶解后，转移到 50mL 容量瓶中，定容，备用。

3. 仪器的测定

（1）光谱扫描　在光谱模式下，对非那西汀和咖啡因标准溶液及样品溶液进行光谱扫描，找到非那西汀和咖啡因的最大吸收波长；

（2）样品的测定　在光度模式下，已确定的两个最大吸收波长为检测波长，分别测定样品溶液在此波长下的吸光度值即 A_{244} 和 A_{272}。

【数据记录与处理】

1. 定性分析

非那西汀的最大吸收波长 $\lambda_{非} =$

咖啡因的最大吸收波长 $\lambda_{咖} =$

2. 样品中非那西汀和咖啡因的含量

按下面公式计算非那西汀的含量：

$$c_{B_1} = \frac{A_{244}^{B_1+B_2} \times 8744 - A_{272}^{B_1+B_2} \times 2790}{11212 \times 8744 - 2364 \times 2790}$$

式中，c_{B_1} 为非那西汀的含量，$\mu g/mL$；$A_{244}^{B_1+B_2}$ 为样品溶液在 244nm 处的吸光度值；$A_{272}^{B_1+B_2}$ 为样品溶液在 272nm 处的吸光度值。

按下面公式计算咖啡因的含量：

$$c_{B_2} = \frac{A_{244}^{B_1+B_2} - 11212 c_{B_1}}{2790}$$

式中，c_{B_2} 为咖啡因的含量，$\mu g/mL$；c_{B_1} 为非那西汀的含量，$\mu g/mL$；$A_{244}^{B_1+B_2}$ 为样品溶液在 244nm 处的吸光度值。

【注意事项】

1. 实验中应注意样品溶液的浓度，保证两个吸收峰能明显分开。
2. 实验中应使用非那西汀和咖啡因对照品来消除因使用不同仪器带来的波长误差。

【思考题】

1. 双波长法定量与标准曲线法定量有何区别？
2. 试着推导两种化合物计算公式。
3. 用解方程组的方法测定二组分混合物的含量，该体系必须具备什么性质？

实验四　原子吸收分光光度计灵敏度、检出限和回收率测定

【实验目的】

1. 了解原子吸收分光光度计的构造、工作原理；
2. 了解原子吸收分析中灵敏度、检出限及回收率的定义；
3. 掌握测定 1% 吸收灵敏度、检出限及回收率的操作步骤。

【实验原理】

原子吸收分光光度计在进行检测时需要对仪器及检测方法进行验证，即灵敏度和检出限、回收率的测定，其方法如下。

1. 1% 吸收灵敏度

在光谱分析中，灵敏度 S 被定义为：

$$S = \frac{\mathrm{d}X}{\mathrm{d}c}$$

灵敏度 S 是指测量值 X 对被测物浓度 c 的变化率，即标准曲线的斜率。标准曲线是直线时，S 为一常数，当标准曲线呈非线性时，S 是 c 的函数。

在原子吸收分析中，一般将能产生 1% 吸收（即吸光度为 0.0044）信号时所对应的待测元素的浓度定义为 1% 吸收灵敏度，其单位用（$\mu g/mL$）/1% 表示。公式为：

$$S = \frac{c \times 0.0044}{A}$$

式中，c 为被测溶液的浓度；A 为被测溶液的吸光度。

2. 检出限

检出限亦称波动灵敏度，其含义是在给定条件下，能被合理检测出的极限浓度。检出极限浓度 c_L 为吸光度信号等于 3 倍噪声 σ 时所对应的元素的浓度，即：

$$c_L = \frac{c \times 3\sigma}{\overline{A}} [(\mu g/mL)/1\%]$$

式中，c 为试验溶液的浓度，一般为 c_L 的 2~5 倍；$\overline{A}$ 为试验溶液 10 次（或 20 次）测定的平均吸光度；σ 为噪声。

噪声用空白水溶液进行不少于 10 次的吸光度测定所求得的标准偏差 σ 来表示，即：

$$\sigma = \sqrt{\frac{(A_i - \overline{A}_0)^2}{n-1}} \ (i = 1, 2, 3, \cdots, n)$$

式中，n 为测定次数（$\geqslant 10$）；A_i 为空白水溶液第 i 次测定得到的吸光度；A_0 为空白水溶液 n 次测定的吸光度平均值。

3. 加标回收率

在已知准确浓度的试样中定量加入被测组分再进行分析，从分析结果观察已知量组分能否定量回收，这种方法称为回收实验。所得的结果常用百分数表示，称为"百分回收率"，简称"回收率"。加标回收率的考察分为低、中、高三个水平，即：80% 加标回收率、100% 加标回收率和 120% 加标回收率。具体操作为：分别向已知准确浓度的样品中加入已知组分含量的 80%、100%、120% 的已知组分，每个组分平行 3 次，采用测定样品方法进行检测，平行测定 3 次，代入如下公式计算加标回收率。加标回收率一般要求在 70%~110% 之间。

$$加标回收率 = \frac{c_A - c_B}{c_C}$$

式中，c_A 为加标后样品中已知组分的含量；c_B 为未加标样品已知组分的含量；c_C 为加入已知组分的含量。

本实验是铜标准溶液为待测样，考察空心阴极灯的灯电流、火焰高度、火焰类型等因素对吸光度值的影响，并进行灵敏度、加标回收率、检出限的测定。

【实验用品】

1. **仪器** 原子吸收分光光度计，铜空心阴极灯，容量瓶，移液管，烧杯，滴管。

2. **试剂** 铜标准溶液（10μg/mL），超纯水，铜标准溶液（100μg/mL），5%硝酸（优级纯）。

【实验步骤】

1. 不同条件对吸光度的影响

（1）空心阴极灯的灯电流对吸光度的影响 按操作方法开机，点燃空心阴极灯，设置灯电流为 2mA、3mA、4mA、5mA、6mA、8mA、10mA，每改变一次灯电流都需预热 15min，选择铜特征谱线 324.8nm，以铜标准溶液（10μg/mL）为试液进行吸光度测量，记录数据，以灯电流为横坐标，吸光度为纵坐标，绘制灯电流与吸光度的关系曲线。

（2）火焰高度对吸光度的影响 以铜标准溶液（10μg/mL）为试液，调节不同的火焰高度为 2mm、4mm、6mm、8mm、10mm、15mm、20mm，选择铜特征谱线 324.8nm，测定在不同火焰高度时的吸光度，记录数据，以火焰高度为横坐标，吸光度为纵坐标，绘制火焰高度与吸光度的关系曲线。

（3）火焰类型对吸光度的影响 调节空气和乙炔气体的流量，观察三种类型的火焰状态，以铜标准溶液（10μg/mL）为试液，选择铜特征谱线 324.8nm，在三种不同的火焰类型下测定吸光度。比较不同火焰状态下测得的吸光度值，讨论测定铜时应采用什么类型的火焰？

2. 加标回收率实验

① 准确移取铜标准溶液（100μg/mL）10.00mL 于 100mL 容量瓶中，用 0.5%稀硝酸溶液定容至刻度，混匀，在上述优化的实验条件下进行吸光度测量，平均三次，记录数据。

② 准确移取铜标准溶液（100μg/mL）0.80mL、1.00mL、1.20mL 于 10mL 容量瓶中，用 10μg/mL 标准溶液定容至刻度，摇匀，使容量瓶内溶液的浓度为 18.00μg/mL、20.00μg/mL、22.00μg/mL，选择铜特征谱线 324.8nm，测定每个溶液的吸光度，记录数据，代入公式，计算回收率。

3. 1% 吸收灵敏度的测定

以铜标准溶液（10μg/mL）为试液，选择铜特征谱线 324.8nm，在最佳实验条件下测定吸光度值，根据吸光度数值，逐级稀释铜标准溶液至吸光度值为 0.0044，记录每一级稀释液的吸光度值。

4. 检出限的测定

在 15min 内对空白水溶液及铜标准溶液（10μg/mL）交替进行 10 次测定，并记录吸光度。

【数据记录与处理】

1. 灯电流与吸光度关系曲线绘制

不同灯电流下测得的吸光度

灯电流/mA	2	3	4	5	6	8	10
吸光度							

2. 火焰高度与吸光度关系曲线绘制

不同火焰高度下测得的吸光度

火焰高度/mm	2	4	6	8	10	15	20
吸光度							

3. 火焰类型与吸光度关系曲线绘制

三种火焰类型下测得的吸光度

火焰类型	中性火焰	富燃火焰	贫燃火焰
吸光度			

4. 加标回收率

三种水平下的加标回收率

不同水平	80%	100%	120%
加标回收率/%			

5. 灵敏度 S

1% 吸收灵敏度为：

$$S = \frac{c \times 0.0044}{A}$$

式中，c 为被测溶液的浓度；A 为被测溶液的吸光度，其值为 0.0044。

6. 检出限

检出限为：

$$c_L = \frac{c \times 3\sigma}{\overline{A}} [(\mu g/mL)/1\%]$$

式中，c 为试验溶液的浓度，一般为 c_L 的 2～5 倍；$\overline{A}$ 为试验溶液 10 次（或 20 次）测定的平均吸光度；σ 为噪声。

【注意事项】

1. 使用原子吸收分光光度计时应注意乙炔钢瓶的总压力及出口压力。

2. 仪器使用中应注意废液罐必须充满水，但废液管不要插入废液中。

3. 实验结束后，应将乙炔气体管路中的剩余气体及时排出。

4. 实验中应及时打开排风系统。

【思考题】

1. 测定 1% 吸收灵敏度和检出限时，为什么强调在最佳实验条件下进行？

2. 测定下限与检出限是什么关系？

实验五　原子吸收分光光度计不同定量方法的分析

【实验目的】

1. 掌握原子吸收光谱法不同定量方法的原理和操作步骤；

2. 复习原子吸收分光光度计的操作方法。

【实验原理】

原子吸收光谱分析进行含量的测定时，通常采用标准曲线法、标准加入法、稀释法和内标法。

1. 标准曲线法

标准曲线法的具体操作是配制一系列浓度适宜的标准溶液，在选定的实验条件下，测定每个浓度标准溶液的吸光度值，以标准溶液的浓度 c 为横坐标，吸光度 A 为纵坐标，绘制

A-c 标准曲线。将待测试液在相同实验条件下进行吸光度测定，测得的吸光度值代入绘好的标准曲线查出对应的浓度，即为试样中待测元素的浓度，通过计算可求出试样中待测元素的含量。这种定量方法适用于样品组成简单或共存元素干扰少的测定中，可用于同类大批量样品的分析。缺点是要求标准溶液的组成应与待测试液的组成尽可能相似，以减少因基体组成的差异而产生的测定误差。

2. 标准加入法

标准加入法是一种用于消除基体干扰的测定方法，适用于少量样品的分析。其具体做法是：取 4～5 份相同体积的被测元素的待测样品消解液，从第 2 份起分别加入同一浓度不同体积的待测元素的标准溶液，用溶剂稀释至相同体积，于相同实验条件下依次测量各个试液的吸光度，以加入待测元素的标准溶液浓度 c 为横坐标，吸光度 A 为纵坐标，绘制 A-c 标准加入法曲线。将此标准曲线向左外延至横坐标并相交于点 c_x，即为待测元素的浓度。

3. 稀释法

稀释法是标准加入法的另一种形式。具体做法为：首先测定浓度为 c_s、体积为 V_s 的待测元素标准溶液的吸光度值为 A_s，则：

$$A_s = kc_s$$

然后，向上述同体积的待测元素标准溶液中加入含待测元素浓度为 c_x、体积为 V_x 的样品溶液，测得混合溶液的吸光度为 $A_{(s+x)}$，则：

$$A_{(s+x)} = kc_{(s+x)}$$

因为 $k = \dfrac{A_s}{c_s}$，$c_{(s+x)} = \dfrac{c_s + c_x}{V_s + V_x}$

可导出 $A_{(s+x)} = \dfrac{A_s}{c_s} \times \dfrac{c_s + c_x}{V_s + V_x}$，则：

$$c_x = \frac{c_s A_{(s+x)}(V_s + V_x) - A_s c_s}{A_s}$$

两次准确测量后，就可从公式中推出待测试液中待测元素的含量。此法适用的样品溶液的体积少，对高含量样品溶液不必稀释，直接加入到标准溶液中就可进行测得。

4. 内标法（内标工作曲线法）

若试样中待测元素为 m，另选一待测试液中不存在的 n 元素作为内标元素。具体做法是：将已知确定浓度的内标 n 元素相同体积的标准溶液依次加入到待测 m 元素不同浓度的标准溶液系列和待测溶液中，然后在相同条件下，依次测量每种溶液中待测元素 m 和内标元素 n 的吸光度值 A_m 和 A_n，并计算出它们的比值 A_m/A_n，以目标元素标准溶液的浓度 c_m 为横坐标，以比值 A_m/A_n 为纵坐标，绘制 c_m-A_m/A_n 内标工作曲线。根据待测试液测出的 $(A_m)_x/A_n$ 比值，用内插法从内标工作曲线上求出待测试样中 m 元素的含量。常见待测元素的内标元素见表 4-1。

表 4-1　部分常用的内标元素

待测元素	内标元素	待测元素	内标元素	待测元素	内标元素
Al	Cr	Cu	Cd,Mn	Na	Li
Au	Mn	Fe	Au,Mn	Ni	Cd
Ca	Sr	K	Li	Pb	Zn
Cd	Mn	Mg	Cd	Si	Cr,V
Co	Cd	Mn	Cd	V	Cr
Cr	Mn	Mo	Sr	Zn	Mn,Cd

【实验用品】

1. 仪器　原子吸收分光光度计，电子天平，马弗炉，电热板，锥形瓶，高筒烧杯，容量瓶，烧杯，移液枪，滴管，短颈漏斗，洗瓶。

2. 试剂　铜标准溶液（1mg/mL），硝酸（优级纯），高氯酸（优级纯），可乐饮料，超纯水。

【实验步骤】

1. 样品的制备

准确称取 5.00g 可乐饮料（排出 CO_2 后）放在高筒烧杯中，加入 20mL 消化液（硝酸＋高氯酸：量取 40mL 硝酸＋10mL 高氯酸），杯口放置短颈漏斗，浸泡 20～30min，将烧杯放于 120℃电热板上加热至红棕色气体消失，溶液变成淡黄色或无色，将电热板温度提高至 180℃，继续加热至溶液为 1～2mL，取下烧杯，放冷，将杯口短颈漏斗取下，放在一边（不能弄错编号），向烧杯中加入 5～10mL 超纯水，重新将烧杯置于 220℃电热板上加热，至溶液为 1～2mL，反复多次，直至烧杯内不再有白色团状气体冒出，放冷，将消化液完全转移至 25mL 容量瓶中，用超纯水少量多次洗涤烧杯及对应的漏斗，并将洗涤液完全转移至容量瓶中，用超纯水定容，摇匀，备用。同时，做空白试验。

2. 标准曲线法定量分析

（1）标准使用液的配制　准确移取 1.00mL 的 1mg/mL 铜标准溶液于 10mL 容量瓶中，用超纯水稀释、定容至刻度，摇匀，获得 100μg/mL 铜标准中间液。准确移取不同体积的 100μg/mL 铜标准中间液于 7 个 25mL 容量瓶中，用超纯水稀释、定容，配制成浓度为 0.50μg/mL、1.00μg/mL、2.00μg/mL、5.00μg/mL、10.00μg/mL、15.00μg/mL、20.00μg/mL 的标准溶液。

（2）标准曲线绘制　在最佳实验条件下，将不同浓度的标准溶液导入原子吸收分光光度计中，测出对应的吸光度值，以浓度为横坐标，吸光度值为纵坐标，绘制 A-c 标准曲线。

（3）样品的测定　在上述实验条件下，将样品溶液导入仪器，测出吸光度值，并将吸光度值代入标准曲线，得出样品溶液中铜元素的浓度。

3. 标准加入法定量分析

分别准确移取 5.00mL 上述样品消化液于 5 个 25mL 容量瓶中，再分别准确移取 1.00mL、2.00mL、5.00mL、10.00mL、15.00mL 10.0μg/mL 的铜标准溶液于容量瓶中，用超纯水稀释、摇匀，定容至刻度线。在最佳实验条件下，将加入不同体积标准溶液的消化液导入原子吸收分光光度计中，测出对应的吸光度值，以浓度为横坐标，吸光度值为纵坐标，绘制 A-c 标准加入法曲线。将此标准曲线向左外延至横坐标计算待测元素的浓度。

4. 稀释法定量分析

（1）溶液的配制　准确移取 100μg/mL 铜标准中间液 2.50mL 于 25mL 容量瓶，用超纯水稀释、定容，配制成浓度为 10.0μg/mL 的铜标准溶液。另准确移取 100μg/mL 铜标准中间液 2.50mL 于 25mL 容量瓶，用超纯水稀释、定容后，倒入烧杯中，再准确加入 10.00mL 样品消化液，配制样品溶液。

（2）吸光度值的测定　在最佳实验条件下，将上述配制好的溶液导入原子吸收分光光度计，测出吸光度值，并将测定的吸光度值代入公式，计算样品中铜元素的含量。

【数据记录与处理】

1. 标准曲线法

（1）标准曲线绘制

不同浓度铜标准溶液及样品溶液吸光度

标准溶液浓度/(μg/mL)	0.50	1.00	2.00	5.00	10.00	15.00	20.00	样品
吸光度值								

（2）可乐饮料中铜的含量

可乐饮料中铜的含量，按照下式进行计算：

$$X = \frac{c_{样} V_{样} \times 1000}{m_{样} \times 1000} f$$

式中，X 为可乐饮料中铜的含量，mg/kg；$c_{样}$ 为样品溶液的吸光度值代入标准曲线后查得的浓度，μg/mL；$V_{样}$ 为样品消化液的定容体积，mL；$m_{样}$ 为样品的质量，g。

2. 标准加入法

（1）标准加入法曲线绘制

不同浓度标准溶液吸光度

标准溶液浓度/(μg/mL)	0.40	0.80	2.00	4.00	6.00	样品
吸光度值						

（2）可乐饮料中铜的含量

将标准加入法曲线上查得的浓度代入下面公式，得出样品铜元素的含量：

$$X = \frac{c_{样} V_{样} \times 1000}{m_{样} \times 1000} f$$

式中，X 为可乐饮料中铜的含量，mg/kg；$c_{样}$ 为样品溶液的吸光度值代入标准曲线后查得的浓度，μg/mL；$V_{样}$ 为样品消化液的定容体积，mL；$m_{样}$ 为样品的质量，g。

3. 稀释法

（1）实验数据

不同溶液测得的吸光度值

溶液	10μg/mL 标准溶液	加标后样品溶液
吸光度值		

（2）可乐饮料中铜的含量

将上述实验数据代入公式，计算样品溶液中铜元素的浓度，将该浓度代入公式得出样品中铜元素的含量：

$$c_{样} = \frac{c_{标} A_{(标+样)}(V_{标} + V_{样}) - A_{标} c_{标}}{A_{标}}$$

式中，$c_{样}$ 为样品溶液的浓度，μg/mL；$c_{标}$ 为标准溶液的浓度，μg/mL；$V_{标}$ 为标准溶液的体积，mL；$V_{样}$ 为加入样品消化液的体积，mL；$A_{(标+样)}$ 为加标样品溶液的吸光度值；$A_{标}$ 为标准溶液的吸光度值。

$$X = \frac{c_{样} V_{样} \times 1000}{m_{样} \times 1000} f$$

式中，X 为可乐饮料中铜的含量，mg/kg；$c_{样}$ 为样品溶液的吸光度值代入标准曲线后查得的浓度，μg/mL；$V_{样}$ 为样品消化液的定容体积，mL；$m_{样}$ 为样品的质量，g。

【注意事项】

1. 操作过程中应严格遵循仪器操作要求，以免不同定量方法测定值误差过大。

2. 消化过程中应注意不要干涸，赶酸时应放冷后加超纯水，防止样品溶液溅出或烧杯炸裂。

【思考题】

1. 分析不同定量方法测得的含量之间所存在的误差的原因。

2. 实验过程中使用浓硝酸应注意防护，具体应该怎么做？

实验六　气相色谱仪的构造及色谱条件的选择

【实验目的】

1. 了解气相色谱仪的构造及工作原理；
2. 掌握气相色谱仪色谱条件的选择方法。

【实验原理】

气相色谱仪的构造主要包括气路系统、进样系统、分离系统、检测系统、数据处理系统。气路系统包括载气和检测器所用的气体，而常用的载气为高纯氮气、氦气，载气从钢瓶减压阀出来后先经过5Å分子筛除水分和杂质，后进入氧阱除氧后进入恒压恒流计，成为恒压恒流的工作气体。而检测器所需要的高纯气体也经过恒压恒流计后进入检测器。进样系统包括进样器和汽化室，如图4-3所示。进样器包括注射器、进样阀等手动进样器和自动进样器，汽化室由玻璃衬管、石英棉、进样隔垫等组成，其中玻璃衬管和石英棉组成汽化室，待分析样品在汽化室汽化后被载气气体带入色谱柱内，进样隔垫、玻璃衬管、石英棉都需要经常清洗和更换，汽化室中还安装分流/不分流系统，分流系统是将汽化后的样品按一定分流比分配，一份进入石英毛细管柱中，其余样品从分流口流出，适合高浓度样品的检测，以免出现柱过

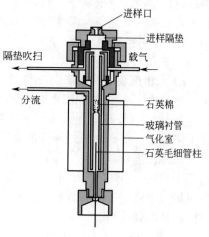

图 4-3　进样系统

载的现象；不分流系统则把汽化后的样品全部注入石英毛细管柱中，适合分离微量组分的样品。

分离系统主要是指色谱柱，分为填充柱和毛细管柱，所分离的组分按照沸点高低、极性强弱性质先后从色谱柱中流出，色谱柱的选择遵循"相似相溶"的原则，即所分离的组分极性大则选择极性大的色谱柱，反之则选择极性小的色谱柱，对于多组分的混合物来说，常常通过程序升温的方法获得多组分混合物较好的分离。气相色谱的检测器分为浓度检测器如热导检测器，质量检测器如氢火焰离子化检测器、电子捕获检测器、火焰光度检测器、氮磷检测器等，各检测器因检测组分的性质不同，导致工作原理也不同，不同检测器的应用见表4-2。

数据处理系统主要是工作站会把检测器传来的信号进行积分、计算以获得谱图及数据。

表 4-2　常用检测器的应用

检测器	载气种类	测定浓度	应用目标
氢火焰离子化（FID）	氦气、氮气	10^{-6} 以上	有机化合物
电子捕获（ECD）	氮气	10^{-6} 以上	有机卤素
火焰光度（FPD）	氦气、氮气	约 0.1×10^{-6}	硫、磷化合物
火焰热离子（FTD）	氦气、氮气	10^{-6} 以上	氮、磷化合物
热导（TCD）	氦气、氮气、氢气、氩气	50×10^{-6} 以上	无机气体、有机化合物

【实验用品】

1. 仪器　气相色谱仪（配FID检测器），气相色谱进样针，电子天平，石英毛细管色谱

柱（DB-FFAP），容量瓶，移液管。

2. 试剂　甲醇标准溶液（准确移取 $100\mu L$ 甲醇于 100mL 容量瓶中，用 60％乙醇水溶液定容、摇匀，备用）。

【实验步骤】

1. 对照仪器，认识气相色谱仪的构造

2. 进样系统的清洗、安装

拧开螺丝，挪走进样隔垫，将玻璃衬管用镊子小心取出，先将衬管上端的石墨压环（或硅橡胶环）卸下，再慢慢取出玻璃衬管中的石英棉，将石墨压环和玻璃衬管浸泡在丙酮溶液中进行超声清洗（低功率，长时间，反复多次），清洗干净后，烘干或吹干玻璃衬管，重新装上石英棉（大约黄豆粒大小，不能太紧），重新装上玻璃衬管，安上进样隔垫（如使用200 次后需更换新的），拧好螺丝。

3. 色谱柱的安装

① 取出所要安装的石英毛细管柱，仔细观察柱两端的内膜是否整齐，若有缺损，用专用刀具切去一小段并保证断口平齐，将螺母和密封垫装在色谱柱上。

② 将毛细管色谱柱连接于进样口上，色谱柱在进样口中插入深度根据所使用的 GC 仪器不同而定。正确合适的插入能最大可能地保证试验结果的重现性。通常来说，色谱柱的入口应保持在进样口的中下部，当进样针穿过隔垫并完全插入进样口后，且针尖与色谱柱入口相差 1～2cm，即是较为理想的状态（具体的插入程度和方法参见所使用 GC 的操作手册）。避免用力弯曲挤压毛细管柱，并小心不要让标记牌等有锋利边缘的物品与毛细柱接触摩擦，以防柱身断裂受损。

③ 将色谱柱正确插入进样口后，用手把连接螺母拧上，拧紧后（用手拧不动了）用扳手再多拧 1/4～1/2 圈，保证安装的密封程度。因为不紧密的安装，不仅会引起装置的泄漏，而且有可能对毛细管色谱柱造成损坏。

④ 当毛细管色谱柱与进样口接好后，通载气，将色谱柱的出口端插入装有己烷的样品瓶中，应看见瓶中稳定持续的气泡。如果没有气泡，就要重新检查一下载气装置和流量控制器等是否正确设置，并检查一下整个气路有无泄漏。等所有问题解决后，将色谱柱出口从瓶中取出，保证柱端口无溶剂残留，调节柱前压以得到合适的载气流速。

⑤ 将色谱柱出口端连接于检测器上，其插入的深度根据所使用的 GC 仪器不同而定（具体的插入程度和方法参见所使用 GC 的操作手册）。

⑥ 接通载气，确定载气流量，对色谱柱的安装进行检查。检漏完成后，对色谱柱进行老化：将色谱柱升至其温度上限（最高使用温度下 20℃）。特殊情况下，可加热至高于最高使用温度 10～20℃，但是一定不能超过色谱柱的温度上限，否则极易损坏色谱柱。当到达老化温度后，记录并观察基线。初始阶段基线应持续上升，在到达老化温度的 5～10min 后开始下降，并且会持续 30～90min。当到达一个固定的值后就会稳定下来。如果在 2～3h 后基线仍无法稳定或达到老化温度 15～20min 后仍无明显的下降趋势，那么有可能系统装置有泄漏或者污染。遇到这样的情况，应立即将柱温降到 40℃以下，尽快地检查系统并解决相关的问题。如果还是继续老化，不仅对色谱柱有损坏而且始终得不到正常稳定的基线。老化结束后，可以正常使用。

4. 仪器的操作

色谱条件：初始温度 60℃（1min），以 10℃/min 的升温速率升温至 170℃；进样口温度 180℃；检测器温度 200℃；分流比 30∶1；进样量 $2\mu L$。

5. 不同色谱条件对分离的影响

（1）柱温的选择　将 FID 检测器的温度设置为 200℃，汽化室温度设置为 180℃，分流比为 30 : 1，设置柱温为 80℃、100℃、120℃、140℃、160℃及设置不同的程序升温。满足实验条件后，将甲醇标准溶液注入仪器中，观察不同柱温下的甲醇、乙醇出峰时间及峰面积、峰高、分离度，记录数据并进行比较。

（2）分流比的选择　在获得的最佳柱温下，将 FID 检测器的温度设置为 200℃，汽化室温度设置为 180℃，设置分流比为：不分流、10 : 1、30 : 1、50 : 1、100 : 1。满足实验条件后，将甲醇标准溶液注入仪器中，观察不同分流比下的甲醇峰面积、峰高、分离度，记录数据并进行比较。

（3）汽化室温度的选择　在获得的最佳柱温、分流比下，将 FID 检测器的温度设置为 200℃，设置汽化室温度为：90℃、110℃、130℃、150℃、170℃、190℃。满足实验条件后，将甲醇标准溶液注入仪器中，观察不同汽化室温度下的甲醇峰面积、峰高、分离度，记录数据并进行比较。

6. 检测器性能的评价

（1）灵敏度　在上述优化好的实验条件下，将甲醇标准溶液注入仪器中，获得响应信号，以进样溶液的浓度为横坐标，以响应信号强度为纵坐标，绘制一条通过原点的直线，直线的斜率即为灵敏度（S）。

（2）检出限　在上述优化好的实验条件下，将甲醇标准溶液逐级稀释后注入仪器中，当获得响应信号的高度为噪声高度的 3 倍时，记下甲醇标准溶液的浓度，即为检出限。

（3）最小定量限　在上述优化好的实验条件下，将甲醇标准溶液逐级稀释后注入仪器中，当获得响应信号的高度为噪声高度的 10 倍时，记下甲醇标准溶液的浓度，即为最小定量限。

（4）线性范围　在上述优化好的实验条件下，将甲醇标准溶液以不同进样量注入仪器中，以进样量为横坐标，以响应信号强度为纵坐标，绘制一条直线，获得的最大进样量与最小进样量即为线性范围。

【数据记录与处理】

1. 柱温的选择

柱温/℃		80	100	120	140	160	升温速率 1	升温速率 2	升温速率 3
甲醇	保留时间/min								
	峰面积								
	峰高								
乙醇	保留时间/min								
	峰面积								
	峰高								
分离度									

2. 分流比的选择

分流比		不分流	10 : 1	30 : 1	50 : 1	100 : 1
甲醇	保留时间/min					
	峰面积					
	峰高					
乙醇	保留时间/min					
	峰面积					
	峰高					
分离度						

3. 汽化室温度的选择

汽化室温度/℃		90	110	130	150	170	190
甲醇	保留时间/min						
	峰面积						
	峰高						
乙醇	保留时间/min						
	峰面积						
	峰高						
分离度							

4. 检测器性能

灵敏度	检出限	最小定量限	线性范围

【注意事项】

1. 开机前应检查气路系统是否漏气，检查进样隔垫是否需更换。
2. 开机时，应先通载气后通电，关机时要先断电源后停气。
3. 使用 FID 检测器时，不点火严禁通氢气，通氢气后要及时点火。
4. 仪器基线平稳后，仪器上所有旋钮、按键不得乱动，以免改变色谱条件。
5. 关机前须先降温，待柱温降至 50℃ 以下时，才可停止通气、关机。

【思考题】

1. 说说气相色谱仪上的尾吹气的作用。
2. 讨论程序升温速度对分离度的影响。

实验七　高效液相色谱仪的构造及色谱条件的选择

【实验目的】

1. 了解高效液相色谱仪的构造和工作原理；
2. 掌握高效液相色谱仪的操作方法；
3. 学会高效液相色谱条件的选择方法。

【实验原理】

高效液相色谱法（high performance liquid chromatography，HPLC），又称高压液相色谱、高速液相色谱和高分离度液相色谱等。高效液相色谱是以液体为流动相，采用高压输液系统，将具有不同极性的单一溶剂或不同比例的混合溶剂、缓冲液等流动相泵入装有固定相的色谱柱，在柱内各成分被分离后，进入检测器进行检测，从而实现对试样的分离，并以保留时间来定性分析，以峰面积来进行定量分析。该方法具有"三高一广一快"的特点，即高压、高速、高灵敏度、应用范围广、分析速度快，已成为化学、医学、工业、农学、商检和法检等学科领域中重要的分离分析技术。

在高效液相色谱分析时，色谱分离的优劣是由色谱柱的柱容量、被分析组分的分离度和完成分析需要的分离时间这三个重要特性来进行评价。高效液相色谱操作条件的优化就是要在保证柱效的前提下，在最短的分析时间内（$t_R = 5\text{min}$）内实现多组分完全分离（$R = 1.5$）时，确定所必需的最佳柱效能参数。即柱长 $L = 10 \sim 20\text{cm}$，$d_P = 5 \sim 10\mu\text{m}$，$\Delta p = 5 \sim 10\text{MPa}$ 时，可获得最佳的分析结果。

【实验用品】

1. 仪器　高效液相色谱仪（配紫外检测器），C_{18} 色谱柱，液相色谱进样针，$0.45\mu\text{m}$

滤膜，0.22μm 滤膜，注射器（1mL），溶剂过滤器，真空泵，超声波清洗器，流动相瓶，容量瓶，移液管。

2. 试剂 甲醇，乙腈，超纯水，标准品（邻苯二甲酸二甲酯、邻苯二甲酸二乙酯、邻苯二甲酸二丁酯、邻苯二甲酸二辛酯或其他标准品）。

【实验步骤】

1. 对照仪器，认识高效液相色谱仪的构造

2. 高效液相色谱仪的操作

（1）流动相的处理 在高效液相色谱分析中，正相色谱以正己烷作为流动相主体，二氯甲烷、氯仿、乙醚作为改性剂；反相色谱以水作为流动相主体，甲醇、乙腈、四氢呋喃作为改性剂。有机试剂通常要求为色谱纯，水系要求超纯水。为了满足实验要求，流动相需要用 0.45μm 滤膜过滤以除去微粒杂质以防堵塞柱子或减少紫外光区吸收的背景，不同材质的滤膜适用于不同性质的溶剂，如表 4-3 所示。

表 4-3 不同材质滤膜适用的溶剂

滤膜材质	适用溶剂
聚四氟乙烯	所有溶剂、酸、盐
醋酸纤维滤膜	水基溶剂，不适用于有机溶剂
尼龙-66 滤膜	大多数有机溶剂和水溶液，能用于强酸，不适用于 DMF、THF、$CHCl_3$
再生纤维滤膜	蛋白吸收低，也适用于水溶性样品和有机溶剂

同时，过膜后的流动相还需要进行脱气处理，脱气处理包括三种方法，见图 4-4。①超声脱气，将流动相置于超声清洗器中超声脱气约 20min；②减压脱气，即过膜抽滤结束后，继续抽滤 5～10min，观察抽滤瓶壁上是否有小气泡出现，若没有，减压脱气结束，若还有小气泡则继续抽滤；③在线脱气，高效液相色谱仪上会配备在线脱气单元，用于脱除流动相运动时产生的小气泡。

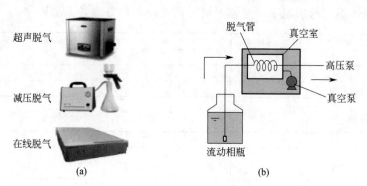

图 4-4 流动相的三种脱气方法（a）及在线脱气原理图（b）

（2）色谱柱的安装 取适合于本次分析的色谱柱，按照柱身上箭头的方向，将色谱柱安装在恒温箱中，安装的要求是死体积越小越好。

（3）设置色谱条件 流动相：甲醇：水（40%～90%，5%/min）。检测波长：254nm。柱温：30℃。流速：1mL/min。进样量：10μL。

3. 色谱分析

（1）标准溶液的配制 精密称取标准品邻苯二甲酸二甲酯、邻苯二甲酸二乙酯、邻苯二甲酸二丁酯、邻苯二甲酸二辛酯各 10.00mg 于 10mL 容量瓶中，用甲醇溶解、摇匀，定容至刻度线得标准储备液，将上述标准储备液稀释 10 倍，得标准使用液。将配制好的标准使用液过 0.22μm 滤膜（有机系），滤液采用部分装液法（进样针）注入高效液相色谱仪，得色谱图。

（2）色谱条件的选择

① 流动相配比对分离的影响　其他色谱条件不变的情况下，设置流动相的配比为甲醇：水＝30：70、40：60、50：50、60：40、70：30 及不同梯度，考察不同配比流动相对分离效果的影响。

② 柱温对分离的影响　其他色谱条件不变的情况下，设置柱温为 30℃、40℃、50℃、60℃，考察不同柱温对分离效果的影响。

③ 流速对分离的影响　其他色谱条件不变的情况下，设置流速为 0.5mL/min、0.8mL/min、1.0mL/min、1.5mL/min、2.0mL/min，考察不同流速对分离效果的影响。

④ 流动相种类对分离的影响　其他色谱条件不变的情况下，更换流动相为乙腈：水（40%～90%，5%/min），考察不同种类流动相对分离效果的影响。

4. 检测器性能考察

（1）灵敏度　在上述优化好的实验条件下，将标准使用液注入仪器中，获得响应信号，以进样溶液的浓度为横坐标，以响应信号强度为纵坐标，绘制一条通过原点的直线，直线的斜率即为灵敏度（S）。

（2）检出限　在上述优化好的实验条件下，将标准使用液逐级稀释后注入仪器中，当获得响应信号的高度为噪声高度的 3 倍时，记下标准使用液的浓度，即为检出限。

（3）最小定量限　在上述优化好的实验条件下，将标准使用液进行稀释后注入仪器中，当获得响应信号的高度为噪声高度的 10 倍时，记下标准使用液的浓度，即为最小定量限。

（4）线性范围　在上述优化好的实验条件下，将标准使用液稀释成不同浓度后注入仪器中，以浓度为横坐标，以响应信号强度为纵坐标，绘制标准直线，获得直线上的最大浓度与最小浓度即为线性范围。

【数据记录与处理】

1. 流动相配比对分离的影响

其他色谱条件不变的情况下，考察不同配比流动相对分离效果的影响。

流动相配比	30：70	40：60	50：50	60：40	70：30	梯度1	梯度2	梯度3
保留时间/min								
峰面积								
分离度								

2. 柱温对分离的影响

柱温/℃	30	40	50	60
保留时间/min				
峰面积				
分离度				

3. 流速对分离的影响

流速/(mL/min)	0.5	1.0	1.2	1.5	2.0
保留时间/min					
峰面积					
分离度					

4. 流动相种类对分离的影响

流动相种类	保留时间/min	峰面积	分离度
甲醇：水			
乙腈：水			

5. 检测器性能

灵敏度	检出限	最小定量限	线性范围

【注意事项】

1. 实验过程中，应密切关注高压泵压力的变化。

2. 色谱柱拿、取过程中应轻拿轻放。

3. 手动进样时，应注意进样针中的气泡。

4. 若流动相用到缓冲溶液，一定用低比例甲醇-水溶液（不可以用纯水）进行低流速、长时间冲洗，以免含盐的流动相残留在管路及色谱柱中造成堵塞。

【思考题】

1. 当使用甲醇为流动相时，柱温能否设为70℃?

2. 实验过程中，若高压泵的压力出现波动，试解释原因。

实验八 离子色谱法测定松花湖水中阴离子的含量

【实验目的】

1. 掌握离子色谱法分析的基本原理；

2. 了解离子色谱仪的组成及基本操作技术；

3. 掌握离子色谱检测阴离子的方法；

4. 掌握离子色谱的定性和定量分析方法。

【实验原理】

离子色谱（ion chromatography，IC）是色谱法的一个分支，它是将色谱法的高效分离技术和离子的自动检测技术相结合的一种分析技术。离子色谱中使用的固定相是离子交换树脂，电解质溶液为流动相，通常采用电导检测器进行检测。离子交换树脂上分布有固定的带电荷的基团和能解离的离子。当样品进入离子交换色谱柱后，用适当的溶液洗脱，样品离子即与树脂上能解离的离子连续进行可逆性交换，最后达到平衡。不同阴离子（F^-，Cl^-，Br^-，NO_2^-，NO_3^-，PO_4^{3-}，HPO_4^{2-}，$H_2PO_4^-$ 等）与阴离子树脂之间亲和力不同，其在树脂上的保留时间不同，从而达到分离的目的。

本实验采用离子色谱法检测湖水中 Cl^-，Br^-，NO_2^-，NO_3^- 的含量，IC-3 离子色谱柱分离，电导检测器检测，根据保留时间进行定性分析，外标法定量。

【实验用品】

1. 仪器 离子色谱仪（配电导检测器），阴离子交换色谱柱（IC-3），溶剂过滤器，真空泵，进样针，注射器（1mL），容量瓶，移液管，G3 玻璃砂芯漏斗过滤，0.22μm 滤膜，超声波清洗机。

2. 试剂 KBr，KCl，$NaNO_2$，$NaNO_3$，以上均为优级纯，碳酸钠，碳酸氢钠，超纯水。

【实验步骤】

1. 样品的制备

样品的制备：取松花湖水样，用 G3 玻璃砂芯漏斗过滤，取续滤液 100mL 过 0.22μm 滤膜，备用。

2. 标准溶液的配制

(1) $\rho(Br^-)$＝1000mg/L 溴离子标准储备液 准确称取 1.4875g 溴化钾溶于适量水中，

全量转入 1000mL 容量瓶中，用超纯水溶解、定容至刻度，得到标准储备液。备用。

（2）$\rho(Cl^-)$＝1000mg/L 氯离子标准储备液　准确称取 2.1025g 氯化钾溶于适量水中，全量转入 1000mL 容量瓶中，用超纯水溶解、定容至刻度，得到标准储备液。备用。

（3）$\rho(NO^{2-})$＝1000mg/L 亚硝酸根离子标准储备液　准确称取 1.4997g 亚硝酸钠溶于适量水中，全量转入 1000mL 容量瓶中，用超纯水溶解、定容至刻度，得到标准储备液。备用。

（4）$\rho(NO^{3-})$＝1000mg/L 硝酸根离子标准储备液　准确称取 1.3691g 硝酸钠溶于适量水中，全量转入 1000mL 容量瓶中，用超纯水溶解、定容至刻度，得到标准储备液。备用。

（5）混合标准工作液的配制　准确移取各标准储备液各 0.10mL、0.20mL、0.50mL、1.00mL、2.00mL、5.00mL 于 50mL 容量瓶中，用超纯水稀释，定容至刻度，得到混合标准工作液，各标准工作液过 0.22μm 滤膜，备用。

3. 仪器测定

（1）流动相的处理　配制 2.2mmol/L Na_2CO_3 和 2.7mmol/L $NaHCO_3$ 的流动相 1000mL，用 0.45μm 滤膜过滤，超声脱气，转移至流动相瓶中。

（2）设置色谱条件　流动相为 $NaHCO_3$：Na_2CO_3，流速为 1.0mL，柱温为 40℃，进样量 50μL。

（3）标准曲线的绘制　在上述实验条件下，将不同浓度的标准工作液注入离子色谱仪中，以标准溶液中各标准品的浓度为横坐标，以各标准品的峰面积为纵坐标，绘制标准曲线。

（4）样品溶液的测定　在上述实验条件下，将样品溶液注入离子色谱仪中，各标准品的峰面积代入标准曲线，查得样品溶液中的浓度。

【数据记录与处理】

1. 定性分析

查找资料，确定 KBr、KCl、$NaNO_2$、$NaNO_3$ 的出峰顺序，并将各化合物的保留时间填入下表中。

项目	KBr	KCl	$NaNO_2$	$NaNO_3$
保留时间/min				

2. 定量分析

（1）标准曲线绘制

标准溶液/(μg/mL)	2.00	4.00	10.00	20.00	40.00	100.00	线性方程	相关系数
KBr								
KCl								
$NaNO_2$								
$NaNO_3$								

（2）将样品溶液中 KBr、KCl、$NaNO_2$、$NaNO_3$ 的峰面积代入对应的标准曲线，查得样品溶液中各待测组分的浓度，代入公式计算含量。

$$X = c_{样}$$

式中，X 为样品溶液中 KBr、KCl、$NaNO_2$、$NaNO_3$ 的含量，μg/mL；$c_{样}$ 为样品溶液代入标准曲线查得的浓度，μg/mL。

【注意事项】

1. 离子色谱必须平衡至背景噪声低于 1000mV 才可以进样。

2. 长时间不用离子色谱仪时，应用叠氮化钠（0.1%）洗涤流路，防止生菌变质。

【思考题】

1. 比较离子色谱法和键合相色谱的异同点。
2. 测定阴离子的方法有哪些？试比较它们各自的特点。
3. 简述抑制器的作用。

实验九 傅里叶变换红外光谱仪的使用练习

【实验目的】

1. 了解傅里叶变换红外光谱仪的构造及工作原理；
2. 掌握傅里叶变换红外光谱定性分析的基本原理；
3. 了解傅里叶变换红外光谱法的 KBr 制样技术；
4. 学会简单的谱图分析。

【实验原理】

当用一定频率的红外光照射某物质的分子时，若该物质的分子中某基团的振动频率与红外光频率相同，则此物质就能吸收这种红外光，使分子由振动基态跃迁到激发态；当不同频率的红外光通过测定分子时，就会出现强弱不同的吸收现象。记录红外光的透光率与波数关系的曲线就是红外光谱，它反映了分子的振动情况。当分子的振动频率和入射光的频率一致时，入射光就被吸收，因而同一基团基本上总是相对稳定地在某一稳定范围内出现吸收峰。根据红外光谱与分子结构的关系，谱图中每一个特征吸收谱带都对应于某化合物的质点或基团振动的形式。因此，特征吸收谱带的数目、位置、形态及强度取决于分子中各基团（化学键）的振动形式和所处的化学环境。只要掌握了各种基团的振动频率及其位移规律，就可利用基团振动频率与分析结构的关系，来确定吸收谱带的归属，确定分子中所含有的基团或化学键，并进而由其振动频率的位移、谱带强度和形状的改变，来推定分子结构，红外光谱具有很高的特征性，每种化合物都具有特征的红外光谱，因此可以进行物质的定性分析和定量分析。定性分析依据吸收峰的位置，定量分析依据朗伯-比尔定律。

【实验用品】

1. 仪器 傅里叶变换红外光谱仪，制样装置，电子天平。
2. 试剂 KBr（光谱纯），样品。

【实验步骤】

1. 样品的制备

采用 KBr 压片法制备样品的试样片，同时制备 KBr 空白片以扣除背景。

2. 仪器操作

设置实验条件（参考第二章第一节红外光谱仪的操作规程）：Happ-Genzel 变迹法，透射测量模式，$4000 \sim 400 cm^{-1}$ 波数范围，扫描 40 次。

3. 样品的红外光谱扫描

在上述的实验条件下，首先将制备的 KBr 空白片放入样品池中，点击"背景"进行光谱扫描，获得扣除背景的光谱图；然后将制备的试样片放入样品池中，点击"样品"进行光谱扫描，获得扣除背景后的光谱图。

4. 谱图分析

将获得的光谱图代入工作站内的红外光谱图库中，并与谱库中的谱图进行相似度比较，进行定性分析。通过查找资料对光谱图上的每个吸收峰进行解析，确定化合物结构。

【数据记录与处理】

用几种常用的红外光谱谱图解析方法对样品的谱图进行解析，找出特征吸收峰。

红外图谱解析

吸收峰位置	功能基团及振动形式

【注意事项】

1. 红外光谱仪上的"dry"灯保证常亮。

2. 仪器的使用温度在 $18 \sim 28 \, ℃$，相对湿度不能超过 65%，应远离腐蚀性以及易燃气体，避免震动或者减少震动。

3. 压片时一定要用镊子取出压好的薄片，不能用手拿，以免沾污薄片。

4. 实验完毕，所用制样工具研钵、磨具等均需用无水乙醇或丙酮擦洗干净，并在红外灯下烘干，模具要放入干燥器中保存，以免锈蚀。

【思考题】

1. 特征吸收峰的数目、位置、形状和强度取决于哪两个主要因素？

2. 如何用红外光谱鉴定化合物中存在的基团及其在分子中的相对位置？

附：红外光谱采用溴化钾压片质量不正常原因分析

不正常现象	原因	纠正方法
①透过片子看远距离物体透光性差，有光散射 ②不规则疙瘩斑	由溴化钾粉末所引起： ①溴化钾不纯 ②通常是由于溴化钾受潮或结块	①选用纯的溴化钾 ②干燥和粉碎溴化钾
③刚压好的片子很透明，1min 或更长时间后出现不规则云雾状浑浊 ④片中心出现云雾状	由压片技术引起： ③压力不够，分散不好 ④抽真空不够 ⑤压模表面不平整	③重新研磨或重新压制使其分散好 ④检查真空度，延长抽真空时间 ⑤调换新的或重抛光

实验十　电位法测定饮用水中氟离子的浓度

【实验目的】

1. 掌握离子选择性电极的结构及使用方法；

2. 掌握电位法的基本原理；

3. 学会使用离子选择性电极，采用标准曲线法测定离子的浓度。

【实验原理】

氟离子选择电极的敏感膜为三氟化镧单晶膜（掺有 EuF_2，利于导电），电极管内装入 $NaF + NaCl$ 混合溶液作为内参比溶液，以 $Ag\text{-}AgCl$ 作内参比电极。当氟离子选择电极浸入含有氟离子的溶液时，在其敏感膜内外两侧产生膜电位对 $\Delta\varphi_M$：

$$\Delta\varphi_M = K - \frac{2.303RT}{F} \lg\alpha_{F^-}$$

以氟离子选择电极与饱和甘汞电极组成原电池如下：

$Ag, AgCl \mid NaF(0.001mol/L), NaCl(0.1mol/L) \mid LaF_3 \mid F^-（待测液）\parallel KCl（饱和）, Hg_2Cl_2 \mid Hg$
电池的电动势为：

$$E = \varphi_{氟离子} - \varphi_{参比}$$
$$= K - \frac{2.303RT}{F}\lg\alpha_{F^-} - \varphi_{参比}$$
$$= k - \frac{2.303RT}{F}\lg\alpha_{F^-}$$

用离子选择电极测量的是溶液离子活度，而通常定量分析需要测量的是离子的浓度，不是活度。所以必须控制待测液的离子强度。如果测量待测液的离子强度维持一定，则上述方程表示为：

$$E = k - \frac{2.303RT}{F}\lg c_{F^-}$$

用氟离子选择电极测定氟离子时，最适 pH 范围在 5.5～6.5。pH 值过低，氟离子易形成 HF 或 HF_2^- 影响氟离子的活度；pH 值过高，易引起单晶膜中的 La^{3+} 的水解，形成 $La(HO)_3$，影响电极的响应。故常用 TISAB（测定氟离子时的一种配比为 0.1mol/L 的 NaCl，0.25mol/L 的 HAC，0.75mol/L 的 NaAC，0.001mol/L 的柠檬酸钠）来控制溶液的 pH 值、氟离子强度及掩蔽干扰离子，如 Al^{3+}、Fe^{3+}。

【实验用品】

1. 仪器　pH/mV 计，氟离子选择电极，饱和甘汞电极，磁力搅拌器，烧杯，容量瓶，电子天平，吸耳球，移液管。

2. 试剂　0.1000mol/L 氟离子标准溶液，0.5mol/L 柠檬酸钠缓冲溶液（用乙酸调至 pH 值约等于 6），饮用自来水。

【实验步骤】

1. 将氟离子选择电极与甘汞电极分别接到 pH/mV 计的相应的接线柱上，并将 pH/mV 计调到"mV"档，打开电源开关，预热仪器。

2. 清洗电极

取 50mL 去离子水置于 100mL 的塑料杯中，放入搅拌磁子，插入氟离子选择电极和饱和甘汞电极。开启搅拌器，3min 后，若读数大于 −200mV，则更换去离子水，继续清洗，直至读数小于 −200mV。

3. 标准溶液的配置

用移液管移取 5.00mL 0.1000mol/L 的氟离子标准溶液于 50mL 容量瓶中，加入 0.5mol/L 的柠檬酸钠溶液 5.0mL，用去离子水定容，摇匀。用逐级稀释法配成浓度为 10^{-2}mol/L、10^{-3}mol/L、10^{-4}mol/L、10^{-5}mol/L、10^{-6}mol/L 的标准溶液。逐级稀释时，只需添加 4.5mL 0.5mol/L 的柠檬酸钠溶液。

4. 测定标准溶液及待测溶液的电动势

（1）测定标准溶液电动势　取以上系列标准溶液适量置于塑料杯中，放入搅拌磁子，插入清洗好的氟离子选择电极和甘汞电极，搅拌，读取稳定的数值。按浓度顺序从低至高依次测定，每测量一份溶液，先用去离子水冲洗电极，再用滤纸吸去电极上的水珠。记录测定结果。

（2）测定待测溶液电动势　取饮用水 25.0mL，置于 50mL 容量瓶中，加入 0.5mol/L 的柠檬酸钠溶液 5.0mL，用去离子水定容，摇匀。取适量置于塑料杯中，放入搅拌磁子，插入清洗好的氟离子选择电极和甘汞电极，搅拌，读取稳定的数值。记录测定结果。

【数据记录与处理】

1. 绘制标准曲线

以标准溶液的电池电动势为纵坐标，以标准溶液浓度的对数为横坐标，绘制标准曲线。

2. 计算饮用水中氟离子浓度

根据标准曲线求出稀释后的饮用水中氟离子的浓度，再乘以稀释倍数即为饮用水中氟离子的浓度。

【思考题】

1. 氟离子选择电极使用时应注意哪些问题？

2. 为什么要清洗氟离子选择电极，使其响应值小于$-200mV$？

实验十一　气质联用法测定植物精油中的化学组分及相对百分含量

【实验目的】

1. 了解气质联用仪的构造、工作原理及操作技术；

2. 了解气质联用仪的定性分析和定量分析；

3. 学会气质联用仪测定植物精油化学组分及含量的操作方法及工作原理。

【实验原理】

气相色谱-质谱联用仪（gas chromatogrph-mass spectrometer，GC/MS）指气相色谱仪和质谱仪的在线联用技术，用于混合物的快速分离与定性。其中气相色谱作为质谱的特殊进样器，完成对混合物的强有力的分离，使混合物分离成各个单一组分后按时间顺序依次进入质谱离子源，样品被离子化后进入质量分析器进行分离分析，最后进入检测器进行检测，获得各组分的质谱图以便确定结构。

GC/MS由气相色谱仪-接口-质谱仪组成，气相色谱仪分离样品中的各组分，起到样品制备的作用，接口把气相色谱仪分离出的各组分送入质谱仪进行检测，起到气相色谱和质谱之间的适配器作用，质谱仪对接口引入的各组分依次进行分析，成为气相色谱仪的检测器。工作站系统交互式地控制气相色谱、接口和质谱仪，进行数据的采集和处理，是GC/MS的中心控制单元。GC/MS的工作原理是样品中气体状态的分子进入质谱仪的离子源后，被电离为带电离子，另有一股载气也同时进入离子源被电离成离子构成本底，样品离子和本底离子一起被离子源加速电压加速，射向质谱仪的分析器中，根据分析器上所加载的电压的不同，在特定的时间内只有特定质荷比的碎片通过，位于分析器后部的高能打拿极和倍增器将信号转换和放大后在质谱工作站软件显示出来，就描绘出了该组分的色谱峰。

本实验采用GC/MS法分析植物精油的化学组分，并将获得的质谱图与NIST谱库进行定性分析，采用峰面积归一化法定量。

【实验用品】

1. 仪器　气质联用仪（EI离子源，四极杆质量分析器），HP-5色谱柱（30mm×0.25mm，0.32μm），进样瓶（1.5mL），0.22μm滤膜（有机系），容量瓶。

2. 试剂　乙醚（重蒸），植物精油（实验室自提或购买商品）。

【实验步骤】

1. 样品的制备

准确移取0.1mL植物精油于10mL容量瓶中，用乙醚溶解，定容至刻度，摇匀，过0.22μm滤膜，装入进样瓶中备用。

2. 仪器测定

（1）设置实验条件

① 气相色谱条件　色谱柱的初始温度为60℃并保持5min，以3℃/min的升温速率升温至180℃并保持5min，以7℃/min的速率升温至220℃并保持5min，以15℃/min的速率升

温至 280℃并保持 5min，进样口温度为 250℃，检测器温度为 300℃，分流比为 1：50。

② 质谱条件 离子源温度为 230℃，接口温度为 280℃，溶剂切割时间为 3.5min，质荷比范围为 50～500，进样量为 1μL。

（2）样品的分析 在上述实验条件下，将处理好的样品溶液瓶放入自动进样器，点击 "wizzard" 图标，编辑样品名称、样品位置、进样量、方法文件名称、数据文件名称等信息后，点击 "start" 图标，开始自动进样，并获得色谱图。

【数据记录与处理】

1. 定性分析

将样品溶液色谱图代入 NIST 谱库中进行检索，根据相似度、基峰、相对丰度等信息确定每个色谱峰的化学组分。

2. 样品中各组分的含量

样品中各化学组分的含量，按峰面积归一化法计算相对百分含量：

$$c_i = \frac{A_i}{A_总}$$

式中，c_i 为样品中某化学组分的相对百分含量，%；A_i 为样品中某化学组分的峰面积；$A_总$ 为样品溶液色谱图上的总峰面积。

【注意事项】

1. 因气质联用仪灵敏度高，最好使用高纯氦气为载气，当气瓶的总压力不足 1MPa 时，最好更换气瓶。

2. 使用气质联用仪时，进样垫的使用次数为 200，玻璃衬管使用次数为 500，超过应及时更换。

3. 玻璃衬管的洁净度直接影响到仪器的检测限，应注意对玻璃衬管进行检查，更换下来的玻璃衬管可以用丙酮或异丙醇超声清洗，烘干后使用。

【思考题】

1. 气质联用仪与气相色谱仪的异同点？

2. 气质联用仪与气相色谱仪的定性方法区别是什么？

第五章
仪器分析综合实验

第一节

营养成分检测

实验十二　紫外光谱法测植物多糖的含量

【实验目的】
1. 学会样品检测多糖时的制备方法及原理；
2. 掌握紫外光谱法检测多糖含量的方法及原理；
3. 复习紫外光谱仪的构造、原理及操作方法。

【实验原理】

植物多糖，又称植物多聚糖，是植物细胞代谢产生的聚合度超过 10 万的聚糖。这些多糖是由许多相同或不同的单糖以 α-或 β-糖苷键连接形成的高分子化合物，普遍存在于自然界植物体中，包括淀粉、纤维素、多聚糖、果胶等。它们在植物中的作用主要有：合成纤维素组成细胞壁；转化并组成其他有机物如核苷酸、核酸等；分解产物是其他许多有机物合成的原料，如糖在呼吸过程中形成的有机酸，可作为 NH_3 的受体而转化为氨基酸。许多植物多糖具有免疫调节、抗肿瘤、降血糖、降血脂、抗辐射、抗菌抗病毒、保护肝脏等保健作用。

本实验采用紫外光谱法测定样品中多糖的含量。样品中的水溶性糖和水不溶性多糖经盐酸溶液水解或水提醇沉后转化成还原糖，水解物在硫酸的作用下，迅速脱水生成糖醛衍生物，并与苯酚反应生成橙黄色溶液，其颜色深浅与糖的含量成正比，采用外标法定量。

【实验用品】

1. 仪器　紫外光谱仪，电子天平，电热恒温水浴锅，粉碎机，超声波提取器，高速离心机，涡旋混合器，容量瓶，磨口锥形瓶，冷凝管，移液管，锥形瓶，量筒。

2. 试剂　浓硫酸，浓盐酸，苯酚（50g/L，需重蒸），乙醇溶液（80%），葡萄糖（标准品，优级纯）。

【实验步骤】

1. 样品制备

（1）食用菌　准确称取烘干至恒重的食用菌样品（过 60 目筛）0.25~0.50g（准确至 0.001g），置于 250mL 锥形瓶中，加 50mL 水和 15mL 浓盐酸。装上冷凝回流装置，置于 100℃水浴中水解 3h。冷却至室温后过滤，再用蒸馏水洗涤滤渣，合并滤液及洗液，用水定容至 250mL，为待测液，备用。

（2）人参　准确称取烘干至恒重的样品 2.00g（准确至 0.001g）置于 100mL 容量瓶中，加 70mL 水，在超声波仪器中萃取 30min，将提取液放入 100℃水浴中提取 4h，冷却至室温，定容至 100mL 容量瓶中，取 5mL 提取液加乙醇溶液 15mL 混匀，在高速离心机上以 10000r/min 的转速离心 10min，弃去上清液，再分别用 5mL 乙醇溶液混匀离心两次，分别弃去上清液，残渣用水溶解于 100mL 容量瓶中，为待测液，备用。

2. 标准溶液配制

（1）标准储备液的配制　将葡萄糖标准品于 105℃恒温烘干至恒重，称取葡萄糖约 0.100g（精确至 0.0001g），用水溶解于 1000mL 容量瓶中，定容至刻度线后摇匀，得浓度为 100mg/L 的葡萄糖标准储备溶液（4℃冰箱中避光储存，两周内有效）。

（2）标准工作液的配制　精密移取 0.00mL、0.10mL、0.20mL、0.40mL、0.60mL、0.80mL、1.00mL、1.20mL、1.40mL 和 1.60mL 标准储备液于 25mL 具塞刻度试管中，加水至 2.0mL 再各加 5% 苯酚溶液 1.0mL 摇匀，迅速加入浓 H_2SO_4 溶液 5mL（与液面垂直加入，勿接触试管壁，以便于反应液充分混合），振摇 5min，反应液静置 10min，然后置于沸水浴中加热 20min，取出冷却至室温后立刻测定。

3. 仪器的测定

（1）标准曲线的绘制　以空白试剂为参比溶液，在 486nm 波长处测定系列不同浓度标准工作液的吸光度。以葡萄糖质量为横坐标，吸光度值为纵坐标，绘制标准曲线。

（2）样品的测定　准确吸取试样测试液 0.50mL 于 25mL 具塞试管中，加水补至 2.0mL，按照标准工作液的配制中自"再各加 5% 苯酚溶液 1.0mL 摇匀"起操作。以空白试剂为参比溶液，在 486nm 波长处测得吸光度，代入标准曲线计算样品溶液中多糖的质量。

4. 空白试验

空白试验需与测定平行进行，用同样的方法和试剂，但不加样品。

【数据处理】

（1）标准曲线绘制

标准溶液的浓度/(μg/mL)						
吸光度值						
线性方程						
相关系数						

（2）样品中含量

样品中总糖含量以质量分数 X 计（%），按照下面公式进行计算：

$$X = \frac{m_1 V_1 \times 10^{-6}}{m_2 V_2 \times (1-w)} \times 100$$

式中，X 为样品中多糖的含量，%；V_1 为样品定容体积，mL；V_2 为比色测定时所移取样品测定液的体积，mL；m_1 为从标准曲线上查得的样品测定液中的含糖量，μg；m_2 为样品质量，g；w 为样品含水量，%。计算结果以葡萄糖计，精确到小数点后一位。

【注意事项】

1. 使用浓硫酸时应注意安全。

2. 实验中应注意温度的控制，否则反应液的颜色不同会产生误差。

3. 标准样品与样品的显色和测定应该同时进行。

【思考题】

1. 苯酚-硫酸法测定多糖含量的原理是什么？

2. 如果样品中蛋白含量高对测定有影响应该怎么处理？

实验十三　紫外光谱法测人参中总皂苷的含量

【实验目的】

1. 熟练紫外光谱法的定性分析和定量分析；

2. 了解样品制备的原理及方法；

3. 掌握紫外光谱法测定人参总皂苷的方法及原理。

【实验原理】

人参是传统名贵药材，一直以来作为药食同源的药材被广泛使用。人参中主要化学成分有人参皂苷、糖类、氨基酸、维生素、挥发油、多肽等。人参皂苷是一类固醇类化合物，结构都含有由 30 个碳原子排列成四个环的甾烷类固醇核。目前已知的人参皂苷已经超过 30 种，如 Ra_1、Ra_2、Ra_3、Rb_1、Rb_2、Rb_3、Rc、Rd、Rg_1、Rg_2、Rg_3、Rh、Rf 等，Rg_1、Rg_3 结构如下图所示。人参皂苷多为白色粉末或无色针状结晶，易溶于甲醇、正丁醇、吡啶、热丙酮，微溶于乙酸乙酯、氯仿等有机溶剂。人参皂苷按照苷元结构不同分为三类：达玛烷型、奥克梯隆型和齐墩果酸型，其中达玛烷型人参皂苷在人参皂苷中含量最大。人参皂苷作为人参中最重要的一类生理活性物质，具有抗疲劳、延缓衰老、增强免疫力、抗肿瘤等诸多功效。随着科学技术的发展，检测人参皂苷的技术也越来越多，比色法是分析历史中使用时间较长、稳定性好，分析成本低，应用普遍的一种方法。

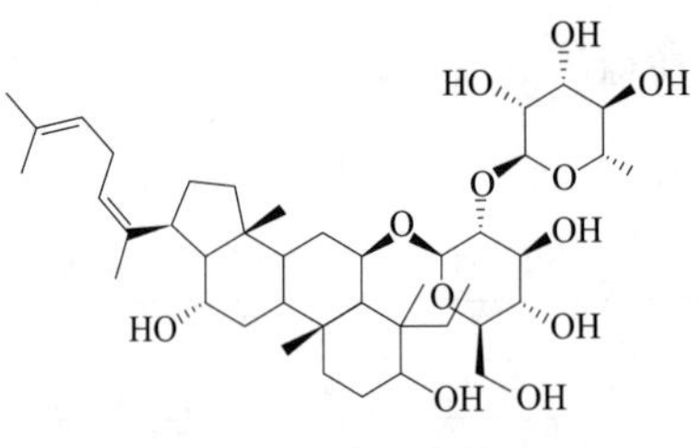

人参皂苷Rg_1结构式 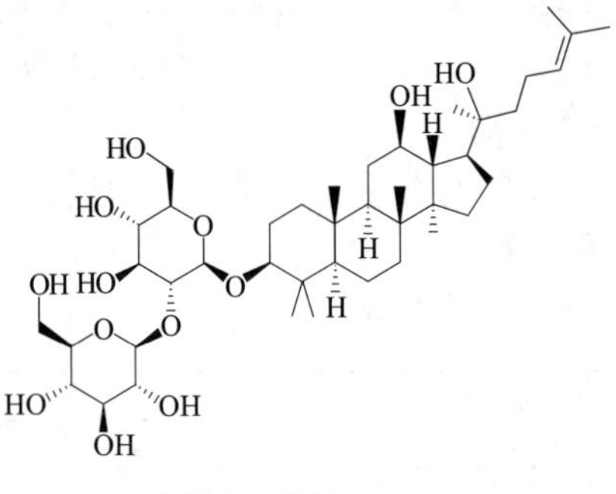　　　　人参皂苷Rg_3结构式

本实验采用紫外光谱法测定人参中人参总皂苷的含量。样品中的人参总皂苷经溶剂提取、色谱柱净化和富集，在酸性条件下与香草醛发生显色反应，用分光光度法比色定量。

【实验用品】

1. 仪器　紫外光谱仪（1cm 比色皿），电子天平，恒温水浴锅，高速分散器，超声波提取器，高速离心机，氮吹仪，色谱柱（装载 8mL 柱容积的大孔吸附树脂和 1cm 中性氧化铝，最佳承载量约为 $50\sim100\mu$g），容量瓶，磨口锥形瓶，冷凝管，具塞试管，移液管，离心管，分液漏斗。

2. 试剂　正丁醇、石油醚、高氯酸，冰醋酸，甲醇，乙醇溶液（70%），大孔吸附树脂，中性氧化铝（148～200μm），人参皂苷 Re 标准品，香草醛溶液（0.5%冰醋酸溶液）。

【实验步骤】

1. 样品的制备

（1）提取

① 普通固体样品　取 500g 试料，粉碎并过 20 目筛，充分混匀。准确称取样品 2.00～10.00g（精确至 0.001g），置于 50mL 离心管中，分别加水 30mL、40mL、40mL、20mL，在高速分散器上以 10000r/min 的转速匀质 2min，再以 5000r/min 的转速离心 5min，上清液依次转移至 250mL 容量瓶中，加水至刻度，备用。

② 糖含量高的样品　取 500g 样品，切碎后充分混匀。准确称取样品 2.00～10.00g（精确至 0.001g），置于 50mL 离心管中，分别加水溶液 40mL、40mL、20mL，在高速分散器上以 10000r/min 的转速匀质 2min，再以 5000r/min 的转速离心 5min；上清液依次转移至 250mL 容量瓶中，加水至刻度，取 10mL 提取液于 125mL 的分液漏斗中，加饱和的正丁醇溶液萃取 3 次，每次 10mL，合并正丁醇层，在沸水浴上挥干，加水溶解并定容至 10mL，备用。

③ 油脂含量高的样品　取 500g 样品，切碎后充分混匀。准确称取样品 2.00～10.00g（精确至 0.001g），置于 250mL 具塞锥形瓶中，分别加入 100mL、50mL 和 50mL 石油醚，在超声波提取器中分别提取 10min，弃去石油醚，残渣挥去石油醚后转移至 50mL 离心管中，分别加水 40mL、40mL 和 20mL，分别在高速分散器上以 10000r/min 的转速匀质 2min，再以 5000r/min 的转速离心 5min；上清液依次转移至 250mL 容量瓶中，加水至刻度，备用。

④ 含乙醇类的液体样品　准确吸取 5～10mL 的样品于蒸发皿中沸水浴挥干，用水溶解残渣，转移至 250mL 容量瓶中，加水至刻度，备用。

⑤ 非乙醇类的液体试料　准确吸取 5～10mL 的样品（根据试料中含人参皂苷量确定取样量）于 250mL 容量瓶中，加水至刻度，备用。

（2）净化　15mL 色谱管中装 8mL 大孔吸附树脂，在大孔树脂上层装填 1cm 中性氧化铝。先用 25mL70% 乙醇洗柱，弃去洗脱液，再用 25mL 水洗柱，弃去洗脱液。精确加入 1.00mL 已处理好的试料溶液，用 25mL 水洗柱，弃去淋洗液，用 25mL70% 乙醇洗脱人参皂苷，收集洗脱液于 10mL 比色管中，置于 60℃氮吹仪上吹干，备用。

2. 标准曲线的配制

（1）标准储备液的配制　准确称取人参皂苷 Re 标准品 10.0mg（精确至 0.01mg）于 10mL 容量瓶中，用甲醇配成 1mg/mL 标准储备液（冰箱中 4℃保存 6 个月）。

（2）标准工作液的配制　准确移取标准储备液溶液 0.00μL、20.00μL、40.00μL、60.00μL、80.00μL、100.00μL（相当于 0.00μg、20.00μg、40.00μg、60.00μg、80.00μg、100.00μg）分别置于 10mL 比色管中，在 60℃水浴中挥干。向 6 个挥干后的比色管中准确加入香草醛溶液 0.2mL，使残渣溶解，再加 0.8mL 高氯酸，混匀，60℃水浴中加热 10min，取出，冰浴冷却后，加入冰醋酸定容至 5.0mL，摇匀后立刻测定。

3. 仪器的测定

（1）标准曲线的绘制　以空白试剂为参比液，在 560nm 波长处测定系列不同浓度标准工作液的吸光度。以人参皂苷 Re 的质量为横坐标，以吸光度值为纵坐标，绘制标准曲线。

（2）样品的测定　向净化挥干的样品比色管中准确加入香草醛溶液 0.2mL，混匀，使残渣溶解，再加 0.8mL 高氯酸，混匀，60℃水浴中加热 10min，取出，冰浴冷却后，加入冰醋酸定容至 5.0mL，摇匀。以空白试剂为参比溶液，在 560nm 波长处测得吸光度，代入标准曲线计算样品溶液中总皂苷的质量。

4. 空白试验

除不加试料外，按样品制备、净化、测定的操作步骤进行操作。

【数据记录与处理】

1. 标准曲线的绘制

标准溶液中人参皂苷的质量/μg	0.00	20.00	40.00	60.00	80.00	100.00	样品
吸光度							
线性方程							
相关系数							

2. 样品的含量

样品中总皂苷的含量以 g/100g 或 g/100mL 计，按照下式计算：

$$X = \frac{AV_1}{mV_2 \times 1000 \times 1000} \times 100$$

式中，X 为试料中人参皂苷含量，g/100g 或 g/100mL；A 为从标准曲线上计算出的测定液人参皂苷的质量，μg；V_1 为样品制备的总体积，mL；V_2 为测定用样品制备液体积，mL；m 为试料质量或试料体积，g 或 mL。计算结果保留两位有效数字。

【注意事项】

1. 提取液净化时应注意柱残留的问题。

2. 紫外光谱法定量测定时应进行"池空白"的操作。

【思考题】

1. 实验中应该如何避免干扰的影响？

2. 想一想，实验过程中加入香草醛显色剂的原理。

实验十四　紫外光谱法测定土壤中磷元素的含量

【实验目的】

1. 学会紫外光谱法测定土壤中磷元素的方法及原理；

2. 了解样品制备的原理及方法；

3. 掌握紫外分光光度计的操作及紫外光谱法的定性、定量方法。

【实验原理】

地壳中磷的含量平均为 0.28% 左右（以五氧化二磷计），我国大多数土壤的含磷量（0~20cm 表层土）变动在 0.04%~0.25%，不同土壤类型变幅很大。土壤中磷按化学组成可分为有机磷和无机磷，在大多数土壤中，磷主要以无机形态为主，有机磷含量较低且变化较大。土壤中全磷的测定是将土壤中的磷用碱或者酸转化为可溶的正磷酸盐形式。碱熔法中的碳酸钠熔融法一般认为是可将磷转化最完全的方法，但是实验中需要用昂贵的铂坩埚，一般情况下实验室常用氢氧化钠和镍（或银）坩埚进行替代。

本实验采用氢氧化钠熔融-钼锑抗比色法测定土壤中的全磷，首先用氢氧化钠将土壤样品在镍坩埚中熔融，使土壤中含磷矿物及有机磷化合物全部转化为可溶性的正磷酸盐，用水和稀硫酸溶解熔块，在一定酸度和锑离子存在下，磷酸根与钼酸铵形成锑磷钼混合杂多酸，它在常温下能迅速被抗坏血酸还原为钼蓝，外标法定量。

【实验用品】

1. 仪器　紫外-可见分光光度计，电子天平，土壤样品粉碎机，土壤筛（孔径 1mm 和 0.149mm），镍坩埚（容量≥30mL），高温电炉，容量瓶，移液管，漏斗，烧杯，玛瑙研钵。

2. 试剂　氢氧化钠，无水乙醇，碳酸钠（10%），硫酸（5%），二硝基酚指示剂（称取

0.2g 2, 6-二硝基酚溶于 100mL 水中），酒石酸锑钾（0.5%），硫酸钼锑储备液（量取 126mL 浓硫酸，缓缓加入到 400mL 水中，不断搅拌冷却。另称取磨细的钼酸铵 10g 溶于约 60℃ 300mL 水中，冷却，然后将硫酸溶液缓缓倒入钼酸铵溶液中，再加入 0.5% 酒石酸锑钾溶液 100mL，冷却后，加水稀释至 1000mL，摇匀，储存于棕色试剂瓶中，此储备液含钼酸铵 1%），硫酸（2.25mol/L），钼锑抗显色剂（称取 1.5g 抗坏血酸溶于 100mL 钼锑储备液中），磷酸二氢钾，无磷定性滤纸，磷标准储备液（100mg/L）。

【实验步骤】

1. 样品制备

（1）土壤样品制备　将土壤样品风干后过 1mm 孔径筛，筛下土壤在牛皮纸上铺成薄层，划分成许多小方格。用小勺在每个方格中取出等量土样（总量不少于 20g）于玛瑙研钵中进一步研磨，使其全部通过 0.149mm 孔径筛，混匀后装入磨口瓶中，备用。

（2）熔样　准确称取风干样品 0.250g（精确到 0.0001g）放入镍坩埚底部（切勿粘在壁上）。加入无水乙醇 3～4 滴，润湿样品，在样品上平铺 2g 氢氧化钠。将坩埚放入高温电炉中，当温度升至 400℃ 左右时，保持 15min，然后继续升温至 720℃，并保持 15min，取出冷却。加入 80℃ 左右的水 10mL，待熔块溶解后，将溶液转入 100mL 容量瓶中，同时用 10mL 3mol/L 硫酸溶液和水交替洗涤坩埚，洗涤液也一并转移到该容量瓶中，待冷却后定容。用无磷定性滤纸过滤或离心澄清。

2. 标准溶液的配制

（1）5mg/L 磷标准溶液　吸取 5mL 磷储备液，放入 100mL 容量瓶中，加水定容至刻度，摇匀。

（2）标准工作液　分别吸取 5mg/L 磷标准溶液 0.00mL、2.00mL、4.00mL、6.00mL、8.00mL、10.00mL 于 6 个 50mL 容量瓶中，同时加入与显色剂测定所用的样品溶液等体积的空白溶液及二硝基酚指示剂 2～3 滴，并用 10% 碳酸钠溶液或 5% 硫酸溶液调节溶液至刚呈微黄色。准确加入钼锑抗显色剂 5mL，摇匀，加水定容，即得含磷量分别为 0.00mg/L、0.20mg/L、0.40mg/L、0.60mg/L、0.80mg/L、1.00mg/L 的标准系列溶液。

3. 仪器的测定

（1）标准曲线的绘制　将标准系列溶液在 15℃ 以上温度放置 30min 后，在波长 700nm 处，用 1cm 比色皿测定其吸光度。以吸光度为纵坐标，磷质量浓度为横坐标，绘制标准曲线。

（2）样品溶液中磷的定量　吸取待测溶液 2.00～10.00mL（含磷 0.04～1.0μg）于 50mL 容量瓶中，用水稀释至约总体积 3/5 处。加入二硝基酚指示剂 2～3 滴，并用 10% 碳酸钠溶液或 5% 硫酸钠溶液调节溶液至刚呈微黄色。准确加入 5mL 钼锑抗显色剂，摇匀，加水定容。在 15℃ 以上温度放置 30min。样品溶液用 1cm 比色皿，在 700nm 处，以空白溶液为参比测定样品吸光度，从校准曲线上计算相应的含磷量。

4. 空白试验

除不加试样外，按样品制备的方法进行操作及测定。

【数据记录与处理】

1. 标准曲线的绘制

标准曲线浓度/(mg/mL)	0.00	0.20	0.40	0.60	0.80	1.00	样品
吸光度							
线性方程							
相关系数							

2. 样品中磷含量

土壤全磷量的百分数（按烘干土计算），由下式给出：

$$w = c\,\frac{V_1}{m} \times \frac{V_2}{V_3} \times 10^{-4} \times \frac{100}{100-H}$$

式中，w 为土壤全磷量的百分数，％；c 为从校准曲线上查得的待测样品溶液中磷的含量，mg/L；m 为称样量，g；V_1 为样品熔融后的定容体积，mL；V_2 为显色时溶液定容体积，mL；V_3 为从熔样定容后分取的体积，mL；10^{-4} 为将 mg/L 浓度单位换算为百分含量的换算因数；$\frac{100}{100-H}$ 为将风干土变换为烘干土的转换因数；H 为风干土中水分含量百分数。用两平行测定的结果的算术平均值表示，小数点后保留三位有效数字。

【注意事项】

1. 为了避免水和试剂中的杂质对测定的影响，试剂皆为分析纯，水为蒸馏水或去离子水。

2. 钼锑抗显色剂溶液有效期短，需现用现配。

3. 5mg/L 磷标准溶液现用现配。

【思考题】

为了使取样具有代表性，土壤采样有哪些方法？

实验十五　原子吸收光谱法测定饲料中微量元素的含量

【实验目的】

1. 了解火焰原子化器的构造及工作原理；

2. 复习原子吸收分光光度计的操作方法；

3. 掌握火焰原子吸收光谱法测定饲料中金属元素的方法及原理。

【实验原理】

微量元素是动物饲料中必添的营养元素，含量虽少但起着举足轻重的作用，使用不当也会适得其反。随着饲料工业的迅速发展，对饲料添加剂微量矿物元素成分的检测就越加重要。原子吸收光谱法可分析 70 多种元素，为饲料添加剂中元素测定提供了一个快速、灵敏的方法。火焰原子化法操作简单，重现性好，应用范围广。测定时元素在火焰高温下变成基态气态原子蒸气，当空心阴极灯发射出的光辐射通过原子蒸气时，元素的原子对入射光产生选择性吸收，光源发出的光强减弱，其减弱程度与蒸气中元素原子浓度成正比，这个过程符合朗伯-比尔定律，利用吸光度与浓度的关系，从而得到元素的浓度。

本实验将饲料样品在高温电阻炉（550±15）℃下灰化，用盐酸溶液溶解残渣并稀释定容，然后导入原子吸收分光光度计的空气-乙炔火焰中，测定每个待测元素的吸光度，并与对应元素标准曲线比较定量。

【实验用品】

1. 仪器　原子吸收分光光度计，电子天平，坩埚（石英或瓷质，不含钾、钠，内层光滑没有被腐蚀，使用前用 6mol/L 盐酸溶液煮沸），硬质玻璃器皿（使用前用 6mol/L 盐酸溶液煮沸，并用超纯水冲洗干净），电热板，高温电阻炉，钙、铜、铁、镁、锰、钾、钠和锌空心阴极灯或无极放电灯，定量滤纸。

2. 试剂　盐酸（6mol/L），盐酸（0.6mol/L），硝酸镧溶液（133g 的 La$(NO_3)_3 \cdot 6H_2O$ 溶于 1L 水中），氯化铯溶液（10％），硫酸铜，硫酸亚铁铵，硫酸锰，硫酸锌，氯化钾，硫酸镁，氯化钠，碳酸钙，钙、铜、铁、镁、锰、钾、钠和锌标准溶液，镧/铯空白溶液（取 5mL 硝酸镧溶液、5mL 氯化铯溶液和 5mL 6mol/L 盐酸溶液加入到 100mL 容量瓶中，用水定容至刻度）。

【实验步骤】

1. 样品的制备

(1) 将试样粉碎并过 0.45mm 分析筛，用平勺取一些试料在火焰上加热。如果试料融化没有烟，即是不存在有机物。如果试料颜色有变化，并且不能融化，说明试料含有机物。

(2) 样品处理 准确称取 1～5g 试料（精确到 1mg），放入坩埚中。含有机物的试料，从（3）开始操作。不含有机物的试料，直接从（4）开始操作。

(3) 干灰化 将坩埚放在电热板上加热，直到试料完全碳化（要避免样品燃烧）。将坩埚转到 550℃预热 15min 以上的高温电阻炉中灰化 3h。冷却后用 2mL 水湿润坩埚内残渣。如果有碳粒，则将坩埚放在电热板上小心缓慢地蒸干，再放到高温电阻炉中再次灰化 2h，冷却后加 2mL 水润湿坩埚内残渣 ［含硅化合物可能影响复合预混合饲料灰化效果，使测定结果偏低。此时称取试料后宜从（4）开始操作］。

(4) 溶解 向坩埚中缓慢滴加 10mL 6mol/L 的盐酸溶液，边加边旋转坩埚，不冒泡后（可能产生二氧化碳）可快速加入，旋转坩埚并加热直到内容物接近干燥，在加热期间避免内容物溅出。再用 5mL 6mol/L 盐酸溶液加热溶解残渣后，分次用 5mL 左右的水将试料溶液转移到 50mL 容量瓶中，冷却后用水稀释定容，并用滤纸过滤。

2. 标准溶液的配制

(1) 铜、铁、锰、锌标准工作溶液的配制 用 0.6mol/L 盐酸溶液稀释铜、铁、锰、锌的标准溶液，配制一组适宜的标准工作溶液。

(2) 钙、镁、钾、钠标准工作溶液的配制 用水稀释钙、镁、钾、钠的标准溶液，每 100mL 标准溶液加 5mL 硝酸镧溶液、5mL 氯化铯溶液和 5mL 6mol/L 盐酸溶液，配制一组浓度适宜的标准工作溶液。

3. 仪器的测定

(1) 铜、铁、锰、锌标准曲线的绘制 测量 0.6mol/L 盐酸溶液的吸光度和标准溶液的吸光度。用标准溶液的吸光度减去 0.6mol/L 盐酸溶液的吸光度即为校正值，并以吸光度校正值分别对铜、铁、锰、锌的质量浓度绘制标准曲线。

(2) 样品中铜、铁、锰、锌含量测定 在同样条件下，测量试料溶液和空白溶液的吸光度，试料溶液的吸光度减去空白溶液的吸光度即为校正值，再根据校正后的吸光度由标准曲线求出试料溶液中元素的浓度。

(3) 钙、镁、钾、钠标准曲线的绘制 测量镧/铯空白溶液的吸光度，测量标准溶液吸光度并减去镧/铯空白溶液的吸光度即为校正值，以校正后的吸光度分别对钙、镁、钾、钠的含量绘制标准曲线。

(4) 样品中钙、镁、钾、钠测定 用水定量稀释试料溶液和空白溶液，每 100mL 样品溶液加 5mL 硝酸镧溶液、5mL 氯化铯溶液和 5mL 6mol/L 盐酸溶液。在相同条件下，测量试料溶液和空白溶液的吸光度。用试料溶液的吸光度减去空白溶液的吸光度即为校正值，再根据校正值由标准曲线求出试料溶液中各元素的浓度。

4. 空白溶液

除不加样品，按样品制备及测定的方法操作。

【数据记录与处理】

1. 标准曲线的制作

钙标准曲线

标准曲线浓度/(μg/mL)						样品
吸光度						
线性方程						
相关系数						

铜标准曲线

标准曲线浓度/(μg/mL)							样品
吸光度							
线性方程							
相关系数							

铁标准曲线

标准曲线浓度/(μg/mL)							样品
吸光度							
线性方程							
相关系数							

镁标准曲线

标准曲线浓度/(μg/mL)							样品
吸光度							
线性方程							
相关系数							

锰标准曲线

标准曲线浓度/(μg/mL)							样品
吸光度							
线性方程							
相关系数							

钾标准曲线

标准曲线浓度/(μg/mL)							样品
吸光度							
线性方程							
相关系数							

钠标准曲线

标准曲线浓度/(μg/mL)							样品
吸光度							
线性方程							
相关系数							

锌标准曲线

标准曲线浓度/(μg/mL)							样品
吸光度							
线性方程							
相关系数							

2. 样品中的含量

试样中钙、铜、铁、镁、锰、钾、钠和锌元素以质量分数 w 计，数值以 mg/kg 或 g/kg 表示，按下式计算：

$$w = \frac{(c - c_0) \times 50 \times N \times 1000}{mD}$$

式中，c 为试料溶液中元素的浓度，μg/mL；c_0 为空白溶液元素的浓度，μg/mL；N 为稀释倍数；m 为试料的质量，g；D 为数值，以 mg/kg 表示时为 103，以 g/kg 表示时为 106。

【注意事项】

1. 所有的容器，包括配制标准溶液的吸管，在使用前用 0.6mol/L 盐酸溶液浸泡，然后用蒸馏水冲洗。如果使用专用的灰化坩埚和玻璃器皿，每次使用前不需要用盐酸溶液煮沸。

2. 实验室得到有代表性的样品十分重要，样品在运输、储存中不能损坏变质。保存的样品要防止变质及其他变化。

3. 为了防止其他元素干扰，本实验所用试剂均为优级纯，水为超纯水。

【思考题】

实验中加入镧和锶溶液有什么作用？

实验十六　火焰原子吸收光谱法测定高钙牛奶中钙含量

【实验目的】

1. 了解火焰原子化器的构造及工作原理；

2. 学习原子吸收分光光度计的操作方法；

3. 掌握火焰原子吸收光谱法测定食品中钙的方法及原理。

【实验原理】

钙是人体必需的元素之一，参与细胞的多种生理活动，对维持细胞各种代谢过程极为重要，所以很多食品为了提高营养价值把钙作为添加剂加入到食品中。钙是保健食品、乳制品中常规营养分析中必须检测的主要项目和质量指标。目前我国国家标准中钙的测定方法是原子吸收分光光度法。

原子吸收分光光度法，也称原子吸收光谱法，根据物质的基态原子蒸气对特定谱线的吸收作用来进行元素定量分析的方法。元素在测定时需转变成基态气态原子，原子化方法主要有火焰原子化法和非火焰原子化法。火焰原子化法操作简单，重现性好，使用范围广。原子吸收法测定钙主要的干扰有铝、硫酸盐、磷酸盐和硅酸盐等，这些物质会抑制钙元素原子化，可加入镧或者锶的化合物消除干扰。

本实验中，牛奶试样经消解处理后，加入镧溶液作为释放剂，经火焰原子化器原子化，在 422.7nm 处测定吸光度值在一定浓度范围内与钙含量成正比，与标准系列比较定量。

【实验用品】

1. 仪器　原子吸收光谱仪，钙空心阴极灯，电子天平，微波消解系统，可调式电热炉，可调式电热板，压力消解罐，恒温干燥箱，马弗炉。

2. 试剂　硝酸（优级纯，5+95：量取 5mL 硝酸＋95mL 超纯水，1+1：量取 50mL 硝酸＋50mL 超纯水），高氯酸，盐酸（1+1：量取 50mL 盐酸＋50mL 超纯水），氧化镧［称取 23.45g 氧化镧，先加入少量水润湿后再加入 75mL 盐酸溶液（1+1）溶解，转入 1000mL 容量瓶中，加水稀释至刻度，混匀］，钙标准储备液（1000mg/L）。

【实验步骤】

1. 样品的制备

可根据实验室条件选用以下任何一种方法消解。

（1）湿法消解　准确移取液体试样 0.50～5.00mL 于带刻度的消化管中，加入 10mL 硝酸和 0.5mL 高氯酸，在可调式电热炉上消解（参考条件：120℃/0.5h～120℃/1h，升至 180℃/2h～180℃/4h，升至 200～220℃）。若消化液呈棕褐色，再加入硝酸，消解至冒白烟，消化液呈无色透明或略带黄色。取出消化管，冷却后用水定容至 25mL，或者再根据实际测定需要稀释，并在稀释液中加入一定体积的镧溶液，使其在最终测定液中的浓度为 1g/L，混匀备用，此为试样待测液，同时做试剂空白试验。亦可采用锥形瓶，于可调式电热板上，按上述操作方法进行湿法消解。

(2) 微波消解 准确移取液体试样 0.50～3.00mL 于微波消解罐中，加入 5mL 硝酸，按照微波消解的操作步骤消解试样。冷却后取出消解罐，在电热板上于 140～160℃下赶酸至 1mL 左右（切勿蒸干）。消解罐自然冷却后，将消化液转移至 25mL 容量瓶中，用少量水洗涤消解罐 2～3 次，合并洗涤液于容量瓶中并用水定容至刻度。根据实际测定需要稀释，并在稀释液中加入一定体积镧溶液使其在最终测定液中的浓度为 1g/L，混匀备用，此为试样待测液。同时做试剂空白试验。

(3) 压力罐消解 准确移取液体试样 0.50～5.00mL 于消解内罐中，加入 5mL 硝酸。盖好内盖，旋紧不锈钢外套，放入恒温干燥箱，于 140～160℃下保持 4～5h。冷却后缓慢旋松外罐，取出消解内罐，放在可调式电热板上于 140～160℃下赶酸至 1mL 左右。冷却后将消化液转移至 25mL 容量瓶中，用少量水洗涤内罐和内盖 2～3 次，合并洗涤液于容量瓶中，并用水定容至刻度，混匀备用。根据实际测定需要稀释，并在稀释液中加入一定体积的镧溶液，使其在最终测定液中的浓度为 1g/L，混匀备用，此为试样待测液。同时做试剂空白试验。

(4) 干法灰化 准确移取液体试样 0.50～10.0mL 于坩埚中，小火加热，碳化至无烟，转移至马弗炉中，于 550℃下灰化 3～4h，冷却，取出。对于灰化不彻底的试样，加数滴硝酸，小火加热（切勿蒸干），再转入 550℃马弗炉中，继续灰化 1～2h，至试样呈白灰状，冷却后取出，用适量（1+1）硝酸溶液溶解转移至刻度管中，用水定容至 25mL。根据实际测定需要稀释，并在稀释液中加入一定体积的镧溶液，使其在最终测定液中的浓度为 1g/L，混匀备用，此为试样待测液，同时做试剂空白试验。

2. 标准溶液的配制

(1) 钙标准中间液（100mg/L） 准确吸取钙标准储备液 10.00mL 于 100mL 容量瓶中，加硝酸溶液（5+95）定容至刻度，混匀。

(2) 钙标准系列溶液 移取钙标准中间液 0.00mL、0.50mL、1.00mL、2.00mL、4.00mL 和 6.00mL 于 6 个 100mL 容量瓶中，分别加入 5mL 镧溶液，然后加入硝酸溶液（5+95）定容至刻度，混匀。此钙标准系列溶液中钙的质量浓度分别为 0.00mg/L、0.50mg/L、1.00mg/L、2.00mg/L、4.00mg/L、6.00mg/L。

3. 仪器的测定

(1) 标准曲线的绘制 将钙标准系列溶液按浓度由低到高的顺序分别导入原子吸收分光光度计中，测定吸光度值，以标准系列溶液中钙的质量浓度为横坐标，相应的吸光度值为纵坐标，绘制标准曲线。

(2) 试样溶液的测定 在与测定标准溶液相同的实验条件下，将空白溶液和试样待测液分别导入原子吸收分光光度计中，测定相应的吸光度值，与标准系列比较定量。

【数据记录与处理】

1. 标准曲线的制作

标准曲线浓度/(mg/L)	0.00	0.50	1.00	2.00	4.00	6.00	样品
吸光度							
线性方程							
相关系数							

2. 样品中钙含量计算

样中钙的含量按下式计算：

$$X = \frac{(\rho - \rho_0)fV}{m}$$

式中，X 为试样中钙的含量，mg/kg 或 mg/L；ρ 为试样待测液中钙的质量浓度，mg/L；ρ_0 为空白溶液中钙的质量浓度，mg/L；f 为试样消化液的稀释倍数；V 为试样消化液的定容体积，mL；m 为试样质量或移取体积，g 或 mL。

【注意事项】

1. 为了防止杂质干扰，本实验所用试剂均为优级纯，水为超纯水。

2. 所有玻璃器皿及聚四氟乙烯消解内罐均需硝酸溶液（1＋5）浸泡过夜，用自来水反复冲洗，最后用超纯水冲洗干净。

【思考题】

实验中加入镧溶液有什么作用？

实验十七　高效液相色谱柱前衍生化法测 18 种氨基酸的含量

【实验目的】

1. 复习高效液相色谱仪的操作方法及外标法定量；

2. 了解高效液相柱前衍生氨基酸分析的原理及操作；

3. 掌握高效液相色谱法检测氨基酸含量的方法及原理。

【实验原理】

氨基酸含量的测定通常采用氨基酸分析仪，即茚三酮柱后衍生离子交换色谱仪。但这种方法存在着仪器昂贵、操作复杂，使用单一的问题。高效液相色谱结合柱前衍生化的方法也常常用来进行氨基酸含量的测定。在众多柱前衍生试剂中，异硫氰酸苯酯因与氨基酸反应得到的苯基硫酸盐（PTC)-氨基酸的稳定性好、操作简单、与氨基酸和亚氨基酸均能反应，所以其被广泛使用。

本实验采用高效液相色谱法测定氨基酸的含量。将样品中的蛋白质经盐酸水解成为游离氨基酸，通过异硫氰酸苯酯柱前衍生化法将氨基酸衍生成具有可见光吸收的衍生物，在反相色谱柱上分离，在紫外检测器上进行测定，用外标法定量。

【实验用品】

1. 仪器　高效液相色谱仪（配紫外检测器），电子天平，电热恒温干燥箱，涡旋混合器，绞肉机，匀浆机，搅拌机，粉碎机，氮吹仪，$0.45\mu m$ 滤膜，$0.22\mu m$ 滤膜，水解管，容量瓶，移液枪，样品管（1mL），烧杯，滤纸。

2. 试剂　盐酸，磷酸氢二钠，磷酸二氢钠，乙腈（色谱纯、分析纯），PITC（取 $250\mu L$ 异硫氰酸苯酯用乙腈定容至 10mL），三乙胺溶液（取 1.4mL 三乙胺用乙腈定容至 10mL），正己烷，氨基酸标准品（供 HPLC，纯度≥99.5％以上），苯酚（重蒸）。

【实验步骤】

1. 样品的制备

（1）样品的处理

① 肉类样品　将待测的肉（猪肉、鸡肉、牛肉等）剔除结缔组织和脂肪，用四分法取样后，放入绞肉机中粉碎成直径约 0.5cm 的颗粒，密封、冷藏保存（若冷冻存储，分析时需将化冻水搅拌均匀后一并称取质量），备用。

② 蛋类样品的制备　将待测的蛋（各种蛋类）打入小烧杯中，用匀浆机打成匀浆，密封，冷藏保存（方法同上），备用。

③ 奶粉、饮料样品的制备　直接取用。

④ 其他水果、蔬菜样品的制备　将新鲜样品去除腐烂及不可食用部分，用水洗净，晾干，切成小块，放入搅拌机中搅碎成直径约 0.5cm 的颗粒，密封，冷藏保存（方法同上），

备用。若是蘑菇、木耳等干样则直接用粉碎机粉碎后，密封，保存即可。

（2）样品的制备　准确称取适量处理好的样品（精确至 0.0001g，肉、蛋、奶样品一般称取 0.500～1.000g；其他蛋白含量低的样品一般称取 2.000～5.000g）于水解管中，加入 6mol/L 盐酸 15mL，滴加 3～4 滴新蒸馏的苯酚，在冰水浴中用氮气吹水解管 5min 后（注意不要溅出），迅速拧紧管塞，放置于 110℃（±1℃）的电热恒温箱中水解 22h。待水解管冷却后将水解液过滤至 50mL 容量瓶中，用去离子水多次冲洗水解管及滤纸（不用忘记冲洗管塞），冲洗液也转移至容量瓶中，继续加水定容至刻度，摇匀，此为样品制备的最终体积（V_1）。准确移取上述滤液 2mL（V_2）于小烧杯中，加去离子水 8mL，在 40～50℃的电热恒温干燥箱中烘干，干燥后残留物用 1～2mL 水溶解，再烘干，反复 3～4 次，最后蒸干。用 1.0～2.0mL 0.1mol/L 盐酸溶解干燥物并转移至样品管中定容，得待测液，体积为 V_3。

（3）样品的衍生化　用移液枪取 200μL 待测液于另一个样品管中，加入 100μLPITC，加入 100μL 三乙胺溶液，室温下衍生化 1h。向反应液中加入 600μL 正己烷，涡旋混合 15s，静置，取下层液 200μL，加入水 800μL 混匀，过 0.22μm 滤膜，备用。

2. 标准曲线的配制

精密称取一定量氨基酸标准品于 25mL 容量瓶中，用 0.1mol/L 盐酸溶解，定容至刻度。各氨基酸称量质量参考下表。用移液枪准确移取标准储备液各 0.50mL、1.00mL、2.00mL、3.00mL、4.00mL、5.00mL 于 25mL 容量瓶中，用 0.1mol/L 盐酸稀释，得不同浓度的氨基酸混合的标准工作液（也可配制氨基酸单标液）。用移液枪取不同浓度的标准工作液 200μL 于另一个样品管中，按照样品的衍生化方法自"加入 100μLPITC"处开始操作。各氨基酸称量质量见表 5-1。

表 5-1　各氨基酸称量质量

氨基酸标准品名称	称量质量参考值 /mg	摩尔质量 /(g/mol)	氨基酸标准品名称	称量质量参考值 /mg	摩尔质量 /(g/mol)
L-天门冬氨酸	9.39	133.1	L-蛋氨酸	8.38	149.2
L-苏氨酸	10.49	119.1	L-异亮氨酸	9.53	131.2
L-丝氨酸	11.89	105.1	L-亮氨酸	9.53	131.2
L-谷氨酸	11.89	147.1	L-酪氨酸	6.90	181.2
L-脯氨酸	10.86	115.1	L-苯丙氨酸	7.57	165.2
甘氨酸	16.65	75.07	L-组氨酸	8.05	155.2
L-丙氨酸	14.04	89.06	L-赖氨酸	8.55	146.2
L-缬氨酸	10.67	117.2	L-精氨酸	7.18	174.2
L-甲硫氨酸	8.38	149.2	L-半胱氨酸	10.31	121.2

3. 仪器的测定

（1）色谱条件　shim-pack VP-ODS 色谱柱（4.6mm ID×150mm 或相当者），柱温为 36℃，检测波长为 254nm，流速为 1.0mL/min，进样量为 4μL，流动相中 10mL 磷酸缓冲盐（pH=6.9，1.79g 磷酸氢二钠和 0.78g 磷酸二氢钠于 1000mL 去离子水中，过 0.45μm 滤膜）为 A 相，乙腈为 B 相，梯度洗脱见表 5-2。

表 5-2　梯度洗脱

时间/min	A 泵比例/%	B 泵比例/%
0.01～7.00	95	5
7.00～27.00	83	17
27.00～32.00	78	22
32.00～42.00	73	27

续表

时间/min	A 泵比例/%	B 泵比例/%
42.00~47.00	50	50
47.00~47.01	0	100
47.01~51.00	0	100
51.00~51.01	95	5
51.01~65.00	95	5

（2）标准曲线的绘制　在上述实验条件下，将衍生化后的标准工作液注入 HPLC 中，以各氨基酸的浓度为横坐标，峰面积为纵坐标，绘制标准曲线。

（3）样品的测定　在相同实验条件下，将"1.（3）"中处理好的样品溶液注入 HPLC 中，以保留时间并定性，将定性后的各峰面积代入标准曲线，查得样品溶液中各氨基酸的浓度。

4. 空白试验

除不加样品外，按样品制备、水解、衍生化、测定的操作步骤进行操作。

【数据处理】

1. 定性分析

根据标准品的出峰时间进行定性。

2. 定量分析

（1）标准曲线的绘制

标准溶液各氨基酸的浓度/(μg/mL)					
峰面积					
线性方程					
相关系数					

（2）样品的含量　样品中各氨基酸的含量以 g/100g 或 g/100mL 计，按照下式进行计算：

$$X = \frac{c_{样}\dfrac{V_3}{V_2}fV_1}{m} \times 100$$

式中，X 为样品中各氨基酸含量，g/100g 或 g/100mL；$c_样$ 为从标准曲线上查得的测定液氨基酸的浓度减去空白试验后的浓度，μg/mL；V_1 为样品制备的最终体积，mL；V_2 为移取干燥处理的水解液的体积，mL；V_3 为测定液的体积，mL；m 为样品质量或试料体积，g 或 mL。计算结果保留两位有效数字。

【注意事项】

1. 样品水解时注意温度的控制，否则样品容易碳化。

2. 因衍生化产生的其他化合物对色谱柱损害较大，应小心取用下层液。

3. 实验结束后，应长时间、低流速冲洗色谱柱。

【思考题】

1. 查找资料了解异硫氰酸苯酯柱前衍生化方法的原理。

2. 进行衍生化时，加入药品的先后顺序能改变吗？

3. 进行梯度洗脱时，为什么最后的梯度与第一个梯度是相同的？

实验十八　高效液相色谱法测定食品中维生素 B_1 的含量

【实验目的】

1. 了解液相色谱仪中荧光检测器的原理及使用方法；
2. 掌握液相色谱法测定维生素 B_1 时样品制备的原理及方法；
3. 掌握液相色谱法测定维生素 B_1 含量的方法。

【实验原理】

维生素 B_1，化学名称为氯化 3-[（4-氨基-2-甲基-5-嘧啶基）-甲基]-5-2-羟乙基-4-甲基噻唑鎓盐酸盐，分子式为 $C_{12}H_{17}ClN_4OS \cdot HCl$，分子量为 337.29。为白色结晶性粉末。有微弱特臭、味苦，有潮解性。熔点为 248℃，易溶于水，微溶于乙醇，不溶于醚和苯中，具有维持正常糖代谢的作用。维生素 B_1 主要用于维生素 B_1 缺乏的预防和治疗，如"脚气病"、周围神经炎及消化不良。也用于妊娠或哺乳期，甲状腺功能亢进，烧伤，长期慢性感染，重体力劳动，吸收不良综合证伴肝胆疾病，小肠系统疾病及胃切除后维生素 B_1 的补充。

本实验采用高效液相色谱法测维生素 B_1 的含量。样品在稀盐酸介质中恒温水解、中和，再酶解，水解液用碱性铁氰化钾溶液衍生，在用正丁醇萃取后，经 C_{18} 反相色谱柱分离，用荧光检测器检测，外标法定量。

【实验用品】

1. 仪器　高效液相色谱仪（配荧光检测器），电子天平，离心机，pH 计，组织捣碎机，电热恒温干燥箱或高压灭菌锅。

2. 试剂　正丁醇，铁氰化钾溶液（20g/L），氢氧化钠溶液（100g/L），碱性铁氰化钾溶液（将 5mL 铁氰化钾溶液与 200mL 氢氧化钠液混合，摇匀，临用前配制），盐酸（0.01mol/L），乙酸钠溶液（2.0mol/L），乙酸钠溶液（0.05mol/L：称取 6.80g 乙酸钠，加 900mL 水溶解，用冰醋酸将 pH 调到 4.0～5.0 之间，加水定容至 1000mL。过 $0.45\mu m$ 滤膜使用），冰醋酸，甲醇（色谱纯），氯化钙，木瓜蛋白酶 [应不含维生素 B_1，酶活力≥800U（活力单位）/mg]，淀粉酶（应不含维生素 B_1，酶活力≥3700U/g），混合酶溶液（称取 1.76g 木瓜蛋白酶、1.27g 淀粉酶，加水定容至 50mL，涡旋，使其呈混悬状液体，冷藏保存。临用前再次摇匀后使用），维生素 B_1（盐酸硫胺素，标准品，纯度≥99.0%）。

【实验步骤】

1. 样品制备

（1）样品处理　液体或固体粉末样品：将样品混合均匀后立即测定或于冰箱中冷藏。新鲜水果、蔬菜和肉类：取 500g 左右样品（肉类取 250g），用匀浆机或者粉碎机将样品均质后，制得均匀性一致的匀浆，立即测定或者于冰箱中冷冻保存。其他含水量较低的固体样品：如含水量在 15% 左右的谷物，取 100g 左右样品，用粉碎机粉碎后，制得均匀性一致的粉末，立即测定或者于冰箱中冷藏保存。

（2）提取　称取 3～5g（精确至 0.01g）固体试样或者 10～20g 液体试样于 100mL 锥形瓶中（带有软质塞子），加 60mL 0.1mol/L 盐酸溶液，充分摇匀，塞上软质塞子，在高压灭菌锅中 121℃ 保持 30min。水解结束待冷却至 40℃ 以下取出，轻摇数次；用 2.0mol/L 乙酸钠溶液调节 pH 至 4.0 左右（pH 计），加入 2.0mL（可根据酶活力不同适当调整用量）混合酶溶液摇匀后，置于培养箱中 37℃ 过夜（约 16h），将酶解液全部转移至 100mL 容量瓶中，用水定容至刻度，摇匀，离心或者过滤，取上清液备用。

（3）衍生化　准确移取上述上清液或者滤液 2.0mL 于 10mL 试管中，加入 1.0mL 碱性铁氰化钾溶液，涡旋混匀后，准确加入 2.0mL 正丁醇，再次涡旋混匀 1.5min 后静置 10min

或者离心,待充分分层后,吸取正丁醇相(上层)经 $0.45\mu m$ 滤膜过滤,取滤液于 2mL 棕色进样瓶中,供分析用。另取不同浓度的标准工作液各 2.0mL,与试液同步进行衍生化。

2. 标准溶液的配制

(1) 标准储备液的配制 准确称取经氯化钙干燥 24h 的盐酸硫胺素标准品 56.1mg(精确至 0.1mg),相当于 50mg 硫胺素,用 0.01mol/L 盐酸溶液溶解并定容至 100mL,摇匀,获得浓度为 $500\mu g/mL$ 的维生素 B_1 标准储备液(0~4℃冰箱中,保存期为 3 个月)。

(2) 标准中间液的配制 准确移取 2.00mL 标准储备液用水稀释并定容至 100mL,摇匀,获得浓度为 $10.0\mu g/mL$ 的维生素 B_1 标准中间液。临用前配制。

(3) 标准使用液的配制 准确吸取维生素 B_1 标准中间液 $0.00\mu L$、$50.00\mu L$、$100.00\mu L$、$200.00\mu L$、$400.00\mu L$、$800.00\mu L$、$1000.00\mu L$ 用水定容至 10mL,标准系列工作液中维生素 B_1 的浓度分别为 $0.00\mu g/mL$、$0.05\mu g/mL$、$0.10\mu g/mL$、$0.20\mu g/mL$、$0.40\mu g/mL$、$0.80\mu g/mL$、$1.00\mu g/mL$。临用时配制。取不同浓度的标准工作液各 2.0mL,与试液同步进行衍生化。

3. 仪器的测定

(1) 色谱条件 色谱柱:C_{18} 反相色谱柱(粒径 $5\mu m$,250mm×4.6mm)或相当者。流动相:0.05mol/L 乙酸钠溶液-甲醇(65+35)。流速:0.8mL/min。检测波长:激发波长 375nm,发射波长 435nm。进样量:$20\mu L$。

(2) 标准曲线的绘制 在上述色谱条件下,将衍生化后的标准工作液衍生物注入高效液相色谱仪中,测定相应的维生素 B_1 峰面积,以标准工作液的浓度($\mu g/mL$)为横坐标,以峰面积为纵坐标,绘制标准曲线。

(3) 样品溶液的测定 在上述色谱条件下,将样品衍生化溶液注入高效液相色谱仪中,得到维生素 B_1 的峰面积,根据标准曲线计算得到待测液中维生素 B_1 的浓度。

4. 空白试验

不加样品下,按照样品实验步骤操作进行空白试验。

【数据处理】

1. 定性分析

项目	维生素 B_1 标准品	维生素 B_1 样品
保留时间/min		

2. 定量分析

(1) 标准曲线的绘制

维生素 B_1 浓度/($\mu g/mL$)	0.00	0.05	0.10	0.20	0.40	0.80	1.00	样品
维生素 B_1 峰面积								
线性方程								
相关系数								

(2) 样品的测定 样品中维生素 B_1 的含量,按照下式进行计算:

$$X = \frac{cVf \times 100}{m \times 1000}$$

式中,X 为试样中维生素 B_1 的含量,mg/100g;c 为根据标准曲线计算得到的试样中维生素 B_1 的浓度,$\mu g/mL$;V 为定容体积,mL;f 为稀释倍数;100 为试样中的量以每 100g 计算的换算系数;m 为试样的称样量,g。计算结果保留三位有效数字。

【注意事项】

1. 室温条件下衍生产物在 4h 内稳定。

2. 提取和衍生化操作过程应在避免强光照射的环境下进行。

3. 提取液经人造沸石净化后，再衍生时维生素 B_1 的回收率满足要求。

4. 试样中测定的硫胺素含量乘以换算系数 1.121，即得盐酸硫胺素的含量。

【思考题】

1. 想一想，衍生化的原理是什么？

2. 紫外检测器与荧光检测器的区别是什么？

实验十九　高效液相色谱法测定化妆品中维生素 B_3 （烟酸和烟酰胺）含量

【实验目的】

1. 熟练高效液相色谱仪的操作及二极管阵列检测器的使用；

2. 学会强阳离子交换混合型固相萃取柱的使用方法；

3. 掌握高效液相色谱法检测化妆品中维生素 B_3 （烟酸和烟酰胺）含量的方法及原理。

【实验原理】

　　烟酸，化学名称为 3-吡啶甲酸，又称尼克酸，也称维生素 B_3。分子式为 $C_6H_5NO_2$，分子量为 123.11，结构式见下图。为白色结晶或结晶性粉末；无嗅或微臭，味微酸；水溶液显酸性。易溶于沸水、沸乙醇或碳酸钠试液，微溶于水或乙醇，不溶于醚；热稳定性好，能升华。其衍生物——烟酰胺，化学名称为 3-吡啶甲酰胺，又称尼克酰胺，分子式为 $C_6H_6N_2O$，分子量为 122.12，结构式见下图。为无嗅白色结晶性粉末，味苦，易溶于水、乙醇或甘油，不溶于醚。烟酸、烟酰胺均为维生素 B 族元素，化学性质比较稳定，酸、碱、氧、光或加热条件下均不易被破坏，适于密封保存。

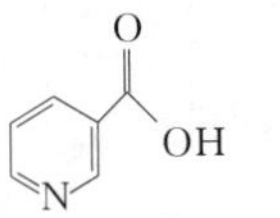

烟酸结构式 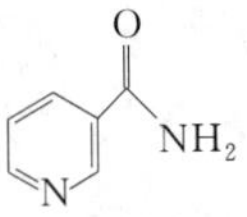　　　　烟酰胺结构式

　　烟酸是人体必需的 13 种维生素之一，在人体内转化为烟酰胺，烟酰胺是辅酶Ⅰ和辅酶Ⅱ的组成部分，参与体内脂质代谢。烟酸和烟酰胺均为极性化合物，具有较好的水溶性，能让皮肤直接吸收，能够促进表皮的黑色素细胞逐渐脱落，还能够有效抑制新生成的黑色素转移至表皮，另外，外用烟酰胺还能够有效促进细胞的再生和生长，使肌肤组织更饱满、更有弹性，因此成为化妆品中一种效果特别确切的美白成分和营养成分。

　　本实验采用高效液相色谱法测定化妆品中的烟酸、烟酰胺的含量。利用水和二氯甲烷双液相体系将目标物与化妆品中的表面活性剂和油溶性成分初步分离，酸性条件下再用反相及强阳离子交换混合型固相萃取材料吸附富集目标物，脱除干扰物质后，洗脱，定容，用二极管阵列检测器以 (263 ± 1) nm 为检测波长定性，外标法定量。

【实验用品】

　　1. 仪器　高效液相色谱仪（配二极管阵列检测器），移液枪，电子天平，涡旋混合器，超声波清洗器，氮吹仪，离心机，水浴锅。

　　2. 试剂　甲醇（色谱纯），氨水，二氯甲烷，异丙醇，甲酸，异辛烷，2%甲酸水溶液，2%氨水氨化甲醇，1%甲酸水溶液，固相萃取小柱（Strara-x-c，60mg，3mL）或相当者，烟酰胺（标准品，纯度≥99.5%），烟酸（标准品，纯度≥99.5%）。

【实验步骤】

　　1. 样品制备

（1）样品的制备

① 膏霜、乳液、化妆水、洗发水等化妆品样品的制备　准确称取 0.2g 样品（精确至 0.01g），于 15mL 具塞塑料离心管内，在 60℃条件下氮吹，尽量除去样品中的水分，向离心管中准确加入 4mL 2％甲酸水溶液，涡旋混合使样品均匀分散后超声 15～30min，向离心管中加 3mL 二氯甲烷，涡旋混合 2min，以 5000r/min 的转速离心 5～20min。

② 美容皂等固态基类化妆品的制备　用刮铲或者小刀将皂基样刨成碎屑或丝状后迅速密封在容器内，尽快进行称量，准确称取 0.2g 样品（精确至 0.01g），于 15mL 具塞塑料离心管内，先向离心管中准确加入 4mL 2％甲酸水溶液，并置于沸水浴中 5～10min 使皂基融化，涡旋混合使样品溶解并均匀分散至冷却，继续向离心管中加 3mL 二氯甲烷，涡旋混合 2min 于 5000r/min 的转速下离心 5～20min。

③ 唇膏等蜡基化妆品样品的制备　准确称取 0.2g 样品（精确至 0.01g），于 15mL 具塞塑料离心管内，先向离心管中准确加入 2mL 异辛烷涡旋，若样品不能完全分散，需将离心管于 80℃水浴锅中预热，涡旋 1min 后，将离心管置于 80℃水浴锅中平衡 5min 后取出，再涡旋 1min，若能完全分散，则无须水浴加热，直接向离心管中准确加入 4mL 2％甲酸水溶液，80℃水浴锅预热，涡旋 2min，必要时于 5000r/min 的转速下离心 5～20min。取 1mL 下层水相，过 0.22μm 滤膜，待测，如遇干扰，可参照（2）步骤对样品进行净化处理。

（2）样品的净化　分别准确移取①、②的上清液 1.00mL，或③的下层水相 1.00mL，过固相萃取小柱，待自然流干后依次加入 1mL 甲醇和 1mL 甲酸水溶液淋洗柱床，最后用 4mL2％氨水氨化甲醇进行洗脱，待自然流干后吹出柱床内溶液，收集所有流出的溶液，氮吹，挥干溶剂，准确加入 1.00mL 水（80℃水浴锅预热），定容溶解，涡旋混合 1min，确保瓶内残留物全部溶解完全，过 0.22μm 滤膜，待测。

2. 标准溶液配制

（1）标准储备液的配制　精准称取烟酰胺和烟酸标准品，各 250.000mg（精准到 0.0001g），分别置于两个 25mL 棕色容量瓶内，用蒸馏水溶解定容，配成浓度为 10mg/mL 的标准储备溶液（4～6℃下可保存 2 周）。

（2）标准工作液的配制　准确移取等体积的两种标准储备液，混合后配成 5mg/mL 的混合标准溶液，用 2％甲酸水稀释配成烟酰胺或烟酸，得浓度分别为 1.00μg/mL、5.00μg/mL、10.00μg/mL、50.00μg/mL、100.00μg/mL、500.00μg/mL、1000μg/mL 的系列标准混合工作液，临用现配。

3. 仪器的测定

（1）色谱条件　色谱柱：SB-Aq（或相当者）。柱温：30℃。检测波长：260nm。进样量：2μL。

（2）标准曲线的绘制　待基线平稳后，将配制好的标准混合工作液注入高效液相色谱仪中，以烟酸、烟酰胺的浓度为横坐标，峰面积为纵坐标，绘制标准曲线。

（3）样品的测定　将处理好的样品溶液注入高效液相色谱仪中，以保留时间定性，将定性后的各峰面积代入标准曲线查得烟酸和烟酰胺的浓度。

4. 空白试验

空白试验需与测定平行进行，用同样的方法和试剂，但不加样品。

【数据处理】

1. 定性分析

项目	烟酸标准品	烟酰胺标准品	样品中烟酸	样品中烟酰胺
保留时间/min				

2. 定量分析

（1）标准曲线的绘制

烟酸标准溶液的浓度/(μg/mL)	1.00	5.00	10.00	50.00	100.00	500.00	1000.00	样品
峰面积								
线性方程								
相关系数								
烟酰胺标准溶液的浓度/(μg/mL)								
峰面积								
线性方程								
相关系数								

（2）样品溶液中烟酰胺或烟酸的含量，按照下式计算：

$$X = \frac{cV}{m} \times f \times 10^3$$

式中，X 为样品中烟酸或烟酰胺的含量，mg/g；c 为从标准曲线中计算出的样品液体中目标物的质量浓度，μg/mL；V 为按稀释倍数折算的被测样液总体积，mL；f 为稀释倍数；m 为样品的质量，g。结果保留两位有效数字。

【注意事项】

1. 实验结束后，应注意用 100％甲醇浸泡、再生色谱柱。
2. 水系流动相应做到现用现配，一般不超过 2 天，防止长菌变质。

【思考题】

1. 液相色谱柱如何进行保护？
2. 外标法进行定量分析的优缺点。

实验二十　酸度计法测定酱油中氨基酸态氮的含量

【实验目的】

1. 熟练酸度计的操作及两点法校准；
2. 学会使用酸度计测定氨基酸态氮的含量；
3. 掌握酸度计法检测食品中氨基酸态氮含量的方法及原理。

【实验原理】

氨基酸态氮，指的是以氨基酸形式存在的氮元素的含量，是判定发酵产品发酵程度的特性指标。该指标越高，说明酱油中氨基酸含量越高，鲜味越好。酿造酱油通过氨基酸态氮含量可区别其等级，每 100mL 的酱油中氨基酸态氮含量越高，品质越好。一般来说，特级、一级、二级、三级酱油的氨基酸态氮含量分别为 ≥0.8g/100mL、≥0.7g/100mL、≥0.55g/100mL、≥0.4g/100mL。

酱油中氨基酸态氮的含量通常采用下面三种方法进行测定。

1. 甲醛滴定法

采用甲醛作为掩蔽剂，即用甲醛掩蔽氨基酸中的氨基，使溶液呈现羧基酸性，再在酸度计指示下，用氢氧化钠标准溶液滴定，以酸度计测定终点。

2. 比色法

在 pH＝4.8 的乙酸钠-乙酸缓冲液中，氨基酸态氮与乙酰丙酮和甲醛反应生成黄色 3,5-二乙酰-2,6-二甲基-1,4 二氢化吡啶氨基酸衍生物，在波长 400nm 处测定吸光度，与标准比较定量。

3. Hantzsch 反应快速测定法

利用 Hantzsch 反应原理，用乙酰丙酮-甲醛混合溶液作为氨基酸的衍生试剂，测定调味品中氨基酸态氮的方法。

本实验采用第一种方法进行测定。

【实验用品】

1. 仪器　酸度计（附磁力搅拌器），电子天平，碱式滴定管，烧杯，容量瓶。

2. 试剂　甲醛（36%～38%），氢氧化钠（0.050mol/L，标准溶液），酚酞指示剂，乙醇，邻苯二甲酸氢钾（优级纯）。

【实验步骤】

1. 氢氧化钠标准溶液的配制与标定

（1）配制　称取 110g 氢氧化钠于 250mL 的烧杯中，加 100mL 的水，振摇使之溶解成饱和溶液，冷却后置于聚乙烯的塑料瓶中，密塞，放置数日，澄清后备用。取上层清液 2.7mL，加适量新煮沸过的冷蒸馏水至 1000mL，摇匀。

（2）标定　准确称取约 0.36g 在 105～110℃干燥至恒重的基准邻苯二甲酸氢钾，加 80mL 新煮沸过的水，使之尽量溶解，加 2 滴酚酞指示液，用氢氧化钠溶液滴定至溶液呈微红色，30s 不褪色。记下耗用的氢氧化钠溶液的量。同时做空白试验。

2. 样品测定

称量 5.0g（或吸取 5.0mL）试样于 50mL 的烧杯中，用水分数次洗入 100mL 容量瓶中，加水至刻度，混匀后吸取 20.00mL 置于 200mL 烧杯中，加 60mL 水，开动磁力搅拌器，用氢氧化钠滴定液［c(NaOH) ＝0.050mol/L］滴定至酸度计指示 pH 为 8.2 时，记下消耗的氢氧化钠滴定溶液的量，可计算总酸含量。加入 10.0mL 甲醛溶液，混匀。再用氢氧化钠滴定液继续滴定至 pH 为 9.2，记下消耗的氢氧化钠滴定溶液的量。同时取 80mL 水，先用氢氧化钠滴定液［c(NaOH) ＝0.050mol/L］调节 pH 至为 8.2，再加入 10.0mL 甲醛溶液，用氢氧化钠滴定液滴定至 pH 为 9.2，做空白试验。

【数据处理】

1. 氢氧化钠标准溶液的浓度计算

$$c = \frac{m}{(V_1 - V_2) \times 0.2042}$$

式中，c 为氢氧化钠标准滴定溶液的实际浓度，mol/L；m 为基准邻苯二甲酸氢钾的质量，g；V_1 为氢氧化钠标准溶液的用量体积，mL；V_2 为空白试验中氢氧化钠标准溶液的用量体积，mL；0.2042 为与 1.00mL 氢氧化钠标准滴定溶液［c(NaOH) ＝1.000mol/L］相当的基准邻苯二甲酸氢钾的质量，g。

2. 样品中氨基酸态氮的含量的计算

$$X_1 = \frac{c(V_1 - V_2) \times 0.014}{m \times \dfrac{V_3}{V_4}} \times 100$$

$$X_2 = \frac{c(V_1 - V_2) \times 0.014}{V \times \dfrac{V_3}{V_4}} \times 100$$

式中，X_1 为固体试样中氨基酸态氮的含量，g/100g；X_2 为液体试样中氨基酸态氮的含量，g/100mL；V_1 为测定用试样稀释液加入甲醛后消耗的氢氧化钠标准滴定溶液的体积，mL；V_2 为空白试验加入甲醛后消耗的氢氧化钠标准滴定溶液的体积，mL；c 为氢氧化钠标准滴定溶液的浓度，mol/L；0.014 为与 1.00mL 氢氧化钠标准滴定溶液［c(NaOH) ＝1.000mol/L］相当的氮的质量，g；m 为称取试样的质量，g；V 为吸取试样的体积，mL；

V_3 为试样稀释液的取用量，mL；V_4 为试样稀释液的定容体积，mL；100 为单位换算系数。计算结果保留两位有效数字。

【注意事项】

1. 使用酸度计时应进行校准。

2. 小心转子，不要碰撞电极玻璃珠。

【思考题】

实验应选择哪两点标准溶液进行校准？

第二节

添加剂和防腐剂的检测

实验二十一　气相色谱法测定食品中环己基氨基磺酸钠的含量

【实验目的】

1. 熟练气相色谱仪的操作及 FID 检测器的原理；

2. 学会食品中环己基氨基磺酸钠检测时样品的制备方法；

3. 掌握 GC 法检测食品中环己基氨基磺酸钠含量的方法及原理。

【实验原理】

环己基氨基磺酸钠，又称甜蜜素。分子式为 $C_6H_{11}NHSO_3Na$，分子量为 201.22，结构式见下图。为白色结晶或白色结晶粉末，无嗅，味甜，易溶于水，难溶于乙醇，不溶于氯仿和乙醚。在酸性条件下略有分解，在碱性条件下稳定。甜蜜素作为一种化学调味剂，其主要作用是增加食品的甜度，但与糖精钠的甜度相比，只有其 1/30，有着口感好，成本低的特点，所以在食品中广为应用，但其毕竟属于化学物质，使用过量也会对人体产生伤害。常食用甜蜜素含量超标的饮料或其他食品，就会因摄入过量对人体的肝脏和神经系统造成危害，特别是对代谢排毒能力较弱的老人、孕妇、小孩危害更明显。

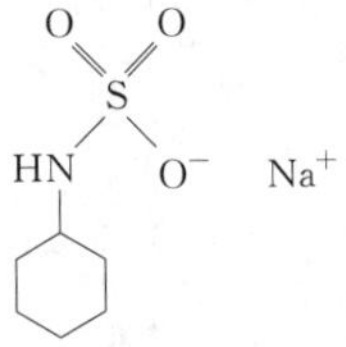

甜蜜素结构式

本实验采用气相色谱法测定食品中的环己基氨基磺酸钠的含量。用水提取，硫酸介质中亚硝酸与环己基氨基磺酸钠反应，生成环己醇亚硝酸酯，HP-5 石英毛细管柱分离，氢火焰离子化检测器分析，外标法定量。

【实验用品】

1. **仪器**　气相色谱仪（配 FID 检测器），电子天平，涡旋混合器，超声振荡器，恒温水浴锅，离心机（转速≥4000r/min），粉碎机，微量注射器（10μL）。

2. 试剂　正庚烷，氯化钠，氢氧化钠，硫酸（200g/L），亚铁氰化钾（92g/L），硫酸锌（300g/L），亚硝酸钠（50g/L），石油醚（沸程：30～60℃），环己基氨基磺酸钠标准品。

【实验步骤】

1. 样品制备

（1）提取

① 液体样品的提取

a. 普通液体试样　摇匀后，称取25.0g（精确至0.01g，如需要可过滤）用水定容至50mL。

b. 含二氧化碳的液体试样　称取25.0g（精确至0.01g）试样于烧杯中，在60℃下水浴加热30min以除去二氧化碳，放冷，用水定容至50mL备用。

c. 含酒精的试样　称取25.0g（精确至0.01g）试样于烧杯中，用氢氧化钠溶液调至弱碱性，pH=7～8，在60℃下水浴加热30min以除去酒精，放冷，用水定容至50mL备用。

② 固体、半固体样品的提取

a. 低脂、低蛋白样品（果酱、果冻、水果罐头、果丹类、蜜饯凉果、浓缩果汁、面包、糕点、饼干、复合调味料、带壳熟制的坚果和籽类、腌渍的蔬菜等）　准确称取打碎、混匀的样品3.00～5.00g（精确至0.001g）于50mL离心管中，加入30mL水，振摇，超声提取20min，混匀，3000r/min下离心10min，过滤，用水分次洗涤残渣，收集滤液并定容至50mL，混匀备用。

b. 高蛋白样品（酸乳、雪糕、冰淇淋等奶制品及豆制品、腐乳等）　准确称取样品（冰棒、雪糕、冰淇淋等需融化后搅匀）3.00～5.00g（精确至0.001g）于50mL离心管中，加30mL水，超声提取20min，加入2mL亚铁氰化钾溶液，混匀，再加入2mL硫酸锌溶液，混匀，3000r/min下离心10min，过滤，用水分次洗涤残渣，收集滤液并定容至50mL，混匀备用。

c. 高脂样品（奶油制品、海鱼罐头、熟肉制品等）　称取打碎、混匀的样品3.00～5.00g（精确至0.001g）于50mL离心管中，加入25mL石油醚，振摇，超声提取3min，再混匀，3000r/min下离心10min，弃去石油醚，再用25mL石油醚提取一次，弃去石油醚，在60℃下水浴挥发去除石油醚，残渣加30mL水溶解，混匀，超声提取20min，加入2mL亚铁氰化钾溶液，混匀，再加入2mL硫酸锌溶液，3000r/min下离心10min，过滤，用水洗涤残渣，收集滤液并定容至50mL，混匀备用。

（2）衍生化　分别准确移取①或②提取液10.0mL于50mL带盖离心管中，冰浴5min后，准确加入5.00mL正庚烷，加入2.5mL亚硝酸钠溶液，加入2.5mL硫酸溶液，盖上盖子摇匀，在冰浴中放30min，中间振摇3～5次，加入2.5g氯化钠，盖上盖置于涡旋混合器上振动1min，低温离心10min分层或低温静置20min，至澄清分层后取上清液放置在冰箱于1～4℃下冷藏保存，过0.22μm滤膜，以备液相进样用。

2. 标准储备溶液配制

（1）标准储备液的配制　精准称取0.5612g（精确至0.0001g）环己基氨基磺酸钠标准品用水溶解并定容至100mL，混匀，得浓度为5.00mg/mL的环己基氨基磺酸标准储备液（环己基氨基磺酸钠与环己基氨基磺酸的换算系数为0.8909，1～4℃下冰箱保存，保存12个月）。

（2）标准中间液的配制　精准移取20.0mL环己基氨基磺酸标准储备液，用水稀释并定容至100mL，混匀，得浓度为1.00mg/mL的环己基氨基磺酸标准中间液（1～4℃下冰箱保存，保存6个月）。

（3）标准工作液的配制及衍生化　精准移取环己基氨基磺酸标准中间液0.50mL、1.00mL、2.50mL、5.00mL、10.00mL、25.00mL用水稀释并定容至50mL，混匀，得浓

度为 $0.01\mu g/mL$、$0.02\mu g/mL$、$0.05\mu g/mL$、$0.10\mu g/mL$、$0.20\mu g/mL$、$0.50\mu g/mL$ 标准工作液。现用现配。准确移取各浓度标准工作液 10.00mL 按样品方法进行衍生化。

3. 仪器的测定

(1) 色谱条件　色谱柱：弱极性石英毛细管柱或相当者。升温程序：初温 55℃ 保持 3min，以 10℃/min 的升温速率升温至 90℃ 并保持 0.5min，以 20℃/min 的升温速率升温至 200℃ 并保持 3min。进样口温度：230℃。进样量：$1\mu L$，分流比：$1:5$。检测器温度：260℃。载气流量（高纯氮气）：12.0mL/min，尾吹 20.0mL/min。

(2) 标准曲线的绘制　在上述色谱条件下，分别吸取 $1\mu L$ 经衍生化处理的标准系列各浓度溶液上清液注入气相色谱仪中，以浓度为横坐标，以环己醇亚硝酸酯和环己醇两峰面积之和为纵坐标，绘制标准曲线。

(3) 样品的测定　在完全相同的条件下，吸取 $1\mu L$ 经衍生化处理的试样待测液上清液，根据标准曲线得到样液中的组分浓度。

4. 空白试验

空白试验需与测定平行进行，用同样的方法和试剂，但不加样品。

【数据处理】

1. 定性分析

项目	环己醇亚硝酸酯标品	环己醇标品	样品环己醇亚硝酸酯	样品环己醇
保留时间/min				

2. 定量分析

(1) 标准曲线的绘制

标准溶液的浓度/($\mu g/mL$)	0.01	0.02	0.05	0.10	0.20	0.50	样品
峰面积							
线性方程							
相关系数							

(2) 样品的含量　样品中环己基氨基磺酸的含量（g/kg），按照下式进行计算：

$$X = \frac{c}{m \times 1000} \times V$$

式中，X 为试样中环己基氨基磺酸的含量，g/kg；c 为由标准曲线计算出的定容样液中环己基氨基磺酸的浓度，$\mu g/mL$；m 为试样质量，g；V 为试样的最后定容体积，mL。计算结果保留三位有效数字。

【注意事项】

1. 仪器基线平稳后，仪器上所有旋钮、按键不得乱动，以免改变色谱条件。

2. 关机前须先降温，待柱温降至 50℃ 以下时，才可停止通气、关机。

【思考题】

1. 说说气相色谱仪上的尾吹气的作用。

2. 讨论程序升温速率对分离度的影响。

实验二十二　气相色谱法测定食品中对羟基苯甲酸酯类防腐剂的含量

【实验目的】

1. 熟练气相色谱仪的操作方法及 FID 检测器的使用方法；

2. 掌握气相色谱法检测防腐剂含量的方法及原理；

3. 了解单点定量法的操作。

【实验原理】

防腐剂，是一种食品添加剂，能防止食品腐败变质，抑制微生物活性，防止微生物的感染和繁殖，有着抑菌、延长食品变质期的功能。常见的防腐剂有：丙酸、山梨酸、苯甲酸、脱氢乙酸、对羟基苯甲酸甲酯、对羟基苯甲酸乙酯、对羟基苯甲酸异丁酯、对羟基苯甲酸丙酯和对羟基苯甲酸丁酯等。其中对羟基苯甲酸酯类防腐剂是一类新型高效、低毒的消毒、杀菌防腐剂，它的抗菌能力强于苯甲酸和山梨酸及其盐类，其 pH 应用范围广于苯甲酸和山梨酸及其盐类，但用量比苯甲酸和山梨酸及其盐类低得多，并且使用安全，经济方便，对人体刺激较小，是常用的食品、饮料、医药等的防腐剂。对羟基苯甲酸酯类防腐剂多为无色小结晶或白色粉末。几乎不溶于冷水，微溶于热水，易溶于醇、醚、丙酮，主要作为食品、饲料、化妆品等的防腐剂。

本实验采用气相色谱法测定样品中对羟基苯甲酸酯类防腐剂的含量。样品在硫酸酸化后，用乙酸乙酯或乙腈（加入无水硫酸镁和氯化钠盐析）提取，提取液经无水硫酸镁脱水后，用 FID 检测器检测。

【实验用品】

1. 仪器　气相色谱仪（配 FID 检测器），涡旋混合器，捣碎机，离心机（5000r/min）。

2. 试剂　乙酸乙酯，乙腈，硫酸水溶液（10%），正己烷，碳酸钠水溶液，氯化钠，无水硫酸镁（650℃灼烧 4h，储存于密封容器中备用）。

【实验步骤】

1. 样品制备

（1）试样制备

① 盐渍菜类　取盐渍辣椒、盐渍菇、盐渍蕨菜等有代表性的样品约 500g，用捣碎机将样品捣成浆状，混匀，装入干净的容器内，密闭并标记（−18℃以下保存）。

② 面食类　取糕点、方便面等样品约 500g，用捣碎机将样品捣成粉状，混匀，装入干净的容器内，密闭并标记（4℃以下保存）。

③ 其他样品　混匀，装入干净的容器内，密闭并标记（4℃以下保存）。

（2）提取

① 盐渍辣椒、盐渍蕨菜、盐渍菇　称取试样 10g（精确至 0.1g）于 50mL 离心管中，加入约 50mL 水，加 1mL 10% 硫酸水溶液，加入 10mL 乙酸乙酯，在涡旋混合器上涡旋 2min，以 4000r/min 的转速离心 10min，取上清液 2mL 转移至 5mL 玻璃管中，加入 400mg 无水硫酸镁，涡旋 2min，过 0.22μm 有机滤膜，待测。

② 果酒、酱油、橙汁　称取试样 10g（精确至 0.1g）于 50mL 离心管中，加 1mL 10% 硫酸水溶液，加入 10mL 乙酸乙酯，在涡旋混合器上涡旋 2min，以 4000r/min 的转速离心 10min，取上清液 2mL 转移至 5mL 玻璃管中，加入 400mg 无水硫酸镁，涡旋 2min，过 0.22μm 有机滤膜，待测。

③ 大酱、糕点、方便面、牛奶　称取试样 5g（精确至 0.1g）于 50mL 离心管中，加水 10mL（方便面样品中加入约 20mL 水），加入 0.20g/mL 碳酸钠水溶液 1mL，振摇，加入 10mL 正己烷，在涡旋混合器上涡旋 2min，以 4000r/min 的转速离心 10min，弃掉正己烷层，加入 2mL 10% 硫酸水溶液，加入 5mL 乙腈，再加入约 4g 无水硫酸镁和 1g 氯化钠，在涡旋混合器上涡旋 2min，以 4000r/min 的转速离心 10min，取上清液 2mL 转移至 5mL 玻璃管中，加入 400mg 无水硫酸镁，涡旋 2min，过 0.22μm 有机滤膜，待测。

2. 标准储备溶液配制

（1）标准储备液的配制　准确称取 100.00mg（精确至 0.01mg）的各防腐剂标准品于 10mL 的容量瓶中，用乙腈配成浓度为 10mg/mL 的标准储备液（0～4℃条件下储存，保质期 12 个月）。

（2）混合标准中间液的配制　分别准确吸取标准储备溶液 5mL 于 100mL 容量瓶中，用乙腈配成浓度为 500μg/mL 的混合标准中间液（在 0～4℃条件下储存，保质期 6 个月）。

（3）混合标准工作溶液　将混合标准储备溶液用乙腈逐级稀释，直至标准工作液中待测防腐剂的峰面积与样品中待测防腐剂的峰面积接近。

3. 仪器的测定

（1）色谱条件　色谱柱：初始温度 70℃（保持 1min），以 18℃/min 的速率升温至 250℃。进样口温度：240℃。检测器温度：270℃。无分流进样，0.75min 后开阀。进样量：1μL。

（2）标准曲线的绘制　在上述色谱条件下，将逐级稀释的标准工作液分别注入气相色谱仪中，找到与样品待测组分的峰面积相近的浓度。

（3）样品的测定　在上述色谱条件下，将样品溶液注入气相色谱仪中，选定相近浓度的样液和混合标准工作溶液中防腐剂响应值，计算样品溶液中各防腐剂的含量。

4. 空白试验

空白试验需与测定平行进行，用同样的方法和试剂，但不加样品。

【数据记录与处理】

1. 定性分析

项目	标准品	样品
保留时间/min		

2. 定量分析

试样中各防腐剂的含量，按照下面公式进行：

$$X = \frac{AcV}{A_S m}$$

式中，X 为试样中各防腐剂组分的含量，mg/kg；c 为混合标准工作液中防腐剂的浓度，μg/mL；A 为样品溶液中防腐剂的峰面积；A_S 为混标工作液中防腐剂的峰面积；V 为样液最终的定容体积，mL；m 为最终样液所代表的试样量，g。结果保留三位有效数字。

【注意事项】

1. 操作过程中，应注意氢气钢瓶的使用。

2. 配制各标准溶液时，应注意移液管和容量瓶的正确使用。

【思考题】

1. 外标法与单点定量法之间的优缺点是什么？

2. 当分析的组分较多时，应该如何确定分离度？

实验二十三　高效液相色谱法测定食品中苯甲酸、山梨酸和糖精钠的含量

【实验目的】

1. 学会食品中苯甲酸、山梨酸和糖精钠检测时样品的制备方法及原理；

2. 熟练高效液相色谱仪的构造、原理及操作技术。

【实验原理】

苯甲酸，又称安息香酸，分子式为 C_6H_5COOH，分子量为 122.12。呈弱酸性，为具有

苯或甲醛气味的鳞片状或针状结晶。微溶于水，易溶于乙醇、乙醚等有机溶剂，具有防腐、抑菌等作用。山梨酸，化学名称为 2,4-己二烯酸，又称清凉茶酸，分子式为 $C_6H_8O_2$，分子量为 112.13，结构式见下图。为白色结晶粉末，密度为 $1.205g/cm^3$，熔点为 $132\sim135℃$，沸点为 $228℃$。微溶于水，溶于丙二醇、无水乙醇和甲醇、冰醋酸、丙酮、苯、四氯化碳等，常温常压下不分解。糖精钠，又名邻磺酰苯甲酰亚胺钠盐，分子式为 $C_6H_4SO_2NNaCO$，分子量为 205.2（无水），常以带两分子结晶水的形态存在，呈无色结晶，易风化失去约一半结晶水而成为白色粉末。易溶于水，微溶于乙醇，水溶液呈微碱性。

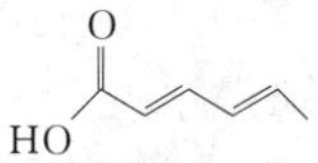

山梨酸结构式 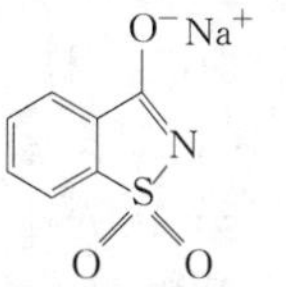　　　　糖精钠结构式

食品添加剂是现代食品工业的灵魂，具有抗氧化、漂白、调节酸度、着色、防腐等多种功能，其中山梨酸和苯甲酸属于防腐剂，能够抑菌、防腐、延缓变质。糖精钠属于甜味剂，能够增加食品甜度，且不含热量，这些添加剂和甜味剂被广泛应用于食品加工中，但如果长期食用，会对人体健康造成损害，其中过量食用苯甲酸会对肾功能及神经系统造成损害，山梨酸过量会导致肠胃消化系统异常和过敏，食用过量糖精钠会引起中毒。

本实验采用高效液相色谱法测定食品中苯甲酸、山梨酸和糖精钠的含量。将样品经水提取（高脂肪样品经正己烷脱脂、高蛋白样品经蛋白沉淀剂沉淀蛋白），采用 C_{18} 色谱柱分离、紫外检测器以 230nm 检测波长进行分析，外标法定量。

【实验用品】

1. 仪器　高效液相色谱仪（配紫外检测器），电子天平，匀浆机，涡旋混合器，超声波清洗器，恒温水浴锅，离心机，具塞离心管，容量瓶。

2. 试剂　氨水（1＋99：量取 1mL 氨水＋99mL 蒸馏水），亚铁氰化钾溶液（92g/L），乙酸锌（183g/L），无水乙醇，正己烷，甲醇（色谱纯），乙酸铵溶液（20mmol/L，色谱纯），甲酸（2mmol/L，色谱纯）。

【实验步骤】

1. 样品制备

（1）样品制备　取多个预包装的液态奶、饮料等均匀样品直接混合，半固态样品、非均匀的液态用组织匀浆机匀浆；固体样品用研磨机充分粉碎并搅拌均匀；奶酪、巧克力、黄油等采用 $50\sim60℃$ 加热熔融，并趁热充分搅拌均匀。取各处理好的样品约 200g 装入玻璃器皿中，密封，液体试样于 4℃保存，其他试样于 -18℃保存。

（2）提取

① 一般性样品　准确称取约 2g（精确至 0.001g）样品于 50mL 具塞离心管中，加水约 25mL，涡旋混匀，于 50℃水浴中超声 20min，冷却至室温后加亚铁氰化钾溶液和乙酸锌溶液各 2mL（若样品蛋白含量低可不加），混匀，于 8000r/min 的转速下离心 5min，将水相转移至 50mL 容量瓶中，于残渣中加水 20mL，涡旋混匀后超声 5min，于 8000r/min 的转速下离心 5min，将水相转移到同一个 50mL 容量瓶中，并用水定容至刻度，混匀。取适量上清液过 $0.22\mu m$ 滤膜，待液相色谱测定。

② 含胶基的糖果、果冻等样品　准确称取约 2g（精确至 0.001g）样品于 50mL 具塞离心管中，加水约 25mL，涡旋混匀，于 70℃水浴加热溶解试样，于 50℃下水浴超声 20min，以下处理方法见①中自"冷却至室温后"处起。

③ 油脂、奶油、油炸食品、巧克力等高油脂样品　准确称取约 2g（精确至 0.001g）样品于 50mL 具塞离心管中，加正己烷 10mL，于 60℃下水浴加热约 5min，并不时轻摇以溶解脂肪，然后加氨水溶液 25mL，乙醇 1mL，涡旋混匀，于 50℃下水浴超声 20min，冷却至室温后，加亚铁氰化钾溶液和乙酸锌溶液各 2mL，混匀，于 8000r/min 的转速下离心 5min，弃去有机相，水相转移至 50mL 容量瓶中，残渣冷却至室温后加亚铁氰化钾溶液和乙酸锌溶液各 2mL，混匀，于 8000r/min 的转速下离心 5min，以下处理方法见①中自"将水相转移至 50mL 容量瓶"处起。

2. 标准储备溶液配制

（1）标准储备液的配制　分别准确称取苯甲酸钠、山梨酸钾和糖精钠（以糖精计，使用前需在 120℃下烘 4h，干燥器中冷却至室温后备用）0.118g、0.134g 和 0.117g（精确至 0.0001g），用水溶解并分别定容至 100mL，分别得浓度为 1mg/mL 的标准储备液（4℃储存，保存期为 6 个月，若使用苯甲酸和山梨酸标准品时，需要用甲醇溶解并定容）。

（2）混合标准中间溶液（200μg/mL）的配制　分别准确移取苯甲酸、山梨酸和糖精钠标准储备溶液各 10.0mL 于 50mL 容量瓶中，用水定容。

（3）混合标准系列工作溶液的配制　分别准确吸取苯甲酸、山梨酸和糖精钠混合标准中间溶液 0.00mL、0.05mL、0.25mL、0.50mL、1.00mL、2.50mL、5.00mL、10.00mL，用水定容至 10mL，配制成质量浓度分别为 0.00μg/mL、1.00μg/mL、5.00μg/mL、10.00μg/mL、20.00μg/mL、50.00μg/mL、100.00μg/mL、200.00μg/mL 的混合标准系列工作溶液。临用现配。

3. 仪器的测定

（1）色谱条件　色谱柱：C_{18} 柱（粒径 5μm，250mm×4.6mm）或等效色谱柱。流动相：甲醇＋20mmol/L 乙酸铵溶液（加 2mmol/L 甲酸）＝5＋95。柱温：30℃。检测波长：230nm。流速：1mL/min。进样量：10μL。

（2）标准曲线的绘制　将混合标准系列工作溶液分别注入液相色谱仪中，测定相应的峰面积，以混合标准系列工作溶液的浓度为横坐标，以峰面积为纵坐标，绘制标准曲线。

（3）样品的测定　按照色谱条件，将试样溶液注入液相色谱仪中，得到苯甲酸、山梨酸和糖精钠的峰面积，根据标准曲线得到待测液中苯甲酸、山梨酸和糖精钠的浓度。

4. 空白试验

空白试验需与平行同时进行测定，用同样的方法和试剂，但不加样品。

【数据记录与处理】

1. 定性分析

项目	标品			样品		
保留时间/min						

2. 定量分析

（1）标准曲线的绘制

山梨酸标准溶液的浓度/(μg/mL)	0.00	1.00	5.00	10.00	20.00	50.00	100.00	200.00	样品
峰面积									
线性方程									
相关系数									
苯甲酸标准溶液的浓度/(μg/mL)									
峰面积									
线性方程									
相关系数									

续表

糖精钠标准溶液的浓度/(μg/mL)						
峰面积						
相关系数						
线性方程						

（2）样品中的含量　样品中苯甲酸、山梨酸和糖精钠（以糖精计）的含量（g/kg），按照下面的公式进行计算：

$$X = \frac{cV}{m \times 1000}$$

式中，X 为样品中待测组分含量，g/kg；c 为由标准曲线得出的样品溶液中待测组分的浓度，μg/mL；V 为样品定容体积，mL；m 为样品质量，g；1000 为由 μg/g 转换为 g/kg 的换算因子。计算结果保留 3 位有效数字。

【注意事项】

1. 当使用缓冲溶液作流动相时，应注意流路的清洗，防止盐析出堵塞流路或色谱柱。
2. 实验过程中，时刻注意高压泵的压力变化。

【思考题】

从色谱原理、色谱仪器构造、操作技术和应用范围出发，比较气相色谱法和液相色谱法的相同点和不同点。

实验二十四　高效液相色谱法测定牙膏中丁磺氨钾和糖精钠的含量

【实验目的】

1. 了解二极管阵列检测器的原理及使用方法；
2. 掌握高效液相色谱法测定丁磺氨钾和糖精钠的原理及方法。

【实验原理】

丁磺氨钾，化学名称为 6-甲基-1，2-3 氧杂噻嗪-4-（3H）-酮-2，2-二氧化物钾盐，又称丁磺氨钾，也叫安赛蜜。分子式：$C_4H_4KNO_4S$，分子量：201.24，结构式见下图。为白色，无气味，复合甜味剂。糖精钠，又名邻苯甲酰磺酰亚胺钠；化学式：$C_7H_4SO_3NNa$；分子量：205.2（无水），241.2（二水），为白色结晶，易风化失去约一半结晶水而成为白色粉末，易溶于水，略溶于乙醇，水溶液呈微碱性。因为使用成本低，安全性高，故常用作食品添加剂。

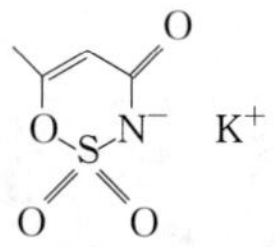

丁磺氨钾结构式

在工业生产里面用丁磺氨钾、糖精钠代替蔗糖一类的甜味剂可以大大降低生产成本。而且糖精钠是钠盐，比蔗糖等糖类要稳定。

本实验采用高效液相色谱法测定丁磺氨钾和糖精钠的含量。样品以水为溶剂，经超声提取、离心、过 0.45μm 的滤膜，用配有二极管阵列检测器的高效液相色谱仪检测，外标法定量。

【实验用品】

1. 仪器　高效液相色谱仪（配有二极管阵列检测器），电子天平，离心机，超声波清洗器，容量瓶，烧杯，玻璃棒，离心管，$0.22\mu m$ 滤膜。

2. 试剂　甲醇（色谱纯），乙酸铵溶液（$0.2mol/L$，经 $0.45\mu m$ 滤膜过滤），无水乙醇，丁磺氨钾（标准品，纯度≥98%），糖精钠（标准品，纯度≥98%）。

【实验步骤】

1. 样品的制备

任取试样牙膏一支，弃去头部约 20mm 膏体。称取牙膏样品 1g（精确至 0.1mg）于 50mL 烧杯中，加 5mL 水用玻璃棒搅拌均匀，超声提取 15min，转移至 10mL 容量瓶中，冷却至室温，加 1 滴无水乙醇，加水定容至刻度，溶液转移至离心管中，在离心机上以 6000r/min 的转速离心 10min，上清液过 $0.45\mu m$ 滤膜，滤液供测定用。

2. 标准溶液的配制

（1）标准储备液的配制　精密称取丁磺氨钾和糖精钠的标准品各 0.100g（精确至 0.0001g），用水溶解后移入 100mL 容量瓶中，并用水定容至刻度，配制成浓度为 1mg/mL 的混合标准储备液（4℃避光保存，有效期为 2 个月）。

（2）标准工作溶液　分别吸取一定体积的混合标准储备液于容量瓶中，用水配成浓度为 $5.00\mu g/mL$、$10.00\mu g/mL$、$50.00\mu g/mL$、$100.00\mu g/mL$、$200.00\mu g/mL$ 的混合标准工作溶液，现配现用。

3. 仪器的测定

（1）色谱条件　色谱柱：C_{18} 柱，150mm×4.6mm，$5\mu m$，或相当者。流动相：甲醇＋乙酸铵溶液（8＋92）。流速：1.0mL/min。柱温：30℃。进样量：$10\mu L$。检测波长：230nm。

（2）标准曲线的绘制　在上述色谱条件下，分别吸取 $10\mu L$ 标准工作溶液注入高效液相色谱仪中，测定相应峰面积，以色谱峰的峰面积为纵坐标，对应的溶液浓度为横坐标作图，绘制标准工作曲线。

（3）样品的测定　在上述色谱条件下，准确吸取 $10\mu L$ 样品溶液注入高效液相色谱仪，记录色谱峰的保留时间和峰面积，根据色谱峰的峰面积从标准曲线上求出相应的甜味剂浓度。

4. 空白试验

不加样品下，按照样品实验步骤操作进行空白试验。

【数据处理】

1. 定性分析

项目	丁磺氨钾标准品	糖精钠标准品	丁磺氨钾样品	糖精钠样品
Rt				

2. 定量分析

（1）标准曲线的绘制

丁磺氨钾浓度/($\mu g/mL$)	5	10	50	100	200	样品
丁磺氨钾峰面积						
线性方程						
相关系数						

糖精钠浓度/($\mu g/mL$)	5	10	50	100	200	样品
糖精钠峰面积						
线性方程						
相关系数						

（2）样品的测定

样品中丁磺氨钾或糖精钠的含量，按照下式进行计算：

$$X = \frac{cV \times 10^{-3}}{m \times 10^{-3}}$$

式中，X 为样品丁磺氨钾或糖精钠的含量，mg/kg；c 为从标准曲线得到的丁磺氨钾或糖精钠的浓度，$\mu g/mL$；V 为样品稀释后的总体积，mL；m 为试样的称样量，g。计算结果保留三位有效数字。

【注意事项】

提取时，牙膏样品应注意混匀。

【思考题】

1. 提取时，为什么加入 1 滴无水乙醇？

2. 如果进样量为 $20\mu L$，应该如何进样？

第三节

有毒有害物质残留量的检测

实验二十五　紫外光谱法测定纺织品中甲醛的含量

【实验目的】

1. 学会紫外光谱法测定甲醛的方法及原理；

2. 了解不同样品制备的原理及方法；

3. 掌握紫外光谱仪的操作及定性、定量方法。

【实验原理】

甲醛是制衣过程中的一种染色助剂，能起到防皱、防缩、阻燃的作用，还能保持印花染色的持久性。甲醛是一种过敏原，在穿着衣物的过程中会逐渐释放游离到皮肤上，当浓度达到一定值时，会引起呼吸道及皮肤炎症。我国近几年相继出台了 GB/T 18885—2002《生态纺织品技术要求》和 GB 18401—2003《国家纺织产品基本安全技术规范》等法规和标准对纺织品材料中游离甲醛的浓度做了严格的规定。

本实验将试样在 40℃ 的水浴中萃取，萃取液用乙酰丙酮显色后，在 412nm 波长下用分光光度计测定吸光度，对照标准甲醛工作曲线，计算出样品中游离甲醛的含量。实验过程中标准溶液浓度的准确性对定量分析十分重要，甲醛标准溶液可以从国家标准物质中心进行购买，如果自行配制需要用碘量法对其浓度进行准确标定。

【实验用品】

1. 仪器　紫外-可见分光光度计，容量瓶，250mL 碘量瓶或具塞锥形瓶，移液管，量筒，具塞试管及试管架，恒温水浴锅，2 号玻璃漏斗式滤器，电子天平。

2. 试剂　乙酸铵，冰醋酸，乙酰丙酮试剂（150g 乙酸铵加水溶解，再加入 3mL 冰醋酸和 2mL 乙酰丙酮，用水定容至 1000mL，用棕色试剂瓶储存），甲醛（37％），双甲酮的乙醇溶液 [1g 双甲酮（二甲基-二羟基-间苯二酚或 5，5-二甲基环己烷-1，3-二酮）用乙醇溶解并稀释至 100mL，现用现配]。

【实验步骤】

1. 样品制备

① 测试前样品要密封保存，从样品上取两块剪碎，称取 1g（精确至 10mg）。如果甲醛含量过低，增加试样量至 2.5g，以获得满意的精度（样品不进行调湿，预调湿可能会影响样品中的甲醛含量）。

② 将每个试样放入 250mL 的碘量瓶或具塞锥形瓶中，加 100mL 水，盖紧盖子，放入（40±2）℃的水浴中振荡（60±5）min，过滤至另一碘量瓶或锥形瓶中，供分析用。

2. 标准溶液的配制

（1）1500μg/mL 甲醛原液的制备   用水稀释 3.8mL 甲醛溶液（37％）至 1L，用标准方法标定甲醛原液浓度，记录该标准原液的精确浓度。该原液用以制备标准稀释液，有效期为 4 周。

（2）标准中间液（S2）的配制   吸取 10mL 甲醛溶液（约 1500μg/mL）放入容量瓶中用水稀释至 200mL，此溶液含甲醛 75mg/L。

（3）校正溶液的配制   根据标准中间液（S2）制备校正溶液。在 500mL 容量瓶中用水稀释下列所示溶液中至少 5 种浓度：

1.00mL S2 至 500mL 容量瓶，甲醛含量为 0.15μg/mL＝织物中 15mg/kg；

2.00mL S2 至 500mL 容量瓶，甲醛含量为 0.30μg/mL＝织物中 30mg/kg；

5.00mL S2 至 500mL 容量瓶，甲醛含量为 0.75μg/mL＝织物中 75mg/kg；

10.00mL S2 至 500mL 容量瓶，甲醛含量为 1.50μg/mL＝织物中 150mg/kg；

15.00mL S2 至 500mL 容量瓶，甲醛含量为 2.25μg/mL＝织物中 225mg/kg；

20.00mL S2 至 500mL 容量瓶，甲醛含量为 3.00μg/mL＝织物中 300mg/kg；

30.00mL S2 至 500mL 容量瓶，甲醛含量为 4.50μg/mL＝织物中 450mg/kg；

40.00mL S2 至 500mL 容量瓶，甲醛含量为 6.00μg/mL＝织物中 600mg/kg。

计算工作曲线 $y = a + bx$，此曲线用于所有测量数值，如果试样中甲醛含量高于 500mg/kg，稀释样品溶液。

3. 仪器的测定

（1）标准曲线的绘制   吸取 5mL 各校正溶液放入 5 个试管中，分别加 5mL 乙酰丙酮溶液，摇匀。将试管放入（40±2）℃的水浴中显色（30±5）min，然后取出，常温下避光冷却（30±5）min，用 5mL 蒸馏水加等体积的乙酰丙酮作空白对照，用 1cm 的比色皿在 412nm 波长处测定吸光度，以甲醛浓度为横坐标，吸光度为纵坐标，绘制标准曲线。

（2）样品溶液的测定   吸取 5mL 过滤后的样品溶液放入一个试管中，加 5mL 乙酰丙酮溶液，摇匀。将试管放入（40±2）℃的水浴中显色（30±5）min，然后取出，常温下避光冷却（30±5）min，用 5mL 蒸馏水加等体积的乙酰丙酮作空白对照，用 1cm 的比色皿在 412nm 波长处测定吸光度。做两个平行实验。

【数据处理】

1. 标准曲线绘制

标准曲线浓度/(μg/mL)						样品
吸光度						
线性方程						
相关系数						

2. 样品中甲醛含量测定

用下式校正样品吸光度：

$$A = A_s - A_b - A_d$$

式中，A 为校正吸光度；A_s 为试验样品中测得的吸光度；A_b 为空白试剂中测得的吸光度；A_d 为空白样品中测得的吸光度（仅用于变色或沾污的情况下）。

用校正后的吸光度数值，通过工作曲线查出甲醛含量，用 $\mu g/mL$ 表示。

用下式计算从每一个样品中萃取的甲醛量：

$$F = \frac{c \times 100}{m}$$

式中，F 为从织物样品中萃取的甲醛含量，mg/kg；c 为读自工作曲线上的萃取液中的甲醛浓度，$\mu g/mL$；m 为试样的质量，g；100 为相当于 1g 样品加入 100mL 水中，样品中甲醛的含量等于标准曲线上对应的甲醛浓度的 100 倍。

取两次检测结果的平均值作为试验结果，计算结果修约至整数位。如果结果小于 20mg/kg，试验结果报告"未检出"。

【注意事项】

1. 应避免在强烈阳光下操作。

2. 如果怀疑吸光值不是来自甲醛而是由样品溶液的颜色产生的，用双甲酮进行一次确认试验。

3. 为避免水和试剂中杂质对测定产生影响，所有试剂均为分析纯，水为蒸馏水或三级水。

4. 乙酰丙酮试剂储存 12h 后颜色逐渐变深，因此用前必须储存 12h，有效期为 6 周。经长时期储存后其灵敏度会稍有变化，故每星期应做一次校对。

5. 样品可以放入聚乙烯袋里储藏，外包铝箔，可预防甲醛通过袋子的气孔散发。

6. 萃取温度是一个重要因素，温度高低决定萃取出的甲醛含量，同一样品不同萃取温度测定的甲醛含量有着明显差别。

7. 现在许多衣服特别是纯棉免烫衣服都采取成衣防皱防缩处理，导致面料中甲醛含量分布不均，对检测也有一定影响，在实验中需注意采样的均匀性。

【思考题】

除了甲醛，纺织品还有哪些有害物质？来源是什么？

实验二十六　紫外光谱法测定香菇中甲醛的含量

【实验目的】

1. 学会紫外光谱法测定食品中甲醛的方法及原理；

2. 了解样品制备的原理及方法；

3. 掌握紫外光谱仪的操作及定性、定量方法。

【实验原理】

甲醛是香菇风味物质产生过程中的副产物，在不同的发育阶段其含量不同。采收后，香菇中甲醛含量继续增加，干燥后的香菇甲醛含量明显高于鲜香菇。由于甲醛对人体有害，我国《食品卫生法》中明确禁止甲醛和含甲醛的物质作为食品添加剂，因此有必要对香菇中的甲醛进行检测，探明其甲醛含量及风险水平，为规范香菇生产、减少贸易争端，支持香菇和食用菌产业健康发展提供科学依据。

目前甲醛的测定多采用乙酰丙酮法，原理是在中性条件下，将溶解于水中的甲醛随水蒸馏出，在沸水浴时，馏出液中的甲醛在乙酸-乙酸铵缓冲介质中，与乙酰丙酮生成稳定的黄色化合物，冷却后在 412nm 处测其吸光度，用外标法进行定量。

【实验用品】

1. 仪器　紫外-可见分光光度计或食用菌甲醛测定仪，单口蒸馏瓶，蛇形冷凝管，水浴锅，具塞比色管，电子天平，棕色试剂瓶。

2. 试剂　乙酸铵，冰醋酸，乙酰丙酮（称取 25.0g 乙酸铵，加少量水溶解，加入 0.4mL 乙酰丙酮和 3.0mL 冰醋酸，再加水定容至 100mL，混匀，储存于棕色试剂瓶中），硫酸溶液（0.5mol/L），氢氧化钠（1.0mol/L），碘（0.1mol/L），硫代硫酸钠（0.1mol/L），淀粉溶液（10.0g/L），甲醛标准品。

【实验步骤】

1. 样品制备

准确称取干燥粉碎（过 20 目筛）的香菇样品 1g（精确至 0.001g）或剪碎（5mm×5mm 片状）的香菇鲜样 10g（精确至 0.001g），置于 1000mL 蒸馏瓶中，加入 300mL 水，数粒沸石。连接冷凝装置如图 5-1 所示，冷凝管出口事先插入盛有 10mL 水且置于水浴的锥形瓶中，加热蒸馏，馏程约 50min，准确收集蒸馏液 200mL，定容至 250mL。

2. 标准溶液的配制

（1）甲醛标准储备液　准确移取 2.8mL 甲醛于 1000mL 棕色容量瓶中，加水定容。

（2）甲醛标准储备液的标定　吸取甲醛标准储备液 20.0mL 放入 250mL 碘量瓶中，加 20mL 0.1mol/L 碘溶液和 15.0mL1.0mol/L 的氢氧化钠溶液，摇匀，室温中放置 15min，加 20.0mL 0.5mol/L 的硫酸溶液酸化，再放置

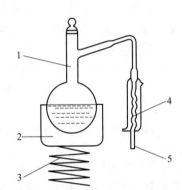

图 5-1　甲醛提取蒸馏装置
1—蒸馏瓶；2—加热装置；3—升降台；4—冷凝管；5—连接接收装置

15min，用硫代硫酸钠滴定液（0.1mol/L）滴定至草黄色，加入 1mL 淀粉指示液继续滴定至蓝色消失即为终点。另取水 20.0mL 做空白试验，方法与甲醛标准储备液的标定相同。甲醛浓度按式（1）计算。同时做空白试验对照：做试剂空白的蒸馏，操作与样品处理相同。

3. 仪器的测定

（1）标准曲线绘制　准确移取 5mg/L 的甲醛标准液 0.00mL、0.25mL、0.50mL、1.00mL、2.00mL、3.00mL、4.00mL 于 7 个 25mL 具塞比色管中，补充水至 10mL，加入 1mL 乙酰丙酮溶液，混匀，置沸水浴中加热 3min，取出冷却至室温，立即以空白为参比，在波长 412nm 处，以 1cm 比色皿进行测定，记录吸光度，以甲醛质量浓度为横坐标，吸光度为纵坐标，绘制标准曲线。

（2）样品测定　分别吸取样品蒸馏液 5mL 于 25mL 具塞比色管中，补充水至 10mL，加入 1mL 乙酰丙酮溶液，混匀，置沸水浴中加热 3min，取出冷却至室温，立即以空白为参比，于波长 412nm 处，以 1cm 比色皿进行比色，记录吸光度，通过标准曲线计算甲醛浓度。

4. 空白试验

除不加试样外，其余按照实验步骤操作进行空白试验。

【数据处理】

1. 标准曲线的制作

标准曲线浓度/(mg/L)								样品
吸光度								
线性方程								
相关系数								

2. 样品中甲醛含量测定

（1）甲醛标准溶液质量浓度

$$\rho = \frac{(V_1 - V_2)c \times 15}{20} \qquad (1)$$

式中，ρ 为甲醛标准溶液的质量浓度，g/L；V_1 为试剂空白滴定消耗硫代硫酸钠标准滴定溶液的体积，mL；V_2 为甲醛标准储备溶液滴定消耗硫代硫酸钠标准滴定溶液的体积，mL；c 为硫代硫酸钠标准滴定溶液的实际浓度，mol/L；15 为甲醛（1/2HCHO）的摩尔质量，g/mol；20 为标定用甲醛标准溶液的体积，mL。

（2）样品中甲醛浓度 试样中的甲醛含量以质量分数 w（mg/kg）计，按公式（2）计算：

$$w = \frac{AV_2}{mV_3} \qquad (2)$$

式中，A 为具塞比色管中含甲醛的质量，μg；V_2 为蒸馏液总体积，mL；V_3 为移取至具塞比色管中的蒸馏液体积，mL；m 为试样质量，g。

【注意事项】

为了消除水中杂质和试剂对测定的影响，实验中所用试剂均为分析纯，水为三级水。

【思考题】

食品中哪些风味物质是对人体有害的？

实验二十七　紫外光谱法测定蔬菜中甲基托布津、多菌灵残留量

【实验目的】

1. 掌握紫外光谱法测定食品中甲基托布津、多菌灵的方法及原理；
2. 了解样品制备的原理及方法；
3. 掌握紫外光谱仪的操作及定性、定量方法。

【实验原理】

甲基托布津，又称甲基硫菌灵，化学名为 1,2-二（3-甲氧碳基-2-硫脲基）苯，分子式为 $C_{12}H_{14}N_4O_4S_2$，分子量为 342.40，结构式见下图。为无色结晶，原粉（含量约 93%）为微黄色结晶。熔点为 172℃（分解），几乎不溶于水，可溶于丙酮、甲醇、乙醇、氯仿等。甲基托布津是一种广谱内吸低毒杀菌剂，最初是由日本曹达株式会社研制开发出来，对多种植物病害具有预防和治疗的作用，其内吸性比多菌灵强。甲基托布津主要干扰病菌菌丝形成，影响病菌细胞分裂，孢子萌发长出畸形芽管从而杀死细菌，对禾谷类、蔬菜类、果蔬类中的多种病害有较好的防治作用，但甲基托布津属于低毒的农药，对皮肤、眼睛有刺激作用，果蔬中残留量不应超过国家现行标准。

多菌灵，又名棉萎灵、苯并咪唑 44 号，化学名为 N-（2-苯并咪唑基）-氨基甲酸甲酯。分子式为 $C_9H_9N_3O_2$，分子量为 191.2，结构式见下图。为白色结晶固体，在 215～217℃时开始升华，大于 290℃时熔融，306℃时分解。不溶于水，微溶于丙酮、氯仿和其他有机

溶剂。可溶于无机酸及乙酸，并形成相应的盐，化学性质稳定。多菌灵也是一种高效、内吸广谱性杀菌剂，主要影响细胞分裂，因而起到杀菌作用，可用于叶面喷雾、种子处理和土壤处理等，可有效防治由真菌引起的多种作物病害，广泛用于食用菌生产，但其残留能增加哺乳动物患肝脏肿瘤的概率，对皮肤和眼睛有刺激性，在一些国家禁用。

甲基托布津结构式　　　　多菌灵结构式

　　本实验采用紫外-可见分光光度法测定甲基托布津、多菌灵的含量。试样中的甲基托布津经甲醇提取后，在 pH1～2 时，用二氯甲烷萃取，甲基托布津经闭环反应转变为多菌灵，提纯后，用紫外-可见分光光度法在 300nm 处进行定量测定。多菌灵经提取后可直接测定吸光度而进行定量，定量时为了排除各种作物中的干扰影响，采用作图法，求得校正吸光度，再根据吸光度与甲基托布津和多菌灵的关系绘制标准曲线。

　　【实验用品】

　　1. 仪器　紫外-可见分光光度计，电子天平，空气冷凝管或用 60cm 长的玻璃管（自制），圆底离心管，吸量管，烧杯。

　　2. 试剂　甲醇，二氯甲烷，三氯甲烷，石油醚（沸程为 30～60℃），乙酸-乙酸铜溶液（2g 乙酸铜，100mL 冰醋酸，稍加热溶解，用水稀释至 200mL），盐酸（1+11：量取盐酸 90mL+990mL 蒸馏水），氢氧化钠溶液（80g/L），氨水溶液（1+7：量取氨水 10mL+70mL 蒸馏水），氯化钠溶液（100g/L）。

　　【实验步骤】

　　1. 样品的制备

　　称取 50.0g（精确至 0.001g）切碎、混匀的样品，加入 50mL 甲醇，振摇 0.5h，用布氏漏斗抽滤，容器和滤器用甲醇洗涤两次，每次 15～20mL，抽干后，滤液转入烧杯内，抽滤瓶用 10mL 水洗涤，洗液并入滤液内，在水浴上用空气流吹去部分甲醇后，移入分液漏斗中，加入 30mL 氯化钠溶液（100g/L），用石油醚（沸程为 30～60℃）振摇提取两次，每次 25mL，弃去石油醚，加盐酸酸化至 pH=1～2（用 pH 试纸试），用二氯甲烷提取两次，每次 25mL，合并二氯甲烷提取液，用 25mL 水洗涤一次分出二氯甲烷层，留作甲基托布津测定用。水洗涤液合并入水层，留作多菌灵测定用。

　　2. 标准溶液的配制

　　（1）标准储备液的配制　准确称取 50.0mg（精确至 0.0001g）甲基托布津，置于烧杯中，用三氯甲烷稀释至 50mL 的容量瓶中，稀释至刻度（此溶液每毫升相当于 1.0mg 甲基托布津）。准确称取 50.0mg（精确至 0.0001g）多菌灵置于烧杯中，用盐酸（1+11）溶解，移入 50mL 容量瓶，稀释至刻度（此溶液每毫升相当于 1.0mg 多菌灵）。

　　（2）标准中间液的配制　吸取 10.0mL 甲基托布津标准溶液，置于 100mL 容量瓶中，加三氯甲烷，稀释至刻度（此溶液每毫升相当于 100.0μg 甲基托布津）。吸取 10.0mL 多菌灵标准溶液，置于 100mL 容量瓶中，加盐酸（1+11），稀释至刻度（此溶液每毫升相当于 100.0μg 多菌灵）。

　　（3）标准曲线的配制

　　① 甲基托布津标准曲线　吸取 0.00mL、0.10mL、0.30mL、0.50mL 甲基托布津标准中间液（相当于 0.00μg、10.00μg、30.00μg、50.00μg 甲基托布津），分别置于 30mL 圆底

离心管中，挥干溶剂后，各加 10mL 乙酸-乙酸铜溶液及 2 粒玻璃珠，接上冷凝管，小火缓缓煮沸 0.5h，取下，用 20mL 盐酸（1＋11）从冷凝管顶端洗涤冷凝管和圆底离心管，并移入 125mL 分液漏斗中，用二氯甲烷提取两次，每次 10mL，弃去二氯甲烷层，酸溶液中加 25mL 氢氧化钠溶液（80g/L），至 pH＝6.0～6.5（pH 试纸试），用二氯甲烷提取两次，每次 20mL，合并二氯甲烷提取液，用 10.0mL 水洗涤一次，静置分层后，将二氯甲烷层分入另一个干的分液漏斗中，准确加入 10.0mL 盐酸（1＋11），振摇 5min，静置分层后，盐酸提取液用 1cm 石英比色皿盛装，以盐酸（1＋11）调节分光光度计零点，测读 250～300nm 的吸光度，以波长为横坐标，吸光度为纵坐标，绘制吸收图谱。将图谱上 260nm 和 290nm 吸光度读数点连成直线，设直线上 282nm 的吸光度为 A'，吸收图谱上 282nm 的吸光度为 A，两者之差为 ΔA（$\Delta A = A - A'$，为校正吸光度）。再以校正吸光度为纵坐标，甲基托布津的含量为横坐标，绘制各甲基托布津标准点 ΔA 值的标准曲线。

② 多菌灵的标准曲线　吸取 0.00mL、0.10mL、0.30mL、0.50mL 多菌灵标准使用液（相当于 0.00μg、10.00μg、30.00μg、50.00μg 多菌灵），置于盛有 20mL 盐酸（1＋11）的分液漏斗中，各用二氯甲烷提取两次，每次 10mL，弃去二氯甲烷层，水溶液用氨水溶液（1＋7）中和到 pH＝6.0～6.5（pH 试纸试），用二氯甲烷提取两次，每次 20mL，提取液用 10mL 水洗涤一次，以下按甲基托布津标准曲线自"将二氯甲烷层分入另一个干的分液漏斗中，准确加入 10.0mL 盐酸（1＋11），振摇 5min，静置分层后"起依法操作，并绘制吸收图谱，计算 ΔA 值后，绘制多菌灵的标准曲线。

3. 仪器的测定

（1）标准曲线的绘制　在光度模式下，以确定的最大吸收波长为检测波长（约 300nm），以甲基托布津、多菌灵含量为横坐标，吸光度为纵坐标绘制标准曲线。

（2）样品的测定

① 甲基托布津的测定　二氯甲烷提取液自然挥干后，用 10mL 乙酸－乙酸铜溶液分次溶解残渣，并移入 30mL 圆底离心管中且加 2 粒玻璃珠，以下按自"接上冷凝管，小火缓缓煮沸 0.5h"起依法操作，计算出试样的 ΔA 值，再与甲基托布津的标准曲线比较，计算试样中的含量。

② 多菌灵的测定　取试样留作多菌灵测定的水溶液，用氨水溶液（1＋7）中和到 pH6.0～6.5（pH 试纸），然后按多菌灵标准曲线自"用二氯甲烷提取两次"起依法操作，计算出试样的 ΔA 值，再与多菌灵的标准曲线比较，计算试样中的含量。

甲基托布津在植物中的主要代谢物是多菌灵，是甲基托布津水解和闭环所形成，因而目前甲基托布津的残留量是以这两个化合物测得的残留量之和表示。

【数据处理】

1. 标准曲线的绘制

甲基托布津标准曲线浓度/(μg/mL)	0.00	10.00	30.00	50.00	样品	
吸光度						
线性方程						
相关系数						

多菌灵标准曲线浓度(μg/mL)	0.00	10.00	30.00	50.00	样品	
吸光度						
线性方程						
相关系数						

2. 试样中甲基托布津和多菌灵含量的计算

$$X = \frac{(m_1 + m_2) \times 1000}{m \times 1000}$$

式中，X 为甲基托布津和多菌灵的含量，mg/kg；m_1 为测定试样中甲基托布津的质量，μg；m_2 为测定试样中多菌灵的质量，μg；m 为样品质量，g。计算结果表示到两位有效数字。

【注意事项】

1. 基线校准时样品室池架内应空置。

2. 做定量分析时应做"池空白"以消除比色皿带来的误差。

【思考题】

食品中甲基托布津、多菌灵检测还有哪些方法？

实验二十八　石墨炉-原子吸收光谱法测定食品中镉含量

【实验目的】

1. 了解石墨炉原子化器的构造及工作原理；

2. 学习原子吸收分光光度计的操作方法；

3. 掌握石墨炉原子吸收光谱法测定食品中金属镉的方法及原理。

【实验原理】

镉是一种蓄积性有毒重金属，在自然界分布广泛，本底值很低，但是由于环境污染和食物链生物富集作用，最终可以在食品中检测到。食品中的镉进入人体后主要蓄积在肾、肝和心脏等组织器官中，引起急性或慢性中毒，因此镉在各种食品中的含量受到了严格的控制。

本实验中食品试样经灰化或酸消解后注入到石墨炉中原子化，当镉空心阴极灯发射出的光辐射通过原子蒸气时，镉元素的原子对入射光产生选择性吸收，光源发出的光强减弱，其减弱程度与蒸气中镉原子浓度成正比，利用吸光度与浓度的关系，配制不同浓度的镉标准溶液测定其吸光度，绘制标准曲线，在同样条件下测定样品中镉的吸光度，从而得到样品溶液中镉的浓度。

【实验用品】

1. 仪器　原子吸收分光光度计，镉空心阴极灯，电子天平，可调温电热板，可调温式电炉，马弗炉，恒温干燥箱，压力消解罐，微波消解系统。

2. 试剂　硝酸（优级纯，1%），盐酸（优级纯，1+1：量取 50mL 盐酸＋50mL 超纯水），硝酸-高氯酸混合溶液（9+1：量取 90mL 盐酸＋10mL 高氯酸），高氯酸（优级纯），过氧化氢（30%），磷酸二氢铵（10g/L：称取 10.0g 磷酸二氢铵于烧杯中，用 100mL 1% 硝酸溶液溶解后移入 1000mL 容量瓶，用 1% 硝酸溶液定容至刻度，摇匀），镉标准储备液（1000mg/L）。

【实验步骤】

1. 样品的制备

（1）试样制备

① 干试样　粮食、豆类，去除杂质；坚果类去杂质、去壳；磨碎成均匀的样品，颗粒度不大于 0.425mm。储存于洁净的塑料制品中，并标明标记，于室温下或按样品保存条件保存备用。

② 鲜（湿）试样　蔬菜、水果、肉类、鱼类及蛋类等，用食品加工机打成匀浆或碾磨

成匀浆，储存于洁净的塑料制品中，并标明标记，于−16～−18℃下冰箱中保存备用。

③ 液态试样 按样品保存条件保存备用，含气体样品使用前应除气。

（2）试样消解 可根据实验室条件选用以下任何一种方法消解，称量时应保证样品的均匀性。

① 压力消解罐消解法 准确称取干试样 0.3～0.5g（精确至 0.0001g）、鲜（湿）试样 1～2g（精确到 0.001g）于聚四氟乙烯内罐，加入硝酸 5mL 浸泡过夜，再加入过氧化氢溶液（30%）2～3mL（总量不能超过罐容积的 1/3）。盖好内盖，旋紧不锈钢外套，放入恒温干燥箱，120～160℃下加热 4～6h，在箱内自然冷却至室温，打开后在电热板上加热赶酸至近干（切勿蒸干），将消化液洗入 10mL 或 25mL 容量瓶中，用少量硝酸溶液（1%）洗涤内罐和内盖 3 次，洗液合并于容量瓶中并用硝酸溶液（1%）定容至刻度，混匀备用，同时做空白试验。

② 微波消解 准确称取干试样 0.3～0.5g（精确至 0.0001g）、鲜（湿）试样 1～2g（精确到 0.001g）于微波消解罐中，加 5mL 硝酸和 2mL 过氧化氢（30%）。微波消化程序可以根据仪器型号调至最佳条件。消解完毕，待消解罐冷却后打开，消化液呈无色或淡黄色，加热赶酸至近干（切勿蒸干），用少量硝酸溶液（1%）冲洗消解罐 3 次，将溶液转移至 10mL 或 25mL 容量瓶中，用硝酸溶液（1%）定容至刻度，混匀备用；同时做空白试验。

③ 湿式消解法 准确称取干试样 0.3～0.5g（精确至 0.0001g）、鲜（湿）试样 1～2g（精确到 0.001g）于锥形瓶中，放入沸石，加 10mL 硝酸-高氯酸混合溶液（9+1），加盖浸泡过夜，加一小漏斗在电热板上消化，若变棕黑色，再加硝酸，直至冒白烟，消化液呈无色透明或略带微黄色，放冷后将消化液洗入 10mL 或 25mL 容量瓶中，用少量硝酸溶液（1%）洗涤锥形瓶 3 次，洗液合并于容量瓶中并用硝酸溶液（1%）定容至刻度，混匀备用，同时做空白试验。

2. 标准溶液的配制

（1）标准使用液（100.00ng/mL） 准确吸取镉标准储备液 10.00mL 于容量瓶中，用 1% 硝酸溶液定容至刻度，如此经多次稀释成 100.00ng/mL 镉的标准使用液。

（2）标准曲线工作液 准确吸取镉标准使用液 0.00mL、0.50mL、1.00mL、1.50mL、2.00mL、3.00mL 于 6 个 100mL 容量瓶中，用 1% 硝酸溶液定容至刻度，即得到含镉量分别为 0.00ng/mL、0.50ng/mL、1.00ng/mL、1.50ng/mL、2.00ng/mL、3.00ng/mL 的标准系列溶液。

3. 仪器的测定

（1）标准曲线制作 将镉标准溶液按浓度由低到高的顺序各取 $10\mu L$ 注入石墨炉原子化器中，测定吸光度，以标准液的质量浓度为横坐标，相应的吸光度值为纵坐标，绘制标准曲线。

（2）试样溶液的测定 在相同的实验条件下，吸取样品消化液 $10\mu L$（可根据使用仪器选择最佳进样量），注入石墨炉原子化器中，测其吸光度值。代入标准曲线中计算样品消化液中镉的含量。

4. 空白试验

除不加样品外，按样品的处理、测定进行操作。

【数据处理】

1. 标准曲线的绘制

标准曲线浓度/(ng/mL)	0.00	0.50	1.00	1.50	2.00	3.00	样品
吸光度							
线性方程							
相关系数							

2. 样品中镉含量计算

试样中镉含量按下式进行计算：

$$X = \frac{(c_1 - c_0)V}{m \times 1000}$$

式中，X 为试样中镉含量，mg/kg 或 mg/L；c_1 为试样消化液中镉含量，ng/mL；c_0 为空白液中镉含量，ng/mL；V 为试样消化液定容总体积，mL；m 为试样质量或体积，g 或 mL；1000 为换算系数。

【注意事项】

1. 为了防止其他元素干扰，本实验所用试剂均为优级纯，水为超纯水。

2. 所用玻璃仪器均需以硝酸溶液（1+4）浸泡 24h 以上，用自来水反复冲洗，最后用超纯水冲洗干净。

3. 实验要在通风良好的通风橱内进行。

4. 对含油脂的样品，尽量避免用湿式消解法消化，最好采用干法消化，如果必须采用湿式消解法消化，样品的取样量最大不能超过 1g。

5. 标准系列溶液应不少于 5 个点，相关系数不应小于 0.995。如果有自动进样装置，也可用程序稀释来配制标准系列。

6. 对于有干扰的试样，测定时要加入 5μL 基体改进剂磷酸二氢铵溶液（10g/L），测定标准溶液时也要加入与试样测定时等量的基体改进剂。

【思考题】

石墨炉原子吸收光谱法分析程序通常有哪几个阶段？

实验二十九　氢化物-原子吸收光谱法测定食品用洗涤剂中砷含量

【实验目的】

1. 了解氢化物原子化器的构造及工作原理；

2. 学习原子吸收分光光度计的操作方法；

3. 掌握原子吸收光谱法测定洗涤剂中砷的方法及原理。

【实验原理】

手洗餐具洗涤剂作为日常生活中的必备用品其主要成分是表面活性剂、香精和色素等，但是不合格的洗涤剂中含有铅、砷及甲醇等有害物质。洗涤剂中的砷可以通过皮肤、消化道以及食物链进入体内，砷是影响人类健康的重要元素，是一种常见的环境毒物和确认的人类致癌物，砷中毒可出现休克、肝损伤和心肌损害。氢化物原子化法是低温原子化法的一种，在原子吸收光谱法中，有些易形成氢化物的元素，如铅、砷等如果用火焰原子化法或者石墨炉原子化法都不能得到很好的灵敏度时，可用氢化物发生器进行原子化。砷在常温酸性介质中能被强还原剂 KBH_4 或 $NaBH_4$ 还原，生成极易挥发、易分解的氢化物 AsH_3，反应式如下：

$$AsCl_3 + 4NaBH_4 + HCl + 8H_2O \Longrightarrow AsH_3 \uparrow + 4NaCl + 4HBO_2 + 13H_2$$

用载气将 AsH_3 引入火焰原子化器或电热原子化器中，可以在较低温度下（<1000℃）实现原子化。

本实验中洗涤剂试样经预处理后，砷在高酸性条件下被硫脲-抗坏血酸还原成砷化氢。氢化物被气流带进热的石英槽中，测量吸光度值并根据标准曲线测定样品溶液中的砷浓度。

【实验用品】

1. 仪器　原子吸收分光光度计，流动注射氢化物发生器，电热板，锥形瓶（100mL），压力自控微波消解系统，高压密闭消解罐，聚四氟乙烯罐，坩埚（50mL），水浴锅，容量瓶（50mL），箱式电阻炉。

2. 试剂　盐酸（优级纯，浓，1+10：量取10mL浓盐酸+100mL超纯水），硝酸（优级纯），硫酸（优级纯，浓，1+15：量取10mL浓硫酸+150mL超纯水），过氧化氢（30%），氧化镁，硝酸镁，砷标准储备液（100mg/L），氢氧化钠溶液（5g/L，200g/L），硼氢化钾溶液（15g/L），硫脲-抗坏血酸混合溶液（称取12.5g硫脲，加70mL水，溶解后再加入2.5g抗坏血酸，稀释至100mL，储存于棕色试剂瓶中，冰箱中可保存1个月），酚酞指示剂，尿素溶液（500g/L）。

【实验步骤】

1. 样品的制备

（1）HNO_3-H_2SO_4湿式消解法　准确称取1.0g试样（精确至0.001g）于100mL锥形瓶中，加数粒沸石，加入硝酸8~12mL，放置片刻后，置于电热板上缓慢加热，反应开始后移去热源，稍冷后沿瓶壁加入硫酸2mL。继续加热至消解液还剩5mL左右，若消解液中仍有未分解的物质或色泽变深，取下冷却，补加2~4mL硝酸，如此反复，直至溶液澄清或微黄，并且硫酸的白色烟雾开始冒出（消解过程中注意避免碳化）。放置冷却后加水20mL继续加热至产生白烟，至少重复加水加热至产生白烟两次。冷却后，将消解液转移到50mL容量瓶中，用盐酸洗涤锥形瓶数次，合并洗涤液于容量瓶中，加入10mL硫脲-抗坏血酸混合溶液，并用盐酸（1+10）溶液定容，摇匀，静置15min使其还原完全。取同样的硝酸、硫酸，按上述方法同时做试剂空白试验。

（2）微波消解法　准确称取1.0g试样（精确至0.001g）于清洗好的聚四氟乙烯溶样杯内。加入硝酸2.5mL，过氧化氢1.0mL，轻轻晃动，充分混匀。放置至少30min进行预处理，把聚四氟乙烯溶样杯放进预先准备好的干净的高压密闭溶样罐中，拧上罐盖（不要拧得过紧）。微波消解采用梯度升温升压的方式，具体控制步骤参见表5-3（可以根据仪器和样品情况适当变动，保证消解完全）

表5-3　微波消解程序

步骤	温度/℃	压力/atm	时间/min	功率/W
1	80	8	2.0	600
2	120	12	2.5	600
3	200	18	2.5	700

注：1atm=101.3kPa

消解完成后，冷却至室温，取出消解罐，加入500g/L尿素2.5mL并置于沸水浴中加热10min，再将消解液转移至50mL容量瓶中，并用盐酸溶液洗涤溶样杯数次，合并洗涤液于容量瓶中，加入10mL硫脲-抗坏血酸混合溶液，用盐酸（1+10）溶液定容，摇匀，静置15min使其还原完全。取同样量的硝酸、过氧化氢，按上述方法同时做空白试验。

2. 标准溶液的配制

（1）砷标准中间液100μg/L　准确移取砷标准储备液用水逐级稀释至100μg/L，现用现配。

（2）砷标准工作液　准确移取砷标准中间液0.00mL、1.00mL、2.00mL、3.00mL、4.00mL、5.00mL于6个50mL容量瓶中，加入10mL硫脲-抗坏血酸混合溶液，用盐酸（1+10）溶液定容，摇匀，静置15min还原完全。

3. 仪器的测定

（1）标准曲线的测定   将不同浓度的砷标准工作液依浓度从低到高的顺序导入原子吸收分光光度计中，以质量浓度为横坐标、吸光度为纵坐标，绘制标准曲线。

（2）样品溶液的测定   在相同条件下测定样品溶液和空白试液吸光度，再由标准曲线计算出测试溶液中砷的浓度。

4. 空白试验

除不加试样，按样品处理方法进行操作及测定。

【数据处理】

1. 标准曲线的绘制

标准曲线浓度/(ng/mL)						样品
吸光度						
线性方程						
相关系数						

2. 样品中砷的含量计算

试样中砷含量 c 以 $\mu g/g$ 表示，按下式计算：

$$c = \frac{(E_1 - E_0)V}{m \times 1000}$$

式中，E_1 为试样溶液中砷的质量浓度，ng/mL；E_0 为空白溶液中砷的质量浓度，ng/mL；V 为试样溶液的总体积，mL；m 为试样的质量，g。

【注意事项】

为了防止杂质干扰，本实验所用试剂均为优级纯，水为超纯水。

【思考题】

湿法消解注意事项有哪些？

实验三十   石墨炉-原子吸收光谱法测定食品中铅含量

【实验目的】

1. 了解石墨炉原子化器的构造及工作原理；

2. 学习原子吸收分光光度计的操作方法；

3. 掌握原子吸收光谱法测定食品中铅的方法及原理。

【实验原理】

石墨炉原子化法是一种非火焰原子化法，这种方法克服了火焰原子化法雾化效率低的缺点，方法的灵敏度大大提高，样品用量少。铅元素在石墨炉高温下变成基态的气态原子蒸气，当铅空心阴极灯发射出的光辐射通过原子蒸气时，铅元素的原子对入射光产生选择性吸收，光源发出的光强减弱，其减弱程度与蒸气中铅原子浓度成正比，利用吸光度与浓度的关系，配制不同浓度的铅标准溶液测定其吸光度，绘制标准曲线，在同样条件下测定样品吸光度，从而得到样品中铅的浓度。

本实验采用石墨炉-原子化法测定食品中铅的含量。样品经消化后，注入原子吸收光谱仪中，根据标准曲线法进行定量。

【实验用品】

1. 仪器   原子吸收光谱仪，铅空心阴极灯，电子天平，可调式电热炉，可调式电热板，微波消解系统，聚四氟乙烯消解罐，恒温干燥箱，压力消解罐。

2. 试剂   铅标准储备液（1000mg/L），硝酸（优级纯，5＋95：量取 5mL 硝酸＋95mL

超纯水，1+9：量取 10mL 硝酸＋90mL 超纯水），高氯酸（优级纯），磷酸二氢铵-硝酸钯溶液［称取 0.02g 硝酸钯，加少量硝酸溶液（1+9）溶解后，再加入 2g 磷酸氢铵，溶解后用硝酸溶液（5+95）定容至 100mL，混匀］。

【实验步骤】

1. 样品的制备

（1）试样制备　粮食、豆类样品去除杂质后，粉碎，储存于塑料瓶中；蔬菜、水果、鱼类、肉类等样品用水洗净，晾干，取可食部分，制成匀浆，储存于塑料瓶中；饮料、酒、醋、酱油、食用植物油、液态乳等液体样品摇匀即可。

（2）试样消化

① 湿法消解　准确称取固体试样 0.2～3g（精确至 0.001g）或准确移取液体试样 0.50～5.00mL 于带刻度的消化管中，加入 10mL 硝酸和 0.5mL 高氯酸，在可调式电热炉上消解［参考条件：120℃/（0.5～1h）；升至 180℃/（2～4h）升至 200～220℃］。若消化液呈棕褐色，再加少量硝酸，消解至冒白烟，消化液呈无色透明或略带黄色，取出消化管，冷却后用水定容至 10mL，混匀备用。同时做试剂空白试验。亦可采用锥形瓶，于可调式电热板上，按上述操作方法进行湿法消解。

② 微波消解　准确称取固体试样 0.2～0.8g（精确至 0.001g）或准确移取液体试样 0.50～3.00mL 于微波消解罐中，加入 5mL 硝酸，按照微波消解的操作步骤消解试样。冷却后取出消解罐，在电热板上于 140～160℃下赶酸至 1mL 左右。消解罐放冷后，将消化液转移至 10mL 容量瓶中，用少量水洗涤消解罐 2～3 次，合并洗涤液于容量瓶中并用水定容至刻度，混匀备用。同时做空白试验。

2. 标准溶液的配制

（1）铅标准中间液（1.00mg/L）　准确吸取铅标准储备液 1.00mL 于 1000mL 容量瓶中，加硝酸溶液（5+95）定容至刻度，混匀。

（2）铅标准系列溶液　吸取铅标准中间液 0.00mL、0.50mL、1.00mL、2.00mL、3.00mL、4.00mL 于 6 个 100mL 容量瓶中，加硝酸溶液（5+95）至刻度，混匀。此铅标准系列溶液的质量浓度分别为 0.00μg/L、5.00μg/L、10.00μg/L、20.00μg/L、30.00μg/L、40.00μg/L。

3. 仪器的测定

（1）标准曲线的测定　按质量浓度由低到高的顺序分别将 10μL 铅标准系列溶液和 5μL 磷酸二氢铵-硝酸钯溶液（可根据所使用的仪器确定最佳进样量）同时注入石墨炉测定吸光度，以铅质量浓度为横坐标，吸光度值为纵坐标，制作标准曲线。

（2）试样溶液的测定　在与测定标准溶液相同的实验条件下，将 10μL 空白溶液或试样溶液与 5μL 磷酸二氢铵-硝酸钯溶液（可根据所使用的仪器确定最佳进样量）同时注入石墨炉测定吸光度值，与标准系列比较定量。

4. 空白试验

除不加试样，按样品处理方法进行操作及测定。

【数据处理】

1. 标准曲线的绘制

标准曲线浓度/(μg/L)	0.00	5.00	10.00	20.00	30.00	40.00	样品
吸光度							
线性方程							
相关系数							

2. 样品中铅含量

试样中铅的含量按下式计算：

$$X = \frac{(\rho - \rho_0)V}{m \times 1000}$$

式中，X 为试样中铅的含量，mg/kg 或 mg/L；ρ 为试样溶液中铅的质量浓度，μg/L；ρ_0 为空白溶液中铅的质量浓度，μg/L；V 为试样消化液的定容体积，mL；m 为试样称样量或移取体积，g 或 mL；1000 为换算系数。

【注意事项】

1. 为了防止杂质干扰，本实验所用试剂均为优级纯，水为超纯水。

2. 所有玻璃器皿及聚四氟乙烯消解内罐均需稀硝酸溶液（20%）浸泡过夜，用自来水反复冲洗，最后用蒸馏水冲洗干净。

【思考题】

1. 石墨炉原子吸收光谱分析中干扰有哪些？

2. 石墨炉原子吸收光谱分析中，什么叫记忆效应？

实验三十一　电感耦合等离子体质谱法测定大米中锰、铜、锌、铷、锶、镉、铅的含量

【实验目的】

1. 了解电感耦合等离子体质谱仪的构造及工作原理；

2. 掌握不同样品处理方法及原理；

3. 学会电感耦合等离子体质谱仪测定实际样品的操作及定量方法。

【实验原理】

大米是我国主要主食之一，近年来水稻的播种面积整体呈现递增趋势。大米富含糖类能为人体提供每日必需的能量，因此水稻的产量和质量受到了高度重视。由于现代工业的发展，一些地区的大气、水体和土壤受到了重金属污染，该地区的农作物富集重金属，出现重金属超标的现象，而大米重金属超标不仅使我国对外贸易和经济受到损失，还会对人体健康产生严重危害，因此对大米中的重金属进行检测十分必要。

电感耦合等离子体质谱法（ICP-MS）是以等离子体为离子源的一种质谱型元素分析方法，主要用于多元素的同时测定。测定时样品由载气引入到雾化系统，在高温和惰性气氛中元素转化成带正电荷的离子，经离子采集系统进入质谱仪中，质谱仪将不同荷质比的离子进行分离，根据元素质谱峰强度测定样品中相应元素的含量。本方法灵敏度很高，适用于痕量到微量元素的分析。

本实验中大米试样首先进行预处理，将各元素转化为离子形式。试样中的锰、铜、锌、铷、锶、镉、铅元素经过稀硝酸振荡提取以离子形式进入提取液中，提取液经离心后用电感耦合等离子体质谱仪进行测定，样品中元素浓度与质谱信号强度成正比。通过测定质谱的信号强度可对试样溶液中的元素进行定量分析。

【实验用品】

1. 仪器　电感耦合等离子体质谱仪（ICP-MS），电子天平，高速离心机，谷物粉碎机，振荡机，试验筛（筛孔直径为 0.38nm）。

2. 试剂　硝酸（优级纯，5＋95：量取 5mL 硝酸＋95mL 超纯水，10＋90：量取 10mL 硝酸＋90mL 超纯水）；锰、铜、锌、铷、锶、镉、铅标准储备液（1000mg/L）；锗内标溶

液（1000μg/L）。

【实验步骤】

1. 样品制备

（1）试样处理　用粉碎机将大米样品粉碎，过试验筛，混匀后备用。

（2）试样前处理　准确称量已处理的大米样品 0.2g（精确到 0.0001g）于 10mL 离心管中，加入 5mL 硝酸溶液（10+90），于振荡机上振荡 15min，再用高速离心机以 12000r/min 的转速离心 5min，取上清液 1mL，用水稀释 5～10 倍备用，同时做空白试样。

2. 标准溶液的配制

（1）混合标准工作溶液　吸取适量单元素标准储备液或多元素混合标准储备液，用硝酸溶液（5+95）逐级稀释配成混合标准溶液系列，各元素质量浓度参见表 5-4，亦可依据样品溶液中元素质量浓度，适当调整标准系列各元素质量浓度范围。

表 5-4　7 种元素的标准系列溶液质量浓度

元素名称	标准系列质量浓度/(μg/L)					
	1	2	3	4	5	6
Mn	0	10	25	50	100	200
Cu	0	1	5	10	25	50
Zn	0	10	25	50	100	200
Rb	0	10	25	50	100	200
Sr	0	0.1	0.5	1	5	10
Cd	0	0.1	0.5	1	5	10
Pd	0	0.1	0.5	1	5	10

（2）内标使用液　取适量单元素储备液（1000mg/L）混合，用硝酸溶液（5+95）配制合适浓度的内标使用液，内标元素在样液中的参考浓度为 0.025～0.05mg/L。

3. 仪器的测定

（1）标准曲线的制作　在仪器最佳实验条件下，将一系列标准工作液依次注入电感耦合等离子质谱仪中，测定相应元素的信号响应值，以元素的质量浓度为横坐标，以相应元素与所选内标元素响应比值——离子每秒计数值比为纵坐标，绘制标准曲线。

（2）试样溶液的测定　在相同实验条件下，将试样溶液注入电感耦合等离子体质谱仪中，得到相应的信号响应比值，根据标准曲线计算待测液中相应元素的浓度。

4. 空白试验

除不加样品，按照样品的处理方法操作。

【数据记录与处理】

1. 标准曲线的绘制

锰标准工作液/(μg/L)	0.00	10.00	25.00	50.00	100.00	200.00	样品 1	样品 2
响应比值								
铜标准工作液/(μg/L)	0.00	1.00	5.00	10.00	25.00	50.00	样品 1	样品 2
响应比值								
锌标准工作液/(μg/L)	0.00	10.00	25.00	50.00	100.00	200.00	样品 1	样品 2
响应比值								
铷标准工作液/(μg/L)	0.00	10.00	25.00	50.00	100.00	200.00	样品 1	样品 2
响应比值								
锶标准工作液/(μg/L)	0.00	0.10	0.50	1.00	5.00	10.00	样品 1	样品 2
响应比值								
镉标准工作液/(μg/L)	0.00	0.10	0.50	1.00	5.00	10.00	样品 1	样品 2
响应比值								
铅标准工作液/(μg/L)	0.00	0.10	0.50	1.00	5.00	10.00	样品 1	样品 2
响应比值								

2. 样品含量测定

试样中待测元素含量，按照下式计算：

$$X = \frac{(c - c_0)Vn}{m}$$

式中，X 为试样中的被测元素的含量，mg/kg 或 mg/L；c 为试样溶液中被测元素质量浓度，mg/L；c_0 为试样空白液中被测元素质量浓度，mg/L；V 为试样消化液定容体积，mL；n 为试样稀释倍数；m 为试样称取质量或移取体积，g 或 mL。

计算结果以重复性条件下获得的两次独立测定结果的算术平均值表示，含量小于 1mg/kg，结果保留两位有效数字；含量大于 1mg/kg，结果保留三位有效数字。

【注意事项】

为了避免水中杂质对测定影响，实验所用试剂须为优级纯，水为一级水。

实验三十二　电感耦合等离子体质谱法测定粉底液中镉、铬、砷、铅的含量

【实验目的】

1. 了解电感耦合等离子体质谱法的构造及工作原理；
2. 了解电感耦合等离子体质谱法的基本操作技术；
3. 学会电感耦合等离子体质谱法测定粉底液中镉、铬、砷、铅的操作及定量方法。

【实验原理】

化妆品现在已经成为人们日常生活必不可少的日用品，随着生活质量不断提升，安全健康意识的提高，人们对化妆品的质量也提出了更高的要求。化妆品中可以合理地添加少量的重金属元素化合物，比如铜锌的超氧化物歧化酶，它可以清除皮肤代谢过程中产生的有害物质。但是有些金属不应出现在化妆品中，例如汞、铅、砷、铬、镉和铊等金属及其化合物，这些物质都属于我国《化妆品卫生规范》中禁用物质。电感耦合等离子体质谱法是以等离子体为离子源的一种质谱型元素分析方法，主要用于多元素的同时测定。该方法灵敏度高，适用于痕量到微量元素的分析。

本实验中粉底液经酸消解后，注入 ICP-MS，在一定浓度范围内，其元素离子强度与含量成正比，与标准系列比较，内标法定量。

【实验用品】

1. 仪器　电感耦合等离子体质谱联用仪（ICP-MS），电子天平，微波消解仪，聚四氟乙烯压力消解罐，容量瓶，移液管，比色管。

2. 试剂　稀硝酸（1%），浓硝酸（优级纯），过氧化氢（30%），标准溶液（镉、铬、砷、铅标准溶液，10μg/mL），内标液（钇、铟、铋混合内标液，20ng/mL），超纯水。

【实验步骤】

1. 样品制备

准确称取 0.3～1.0g（精确至 0.01g）粉底液于微波消解仪的压力罐内罐中，加入 5mL 浓硝酸和 2mL 过氧化氢浸泡 30min，在 0～200℃下微波消解 10～15min 并保持 20min（消化液澄清、略有悬浮），将消化液转移入 50mL 比色管中，用超纯水少量多次洗涤内罐，洗液合并于比色管中，用超纯水定容至刻度，混匀，供仪器测定。同时进行空白试验。

2. 标准溶液的配制

准确移取镉、铬、砷、铅标准溶液 1.00mL 于 10mL 容量瓶中，用 1% 硝酸定容至刻度，摇匀，得 1.00μg/mL 混合标准储备液。

准确移取 1.0μg/mL 混合标准储备液 1.00mL 于 10mL 容量瓶中，用 1%硝酸定容至刻度，摇匀，配制成浓度为 0.10μg/mL 的混合标准储备液。

准确移取上述混合标准储备液适量，用 1% 硝酸配制成 1.00ng/mL、5.00ng/mL、10.00ng/mL、50.00ng/mL、100.00ng/mL 的系列标准工作液，供仪器测定。

3. 仪器操作

(1) 设置参考实验条件　电感耦合等离子体质谱法参考工作条件见表5-5。

表 5-5　电感耦合等离子体质谱法参考工作条件

参数	数值	参数	数值
射频功率/W	1000	等离子体气流量/(L/min)	15.0
雾化气流量/(L/min)	0.75	透镜电压/V	6.5
检测器模拟级电压/V	−2150	检测器脉冲级电压/V	1400
扫描方式	峰跳扫	峰通道数	1
每个峰停留时间/ms	100	积分时间/s	1.5

(2) 标准曲线的绘制　在上述实验条件下，分别将系列标准工作液导入仪器中，以系列标准工作液中各元素的浓度为横坐标，以各元素与内标物的光谱强度比为纵坐标，绘制标准校正工作曲线。

(3) 样品溶液的测定　分别将处理好的样品溶液及空白样液导入仪器中，测定样品中各元素和内标物的光谱强度比，由标准校正工作曲线计算样品溶液及空白样液中各元素的浓度。

【数据记录与处理】

1. 标准工作曲线的绘制

标准工作液/(ng/mL)	1.00	5.00	10.00	50.00	100.00	样品
$I_{镉}/I_{铟}$						
$I_{铬}/I_{钇}$						
$I_{砷}/I_{钇}$						
$I_{铅}/I_{铋}$						

2. 样品中的含量：

样品中镉、铬、砷、铅的含量按下式计算：

$$X = \frac{(c_{样} - c_0)V}{m \times 1000}$$

式中，X 为样品中镉、铬、砷、铅的含量，mg/kg；$c_{样}$ 为从标准曲线中查得的样品溶液中镉、铬、砷、铅的含量，ng/mL；c_0 为从标准曲线中查得的空白样液中镉、铬、砷、铅含量，ng/mL；V 为样品溶液最终定容体积，mL，m 为样品的质量，g。

【注意事项】

1. 定期检查更换机械泵机油，一般 3 个月到半年更换一次。

2. 冷却循环水应定期更换，一般每半年一次。

3. 灵敏度降低需清洗雾化室、雾化器、炬管、双锥。玻璃制品可在 5%硝酸中浸泡过夜，禁止超声清洗，金属和塑料零件可以超声清洗。

4. 实验前和实验过程中应注意氩气的储量及压力。

【思考题】

1. 什么是标准校正曲线法？与外标法有什么不同？

2. 电感耦合等离子体质谱法与原子吸收法、原子发射法有什么区别？

实验三十三　原子荧光光谱法测定食品中汞元素总量

【实验目的】

1. 了解原子荧光光谱仪的构造及工作原理；
2. 学习荧光光谱仪的操作方法；
3. 掌握测定食品中汞含量的前处理方法及定量原理。

【实验原理】

汞及其化合物在自然界中分布广泛，土壤、水体、动植物体内均可以觅其踪迹。汞有三种形态，即金属汞、无机汞和有机汞。甲基汞是有机汞中最常见也是毒性最强的形态。岩石风化和人类活动均会使汞进入空气和水体中，最后经过食物链进入人体。如果摄入量与排泄量平衡，微量汞一般不引起危害，但是摄入过量就会引起汞中毒，急性汞中毒可损害神经系统，特别是发育中的脑组织，因此国家卫生标准对各类食品中的汞均有检出量要求。

原子荧光光谱法是以原子在辐射能激发下发射的荧光强度进行定量分析的发射光谱分析法。气态的自由原子吸收光源特征辐射后，原子跃迁到高能级，当返回基态或者较低能级时，发射出与原激发波长相同或不同的辐射，即为原子荧光。在一定条件下原子荧光的强度与该元素的原子蒸气浓度成正比，通过测量荧光强度可求得待测元素的含量。

本实验的样品首先要经酸加热消解，使汞元素变成汞盐，在酸性介质中，汞被硼氢化钾或硼氢化钠还原成原子态汞，由载气（氩气）带入原子化器中，在汞空心阴极灯照射下，基态汞原子被激发至高能态，由高能态回到基态时，发射出特征波长的荧光，其荧光强度与汞含量成正比，与标准系列溶液比较定量。

【实验用品】

1. 仪器　原子荧光光谱仪，电子天平，微波消解系统，压力消解器，恒温干燥箱，控温电热板，超声水浴箱。

2. 试剂　汞标准储备液（1.00mg/mL），硝酸（优级纯，1+9：量取 10mL 硝酸＋95mL 超纯水，5+95：量取 5mL 硝酸＋95mL 超纯水），过氧化氢，浓硫酸，氢氧化钾（5g/L），硼氢化钾（5g/L），重铬酸钾的硝酸溶液［0.5g/L：称取 0.05g 重铬酸钾溶于 100mL 硝酸溶液（5+95）中，用玻璃棒搅拌均匀］，硝酸-高氯酸混合溶液（量取 500mL 硝酸和 100mL 高氯酸，混匀）。

【实验步骤】

1. 样品的制备

（1）试样制备　粮食、豆类等样品去除杂物后粉碎均匀，装入洁净的聚乙烯瓶中，密封保存备用；蔬菜、水果、鱼类、肉类及蛋类等新鲜样品，洗净晾干，取可食用部分匀浆，装入洁净的聚乙烯瓶中密封，于冰箱中 4℃ 冷藏备用。

（2）试样消解

① 压力罐消解法　准确称取固体试样 0.2～1.0g（精确到 0.001g），新鲜样品取 0.5～2.0g 或液体试样吸取 1～5mL，置于消解内罐中，加入 5mL 浓硝酸浸泡过夜。盖好内盖，放入外罐中，旋紧不锈钢外套，放入恒温干燥箱，140～160℃消解 4～5h，在干燥箱内自然冷却至室温，然后缓慢旋松不锈钢外套，将消解内罐取出，用少量水冲洗内盖，放在控温电热板上或超声水浴箱中，于 80℃ 或超声脱气 2～5min 赶去棕色气体。取出消解内罐，将消化液转移至 25mL 容量瓶中，用少量水分 3 次洗涤消解罐内壁，洗涤液合并倒入容量瓶中定容至刻度，混匀备用，同时作空白试验。

② 微波消解法　准确称取固体试样 0.2～0.5g（精确到 0.001g），新鲜样品取 0.2～

0.8g 或液体试样 1～3mL 于消解罐中，加入 5～8mL 浓硝酸，加盖放置过夜，旋紧罐盖，按照微波消解仪的标准操作步骤进行消解。冷却后取出，缓慢打开罐盖排气，用少量水冲洗内盖，将消解罐放在控温电热板上或超声水浴箱中，于 80℃ 加热或超声脱气 2～5min，赶去棕色气体，取出消解内罐，将消化液转移至 25mL 塑料容量瓶中，用少量水分 3 次洗涤内罐，洗涤液合并于容量瓶中定容至刻度，混匀备用，同时做空白试验。

③ 回流消解法

a. 粮食　准确称取 1.0～4.0g（精确到 0.001g）试样于消化装置锥形瓶中，加入沸石，再加 45mL 浓硝酸和 10mL 浓硫酸，转动锥形瓶防止局部碳化。装上冷凝管后，小火加热，待开始发泡即停止加热，发泡停止后，再加热回流 2h。如加热过程中溶液变棕色，可再加入 5mL 浓硝酸，继续回流 2h，消解到样品完全溶解，一般呈淡黄色或无色，放冷后从冷凝管上端小心加 20mL 水，继续加热回流 10min 冷却。用适量水冲洗冷凝管，冲洗液并入消化液中，用玻璃棉将消化液过滤至 100mL 容量瓶内，用少量水洗涤锥形瓶、过滤器，洗涤液并入容量瓶内，加水至刻度，混匀。同时做空白试验。

b. 植物油及动物油脂　准确称取 1.0～3.0g（精确到 0.001g）试样于消化装置锥形瓶中，加入沸石，加入 7mL 浓硫酸，小心混匀至溶液颜色变为棕色，然后加 40mL 浓硝酸。以下按粮食消解"装上冷凝管"之后的步骤操作，同时做空白试验。

c. 薯类、豆制品　准确称取 1.0～4.0g（精确到 0.001g）试样于消化装置锥形瓶中，加入沸石，30mL 浓硝酸和 5mL 浓硫酸，转动锥形瓶防止局部碳化。以下按粮食消解"装上冷凝管"之后的步骤操作，同时做空白试验。

d. 肉、蛋类　准确称取 0.5～2.0g（精确到 0.001g）试样于消化装置锥形瓶中，加入沸石及 30mL 浓硝酸和 10mL 浓硫酸，乳制品加入 5mL 浓硫酸，转动锥形瓶防止局部碳化。以下按粮食消解"装上冷凝管"之后的步骤操作，同时做空白试验。

e. 乳及乳制品　准确称取 1.0～4.0g（精确到 0.001g）乳或乳制品置于消化装置锥形瓶中，加入沸石数粒及 30mL 浓硝酸和 10mL 浓硫酸，乳制品加 5mL 浓硫酸，转动锥形瓶防止局部碳化。以下按粮食消解"装上冷凝管"之后的步骤操作，同时做空白试验。

2. 标准溶液的配制

（1）汞标准中间液（10μg/mL）　准确吸取 1.00mL 汞标准储备液（1.00mg/mL）于 100mL 容量瓶中，用重铬酸钾的硝酸溶液（0.5g/L）稀释至刻度，混匀，此溶液浓度为 10μg/mL（冰箱中 4℃ 避光保存，可保存 2 年）。

（2）汞标准使用液（50ng/mL）　准确吸取 0.50mL 汞标准中间液（10μg/mL）于 100mL 容量瓶中，用 0.5g/L 重铬酸钾的硝酸溶液稀释至刻度，混匀，此溶液浓度为 50ng/mL（现用现配）。

（3）汞标准工作液　准确吸取 50ng/mL 汞标准使用液 0.00mL、0.20mL、0.50mL、1.00mL、1.50mL、2.00mL、2.50mL 于 7 个 50mL 容量瓶中，用硝酸溶液（1+9）稀释至刻度，混匀。容量瓶中汞的浓度分别为 0.00ng/mL、0.20ng/mL、0.50ng/mL、1.00ng/mL、1.50ng/mL、2.00ng/mL、2.50ng/mL。

3. 仪器的测定

（1）标准曲线的测定　设定好仪器最佳条件，连续用硝酸溶液（1+9）进样，待读数稳定之后，将标准系列溶液按浓度由低到高的顺序进样到仪器中，以汞质量浓度为横坐标，吸光度为纵坐标，绘制标准曲线。

（2）样品测定　在相同条件下测定样品，通过标准曲线计算样品中汞的浓度。

4. 空白试验

除不加试样外，按样品的制备进行操作。

【数据处理】

1. 标准曲线绘制

标准曲线浓度/(ng/mL)	0.00	0.20	0.50	1.00	1.50	2.00	2.50	样品
吸光度								
线性方程								
相关系数								

2. 样品中汞含量计算

试样中汞含量按下式计算：

$$X = \frac{(c - c_0)V \times 1000}{m \times 1000 \times 1000}$$

式中，X 为试样中汞的含量，mg/kg 或 mg/L；c 为测定样液中汞的浓度，ng/mL；c_0 为空白液中汞的浓度，ng/mL；V 为试样消化液定容总体积，mL；1000 为换算系数；m 为试样质量，g 或 mL。

【注意事项】

1. 为了避免水中其他离子干扰测定，本实验所用试剂均为优级纯，水为一级水。

2. 玻璃器皿及聚四氟乙烯消解内罐均以硝酸溶液（1+4）浸泡 24h，用水反复冲洗，最后用去离子水冲洗干净。

【思考题】

简述荧光光谱产生的原理。

实验三十四　原子荧光光谱法测定土壤中总汞、总砷、总铅的含量

【实验目的】

1. 复习原子荧光光度计的结构、工作原理及操作方法；

2. 学会使用原子荧光光度计测定铅、砷、汞。

【实验原理】

（1）测汞的原理　采用硝酸-盐酸混合试剂在沸水浴中加热消解土壤试样，再用硼氢化钾或硼氢化钠将样品中所含汞还原成原子态汞，由载气（氩气）导入原子化器中，在特制汞空心阴极灯照射下，基态汞原子被激发至高能态，在去活化回到基态时，发射出特征波长的荧光，其荧光强度与汞的含量成正比，与标准系列比较，求得样品中汞的含量。

（2）测砷的原理　样品中的砷经加热消解后，加入硫脲使五价砷还原为三价砷，再加入硼氢化钾将其还原为砷化氢，由氩气导入石英原子化器进行原子化，分解为原子态砷，在特制砷空心阴极灯的发射光激发下产生原子荧光，产生的荧光强度与试样中被测元素含量成正比，与标准系列比较，求得样品中砷的含量。

（3）测铅的原理　采用盐酸-硝酸-氢氟酸-高氯酸全消解的方法，消解后的样品中铅与还原剂硼氢化钾反应生成挥发性的铅的氢化物（PbH_4）。以氩气为载体，将氢化物导入电热石英原子化器中进行原子化。在特制铅空心阴极灯照射下，基态铅原子被激发至高能态，在去活化回到基态时，发射出特征波长的荧光，其荧光强度与铅的含量成正比，最后根据标准系列进行定量计算。

【实验用品】

1. 仪器　氢化物发生原子荧光光度计，汞空心阴极灯，砷空心阴极灯，铅空心阴极灯，水浴锅，容量瓶，电热板。

2. 试剂　盐酸（优级纯，1+1：10mL 盐酸＋10mL 蒸馏水，1+66：1mL 盐酸＋66mL

蒸馏水），硝酸（优级纯，1+1：10mL 硝酸＋10mL 蒸馏水），硫酸（优级纯），草酸（优级纯，100g/L），氢氧化钾（优级纯），硼氢化钾（优级纯），重铬酸钾（优级纯），硫脲（5%），抗坏血酸（5%），氢氟酸（优级纯），高氯酸（优级纯），铁氰化钾（优级纯，100g/L），汞标准物质，砷标准物质，铅标准物质。

【实验步骤】

1. 溶液的配制

(1) 硝酸-盐酸混合试剂［(1+1) 王水］　取 1 份硝酸与 3 份盐酸混合，然后用去离子水稀释为原来浓度的 1/2。

(2) 还原剂

① 测汞　［0.01%硼氢化钾（KBH_4）＋0.2%氢氧化钾（KOH）溶液］：称取 0.2g 氢氧化钾放入烧杯中，用少量水溶解，称取 0.01g 硼氢化钾放入氢氧化钾溶液中，用水稀释至100mL，此溶液现用现配。

② 测砷　［1%硼氢化钾（KBH_4）＋0.2%氢氧化钾（KOH）溶液］：称取 0.2g 氢氧化钾放入烧杯中，用少量水溶解，称取 1.0g 硼氢化钾放入氢氧化钾溶液中，溶解后用水稀释至 100mL，此溶液现用现配。

③ 测铅　［2%硼氢化钾（KBH_4）＋0.5%氢氧化钾（KOH）溶液］：称取 0.5g 氢氧化钾放入烧杯中，用少量水溶解，称取 2.0g 硼氢化钾放入氢氧化钾溶液中，溶解后用水稀释至 100mL，此溶液现用现配。

(3) 载液

① 测汞　［(1+19) 硝酸溶液］：量取 25mL 硝酸，缓缓倒入盛有少量去离子水的500mL 容量瓶中，用去离子水定容至刻度，摇匀。

② 测砷　［(1+9) 盐酸溶液］：量取 50mL 盐酸，加水定容至 500mL，混匀。

③ 测铅　取 3mL 盐酸溶液、2mL 草酸溶液，4mL 铁氰化钾溶液放入烧杯中，用水稀释至 100mL，混匀。

(4) 保存液　称取 0.5g 重铬酸钾，用少量水溶解，加入 50mL 硝酸，用水稀释至1000mL，摇匀。

(5) 稀释液　称取 0.2g 重铬酸钾，用少量水溶解，加入 28mL 硫酸，用水稀释至1000mL，摇匀。

2. 样品制备

(1) 测汞试样　称取经风干、研磨并过 0.149nm 孔径筛的土壤样品 0.2~1.0g（精确至 0.0001g）于 50mL 具塞比色管中，加少许水润湿样品，加入 10mL (1+1) 王水，加塞后摇匀，于沸水浴中消解 2h，取出冷却，立即加入 10mL 保存液，用稀释液稀释至刻度，摇匀后放置，取上清液待测。同时做空白试验。

(2) 测砷试样　称取经风干、研磨并过 0.149mm 孔径筛的土壤样品 0.2~1.0g（精确至 0.0001g）于 50mL 具塞比色管中，加少许水润湿样品，加入 10mL (1+1) 王水，加塞摇匀于沸水浴中消解 2h，中间摇动几次，取下冷却，用水稀释至刻度，摇匀后放置。吸取一定量的消解试液于 50mL 比色管中，加 3mL 盐酸，5mL 硫脲溶液，5mL 抗坏血酸溶液，用水稀释至刻度，摇匀放置，取上清液待测。同时做空白试验。

(3) 测铅试样　称取经风干、研磨并过 0.149mm 孔径筛的土壤样品 0.2~1.0g（精确至0.0001g）于 25mL 聚四氟乙烯坩埚中，用少许的水润湿样品，加入 5mL 盐酸、2mL 硝酸，摇匀，盖上坩埚盖，浸泡过夜，然后置于电热板上加热消解，温度控制在 100℃左右，至残余酸量较少时（约 2~3mL），取下坩埚稍冷后加入 2mL 氢氟酸，继续低温加热至残余酸液为 1~2mL 时取下，冷却后加入 2~3mL 高氯酸，将电热板温度升至约 200℃，继续消解至白烟冒净为止。加少许盐酸淋洗坩埚壁，加热溶解残渣，将盐酸赶尽，加入 15mL（1+1）盐酸溶液于坩埚中，在电热板上低温加热，溶解至溶液清澈为止。取下冷却后转移至 50mL 容量瓶中，用水稀释至刻度，摇匀后取 5mL 溶液于 50mL 容量瓶中，加入 2mL 草酸溶液，2mL 铁氰化钾溶液，然后用水稀释至刻度，摇匀，放置 30min 待测。同时做空白试验。

3. 标准溶液的配制

（1）汞标准溶液配制

① 汞标准中间溶液的配制　吸取 10.00mL 汞标准溶液注入 1000mL 容量瓶中，用保存液稀释至刻度，摇匀。此标准中间溶液汞的浓度为 $1.00\mu g/mL$。

② 汞标准工作溶液的配制　吸取 2.00mL 汞标准中间溶液注入 100mL 容量瓶中，用保存液稀释至刻度，摇匀。此标准工作溶液汞的浓度为 20.0ng/mL（现用现配）。

③ 汞标准系列溶液的配制　分别准确吸取 0.00mL、0.50mL、1.00mL、2.00mL、3.00mL、5.00mL、10.00mL 汞标准工作液置于 7 个 50mL 容量瓶中，加入 10mL 保存液，用稀释液稀释至刻度，摇匀，即得含汞量分别为 0.00ng/mL、0.20ng/mL、0.40ng/mL、0.80ng/mL、1.20ng/mL、2.00ng/mL、4.00ng/mL 的标准系列溶液。

（2）砷标准溶液配制

① 砷标准中间溶液的配制　吸取 10.00mL 砷标准溶液注入 100mL 容量瓶中，用（1+9）盐酸溶液稀释至刻度，摇匀。此溶液砷浓度为 $100\mu g/mL$。

② 砷标准工作溶液的配制　吸取 1.00mL 砷标准中间溶液注入 100mL 容量瓶中，用（1+9）盐酸溶液稀释至刻度，摇匀。此溶液砷浓度为 $1.00\mu g/mL$。

③ 不同浓度砷标准工作溶液的配制　分别准确吸取 0.00mL、0.50mL、1.00mL、1.50mL、2.00mL、3.00mL 砷标准工作溶液置于 6 个 50mL 容量瓶中，分别加入 5mL 盐酸，5mL 硫脲溶液，5mL 抗坏血酸溶液，然后用水稀释至刻度，摇匀，即得含砷量分别为 0.00ng/mL、10.0ng/mL、20.0ng/mL、30.0ng/mL、40.0ng/mL、60.0ng/mL 的标准系列溶液。

（3）铅标准溶液配制

① 铅标准中间溶液的配制　吸取 10.00mL 铅标准溶液注入 1000mL 容量瓶中，用（1+66）盐酸溶液稀释至刻度，摇匀。此标准中间溶液铅的浓度为 $10.00\mu g/mL$。

② 铅标准工作溶液的配制　吸取 2.00mL 铅标准中间溶液注入 100mL 容量瓶中，用（1+66）盐酸溶稀释至刻度，摇匀。此标准工作溶液铅的浓度为 $0.20\mu g/mL$。

③ 不同浓度铅标准工作溶液的配制　分别准确吸取 0.00mL、1.00mL、2.00mL、3.00mL、5.00mL、7.50mL、10.00mL 铅标准工作液置于 7 个 50mL 容量瓶中。用少量水稀释后，加 1.5mL 盐酸溶液，2mL 草酸溶液，2mL 铁氰化钾溶液，最后用水稀释至刻度，摇匀。此标准系列相当于铅的浓度分别为 0.00ng/mL、4.00ng/mL、8.00ng/mL、12.0ng/mL、20.0ng/mL、30.0ng/mL、40.0ng/mL。

4. 仪器的测定

（1）仪器参数　不同型号仪器的最佳参数不同，可根据仪器使用说明书自行选择。下表列出了本部分通常采用的参数。

① 测汞的仪器参数

参数	数值	参数	数值
负高压/V	280	加热温度/℃	200
A 道灯电流/mA	35	载气流速/(mL/min)	300
B 道灯电流/mA	0	屏蔽气流量/(mL/min)	900
观测高度/mm	8	测量方法	校准曲线
读数方式	峰面积	读数时间/s	10
延迟时间/s	1	测量重复次数	2

② 测砷的仪器参数

参数	数值	参数	数值
负高压/V	300	加热温度/℃	200
A道灯电流/mA	0	载气流量/(mL/min)	400
B道灯电流/mA	60	屏蔽气流量/(mL/min)	1000
观测高度/mm	8	测量方法	校准曲线
读数方式	峰面积	读数时间/s	10
延迟时间/s	1	测量重复次数	2

③ 测铅的仪器参数

参数	数值	参数	数值
负高压/V	280	加热温度/℃	200
A道灯电流/mA	80	载气流量/(mL/min)	400
B道灯电流/mA	0	屏蔽气流量/(mL/min)	1000
观测高度/mm	8	测量方法	校准曲线
读数方式	峰面积	读数时间/s	10
延迟时间/s	1	测量重复次数	2

（2）标准曲线的绘制　按照测汞、砷、铅的不同仪器参数，将汞、砷、铅的标准工作液导入仪器中进行测定，以汞、砷、铅的浓度为横坐标，吸光度为纵坐标，绘制汞、砷、铅的标准曲线。

（3）样品的测定　在相同的实验条件下，按测汞、砷、铅的仪器参数对样品溶液进行测定，根据标准曲线定量。

【数据记录与处理】

1. 实验记录

序号	浓度/(ng/mL)	IF	序号	浓度/(ng/mL)	IF
1			5		
2			6		
3			c_{x_1}		
4			c_{x_2}		

2. 定量分析

（1）绘制标准曲线

汞标准曲线

汞标准溶液的浓度/(ng/mL)	0.0	0.2	0.4	0.8	1.2	2.0	4.0	样品
吸光度								
线性方程								
相关系数								

砷标准曲线

砷标准溶液的浓度/(ng/mL)	0.0	10.0	20.0	30.0	40.0	60.0	样品
吸光度							
线性方程							
相关系数							

铅标准曲线

铅标准溶液的浓度/(ng/mL)	0.0	1.0	2.0	3.0	5.0	7.5	10.0	样品
吸光度								
线性方程								
相关系数								

（2）样品中的含量

① 试样中汞含量计算   土壤样品总汞含量以质量分数 w 计，数值以 mg/kg 表示，按下式计算：

$$w = \frac{(c - c_0)V}{m(1 - f) \times 1000}$$

式中，c 为从校准曲线上查得的元素含量，ng/mL；c_0 为试剂空白液测定的浓度，ng/mL；V 为样品消解后的定容体积，mL；m 为试样质量，g；f 为土壤含水量；1000 为将 "ng" 换算为 "μg" 的系数。

② 试样中砷和铅含量计算   土壤样品总砷、总铅含量以质量分数 w 计，数值以 mg/kg 表示，按下式计算：

$$w = \frac{\dfrac{(c - c_0)V_2 V_3}{V_1}}{m(1 - f) \times 1000}$$

式中，c 为从校准曲线上查得的砷、铅元素含量，ng/mL；c_0 为试剂空白溶液测定的浓度，ng/mL；V_2 为测定时分取样品溶液的稀释定容体积，mL；V_3 为样品消解后的定容总体积，mL；V_1 为测定时分取样品的消化液体积，mL；m 为试样质量，g；f 为土壤含水量；1000 为将 "ng" 换算为 "μg" 的系数。

【注意事项】

1. 实验所用的盐酸、硝酸、硫酸、氢氧化钾、硼氢化钾、重铬酸钾、氢氟酸、高氯酸、铁氰化钾试剂必须是优级纯，否则测定结果将有很大偏差。

2. 所用的玻璃仪器必须经优级稀硝酸溶液浸泡过夜，使用时经超纯水冲洗干净。

3. 测定结果相对误差的绝对值不得超过 5%，测定结果的相对偏差不得超过 7%。

【思考题】

1. 原子荧光光谱仪由哪几部分组成？

2. 采用原子荧光光谱测定砷、铅、汞时采用的载液分别是什么？

3. 请分析测量噪声或本底值偏大的可能原因，并找出解决办法。

实验三十五　滴定法测定食品中二氧化硫的含量

【实验目的】

1. 掌握滴定法测定二氧化硫的样品处理方法；

2. 熟练掌握滴定法测定食品中二氧化硫的含量的基本原理及操作方法。

【实验原理】

二氧化硫，化学式为 SO_2，分子量为 64.06，又称亚硫酸酐。为无色气体，有刺激性臭味。溶于水、乙醇和乙醚。二氧化硫是国内外允许使用的一种食品添加剂，在食品工业中发挥着护色、防腐、漂白和抗氧化的作用。二氧化硫常用来熏制果干、果脯、干菜、粉丝、蜜饯、银耳、蘑菇等食品，就是所谓的"熏硫"。熏硫就是用硫黄燃烧产生的二氧化硫熏制果片等食材，破坏食材中的酶的氧化系统，阻止氧化作用，使果脯中的鞣质不被氧化而变棕褐色，并可保存果脯中的维生素 C。熏硫室中二氧化硫浓度一般为 1%～2%，最高可达 3%。熏硫时间多为 30～50min，最长可达 3h。国家规定二氧化硫可用于葡萄酒和果酒中，最大使用量为 0.25g/kg，残留量低于 0.05g/kg。其他食材的允许残留量参照"硫黄"。但长期超限量接触二氧化硫可能导致人类呼吸系统疾病及多组织损伤。

本实验采用滴定法检测 SO_2 的残留量。首先在密闭容器中对试样进行酸化并加热蒸馏，以释放出其中的二氧化硫，释放物用乙酸铅溶液吸收，吸收后用浓硫酸酸化，再以碘标准溶液滴定，根据所消耗的碘标准溶液量计算出试样中二氧化硫的含量。

【实验用品】

1. 仪器　全玻璃蒸馏器，酸式滴定管，碘量瓶，剪切式粉碎机。

2. 试剂　盐酸溶液（1+1：量取 50mL 盐酸＋50mL 蒸馏水），硫酸溶液（1+9：量取 10mL 硫酸＋90mL 蒸馏水），淀粉（10g/L），硫代硫酸钠，氢氧化钠，碳酸钠，重铬酸钾，乙酸铅溶液（20g/L），碘，碘化钾。

【实验步骤】

1. 样品制备

（1）样品制备　果脯、干菜、米粉、粉条和食用菌适当剪成小块，再用剪切式粉碎机搅拌均匀，备用。

（2）样品蒸馏　称取约 5g 均匀试样（精确至 0.001g，取样量可视含量高低而定），液体试样可直接吸取 5.0～10mL，置于蒸馏瓶中，加入 250mL 水，装上冷凝装置，冷凝装置下端插入预先准备的 25mL 乙酸铅吸收液的碘量瓶的液面下，然后在蒸馏瓶中加入 10mL 盐酸，立即盖塞加热蒸馏。当蒸馏液为 200mL 时，使冷凝管下端离开液面，再蒸馏 1min，用少量蒸馏水冲洗插入乙酸铅溶液中的装置，同时做空白试验。

2. 标准溶液配制

（1）硫代硫酸钠标准溶液（0.1mol/L）　称取 25g 含结晶水的硫代硫酸钠或 16g 无水硫代硫酸钠溶于 1000mL 新煮沸放冷的水中，加入 0.4g 氢氧化钠或 0.2g 碳酸钠，摇匀，储存于棕色试剂瓶内，放置两周后过滤，用重铬酸钾标准溶液标定其准确浓度。或购买有证书的硫代硫酸钠标准溶液。

（2）碘标准溶液 $[c(1/2I_2)=0.10\text{mol/L}]$　称取 13g 碘和 35g 碘化钾，加水约 100mL，溶解后加入 3 滴盐酸，用水稀释至 1000mL，过滤后转入棕色试剂瓶中。使用前用硫代硫酸钠标准溶液标定。

（3）重铬酸钾标准溶液 $[c(1/6K_2Cr_2O_7)=0.1000\text{mol/L}]$　准确称取 4.9031g 已于 120℃±2℃ 电烘箱中干燥至恒重的重铬酸钾，溶于水并转移至 1000mL 容量瓶中，定容至刻度。

（4）碘标准溶液 $[c(1/2I_2)=0.01000\text{mol/L}]$　将 0.1000mol/L 碘标准溶液用水稀释至原来的 1/10。

3. 仪器的测定

向取下的碘量瓶中依次加入 10mL 盐酸、1mL 淀粉指示剂，摇匀之后用碘标准溶液滴定至溶液颜色 30s 内不褪色为止，记录消耗的碘标准溶液体积。

4. 空白试验

空白试验需与测定平行进行，用同样的方法和试剂，但不加样品。

【数据处理】

试样中二氧化硫的含量，按照下面公式进行计算：

$$X=\frac{(V-V_0)\times 0.032\times c\times 1000}{m}$$

式中，X 为试样中二氧化硫总含量（以 SO_2 计），g/kg 或 g/L；V 为滴定样品所用的碘标准溶液体积，mL；V_0 为空白试验所用的碘标准溶液体积，mL；0.032 为 1mL 碘标准溶液 $[c(1/2I_2)=1.0\text{mol/L}]$ 相当于二氧化硫的质量，g；c 为碘标准溶液的浓度，mol/L；m 为试样质量或体积，g 或 mL。当二氧化硫含量≥1g/kg（L）时，结果保留三位有效数字，当二氧化硫含量<1g/kg（L）时，结果保留两位有效数字。

【注意事项】

1. 操作中应严格按照滴定管、容量瓶、移液管的操作方法进行。

2. 从样品中提取 SO_2 时应注意提取液直接流入装有乙酸铅的碘量瓶中。

3. 淀粉指示剂配制时需用开水煮沸 5min。

【思考题】

1. 为什么 SO_2 提取液需要用乙酸铅溶液吸收？

2. 硫代硫酸钠配制好后为什么需要放置 2 周后过滤使用？

实验三十六　白酒中甲醇含量的测定

【实验目的】

1. 了解氢火焰离子化检测器的构造及操作方法；

2. 掌握气相色谱法的定性、定量分析方法；

3. 学会白酒中甲醇含量测定的具体方法。

【实验原理】

气相色谱法（gas chromatography，GC）是一种分离效果好、分析速度快、灵敏度高、操作简单、应用范围广的分析方法。氢火焰离子化检测器（FID）是气相色谱中最常用的一种检测器，其工作原理是含碳有机物在氢火焰中燃烧时，产生化学电离，发生下列的反应：

$$CH+O \longrightarrow CHO^{+}+e$$
$$CHO^{+}+H_2O \longrightarrow H_3O^{+}+CO$$

反应中产生的正离子在电场作用下被收集到负电极上，产生微弱电流，经放大后得到色谱信号。FID 检测器以氢气为燃烧气，空气为助燃气，样品蒸气与氢气混合后进入火焰，化合物在燃烧过程中被电离产生一定比例的离子，离子在外加高压电场作用下形成离子流，在电极之间形成微电流，微电流经放大后转化为电压信号输出，被数据处理系统记录下来，得到色谱图，其燃烧形成的电流大小与化合物的浓度成正比例关系。

内标法是气相色谱定量分析常用的方法，是将一定量的纯物质 m_s 作为内标物加入到已知量 W 的试样中，根据被测组分 i（质量 m_i）与内标物（质量 m_s）在色谱图上相应的响应峰面积的比求出 c_i。

计算公式为：

$$\frac{m_i}{m_s}=\frac{f_iA_i}{f_sA_s}, m_i=m_s\frac{f_iA_i}{f_sA_s}$$

$$c_i=\frac{m_i}{W}=\frac{m_s\dfrac{f_iA_i}{f_sA_s}}{W}=\frac{m_s}{W}\frac{f_iA_i}{f_sA_s}$$

定量时一般以内标物为基准，即 $f_s=1$。

本实验采用 FID 检测器对白酒中甲醇含量进行测定，内标法定量，即以叔戊醇为内标物，在相同的操作条件下，分别将等量的试样和含内标物的甲醇标准样进行色谱分析，由保留时间可确定试样中是否含有甲醇，比较试样和标准样中甲醇峰的峰高，可确定试样中甲醇的含量。

【实验用品】

1. 仪器　气相色谱仪（配 FID 检测器），电子天平，色谱柱（DB-FFAP），进样针，容量瓶，移液器，蒸馏瓶，冷凝管，试管。

2. 试剂　甲醇，叔戊醇，白酒，40％乙醇溶液。

【实验步骤】

1. 试样制备

(1) 发酵酒及其配制酒　吸取 100mL 试样于 500mL 蒸馏瓶中，并加入 100mL 水，加几颗沸石，连接冷凝管，用 100mL 容量瓶作为接收器（外加冰浴），并开启冷却水，缓慢加热蒸馏，收集馏出液，当接近刻度时，取下容量瓶，待溶液冷却到室温后，用水定容至刻度，混匀。准确吸取 10.00mL 蒸馏后的溶液于试管中，加入 0.10mL 叔戊醇标准溶液，混匀，备用。

(2) 酒精、蒸馏酒及其配制酒　准确吸取试样 10.00mL 于试管中，加入 0.10mL 叔戊醇标准溶液，混匀，备用。

2. 标准溶液配制

(1) 甲醇标准储备液（5000mg/L）　准确称取 0.5g（精确至 0.001g）甲醇至 100mL 容量瓶中，用乙醇溶液定容至刻度，混匀，备用。

(2) 叔戊醇标准溶液（20000mg/L）　准确称取 2.0g（精确至 0.001g）叔戊醇至 100mL 容量瓶中，用乙醇溶液定容至 100mL，混匀，备用。

(3) 甲醇系列标准工作液　分别吸取 0.50mL、1.00mL、2.00mL、4.00mL、5.00mL 甲醇标准储备液于 5 个 25mL 容量瓶中，用乙醇溶液定容至刻度，依次配制成甲醇含量为 100.00mg/L、200.00mg/L、400.00mg/L、800.00mg/L、1000mg/L 系列标准溶液，现配现用。

3. 仪器测定

(1) 色谱条件　初始温度为 60℃（1min），以 10℃/min 的速率升温至 170℃；进样口温度为 180℃；检测器温度为 200℃；分流比为 30∶1；进样量为 2μL。

(2) 标准曲线的绘制　上述实验条件下，平衡色谱柱，待基线平稳后，分别吸取 10mL 甲醇系列标准工作液于 5 个试管中，然后加入 0.10mL 叔戊醇标准溶液，混匀，注入气相色谱仪中，测定甲醇和内标叔戊醇色谱峰面积，以甲醇系列标准工作液的浓度为横坐标，以甲醇和叔戊醇色谱峰面积的比值为纵坐标，绘制标准曲线。

(3) 样品中甲醇含量的测定　将制备的试样溶液注入气相色谱仪中，以保留时间定性，同时记录甲醇和叔戊醇色谱峰面积的比值，根据标准曲线得到待测液中甲醇的浓度。

【数据记录与处理】

1. 标准曲线的绘制

甲醇的浓度/(mg/L)	100.00	200.00	400.00	800.00	1000.00	样品
甲醇/叔戊醇峰面积比值						

2. 试样中甲醇含量（测定结果需要按 100％酒精度折算时）

$$X = \frac{\rho}{C \times 1000}$$

式中，X 为试样中甲醇的含量，g/mL；ρ 为从标准曲线得到的试样溶液中甲醇的浓度，mg/L；C 为试样的酒精度；1000 为换算系数。

【注意事项】

1. 标准曲线的纵坐标为甲醇和叔戊醇色谱峰面积的比值。

2. 操作过程中，应在温度升高后再点火，关闭时，应先熄火再降温。

3. 配制各标准溶液时，应注意移液管和容量瓶的正确使用。

【思考题】

1. 为什么配制甲醇标准溶液时用 40％乙醇溶液做溶剂？

2. 内标法与外标法相比，其优缺点是什么？

实验三十七　气相色谱法测定食品中有机氯农药多组分残留量

【实验目的】

1. 掌握气相色谱法检测有机氯农药多组分残留量的方法及原理；
2. 复习气相色谱仪的构造、原理及操作方法。

【实验原理】

有机氯农药是防治植物病、虫害的含有氯元素的化合物，主要分为以苯为原料和以环戊二烯为原料的两大类。前者如杀虫剂六六六和 DDT，杀螨剂三氯杀螨砜和三氯杀螨醇等，杀菌剂五氯硝基苯和百菌清等；后者如杀虫剂的氯丹、七氯和艾氏剂等。有机氯农药化学性质稳定，难以降解，易通过食物链在人体中蓄积，如在肝、肾、心脏等组织内蓄积，在脂肪中蓄积最多。蓄积的农药还可通过母乳排出，禽类可转入卵、蛋等，影响后代。各国对有机氯农药在食品中的残留量控制甚严，中国从 20 世纪 60 年代开始禁止在蔬菜、茶叶、烟草等作物上施洒六六六和 DDT，但至今仍有检出。

本实验采用气相色谱法测定食品中有机氯农药多组分的残留量。试样中有机氯农药组分经有机溶剂提取，凝胶色谱净化，用毛细管柱气相色谱分离，电子捕获检测器检测，以保留时间定性，外标法定量。

【实验用品】

1. 仪器　气相色谱仪（配 ECD 检测器），凝胶净化柱［长 30cm，内径 2.3～2.5cm 具活塞玻璃色谱柱，柱底垫少许玻璃棉。用洗脱剂乙酸乙酯-环己烷（1＋1）浸泡的凝胶，以湿法装入柱中，柱床高约 26cm，凝胶始终保持在洗脱剂中］，全自动凝胶色谱系统［带有固定波长（254nm）的紫外检测器］，旋转蒸发仪，组织匀浆器，振荡器，氮气浓缩器。

2. 试剂　丙酮（分析纯，重蒸），石油醚（沸程 30～60℃，分析纯，重蒸），环己烷（分析纯，重蒸），正己烷（分析纯，重蒸），氯化钠（分析纯），无水硫酸钠（分析纯，将无水硫酸钠置于干燥箱中，于 120℃干燥 4h，冷却后，密闭保存），聚苯乙烯凝胶（bio-beads S-X3，200～400 目，或同类产品），有机氯农药标准品（纯度均应不低于 98％）。

【实验步骤】

1. 样品制备

（1）试样制备　蛋品去壳，制成匀浆；肉品去筋后，切成小块，制成肉糜。

（2）样品提取与分配

① 蛋类　称取试样 20g（精确到 0.01g）于 200mL 具塞锥形瓶中，加水 5mL（视试样水分含量加水，使总水量约为 20g。通常鲜蛋水分含量约 75％，加水 5mL 即可），再加入 40mL 丙酮，振摇 30min 后，加入氯化钠 6g，充分摇匀，再加入 30mL 石油醚，振摇 30min。静置分层后，将有机相全部转移至 100mL 具塞锥形瓶中经无水硫酸钠干燥，并量取 35mL 于旋转蒸发瓶中，浓缩至约 1mL，加入 2mL 乙酸乙酯-环己烷（1＋1）溶液再浓缩，如此重复 3 次，浓缩至约 1mL，供凝胶色谱净化使用，或将浓缩液转移至全自动凝胶渗透色谱系统配套的进样试管中，用乙酸乙酯-环己烷（1＋1）溶液洗涤旋转蒸发瓶数次，将洗涤液合并至试管中，定容至 10mL。

② 肉类　称取试样 20g（精确到 0.01g），加水 15mL（视试样水分含量加水，使总水量约 20g），加 40mL 丙酮，振摇 30min，以下按照蛋类试样"加入氯化钠 6g"起开始操作。

（3）样品的净化

　　① 手动凝胶色谱柱净化　将试样浓缩液经凝胶柱以乙酸乙酯环己烷（1＋1）溶液洗脱，弃去 0～35mL 馏分，收集 35～70mL 馏分。将其旋转蒸发浓缩至约 1mL，再经凝胶柱净化收集 35～70mL 馏分，蒸发浓缩，用氮气吹除溶剂，用正己烷定容至 1mL，留待 GC 分析。

　　② 全自动凝胶渗透色谱系统净化　试样由 5mL 试样环注入凝胶渗透色谱（GPC）柱，泵流速为 5.0mL/min，以乙酸乙酯环己烷（1＋1）溶液洗脱，弃去 0～7.5mL 馏分，收集 7.5～15mL 馏分，15～20mL 冲洗 GPC 柱。将收集的馏分旋转蒸发浓缩至约 1mL，用氮气吹至近干，用正己烷定容至 1mL，留待 GC 分析。

　　2. 标准溶液的配制

　　分别准确称取或量取上述农药标准品适量，用少量苯溶解，再用正己烷稀释成一定浓度的标准储备溶液。量取适量标准储备溶液，用正己烷稀释为系列混合标准溶液。

　　3. 仪器的测定

　　(1) 色谱条件　色谱柱（DM-5 石英弹性毛细管柱，长 30m，内径 0.32mm，膜厚 0.25μm），或等效柱。柱温：程序先升温至 90℃（1min）再以 40℃/min 的速率升至 170℃ 然后以 2.3℃/min 的速率升至 250℃（17min）再以 40℃/min 的速率升至 280℃（5min）。进样口温度：280℃。不分流进样，进样量：1μL。检测器：电子捕获检测器检测（ECD），温度为 300℃。载气及流速：氮气（N_2），流速为 1mL/min；尾吹，25mL/min。柱前压：0.5MPa。

　　(2) 标准曲线的绘制　在上述实验条件下，分别吸取 1μL 混合标准液注入气相色谱仪中，以标准溶液的浓度为横坐标，以峰面积或峰高为纵坐标绘制标准曲线。

　　(3) 样品溶液的测定　相同实验条件下，吸取 1μL 试样净化液注入气相色谱仪中，记录色谱图，以保留时间定性，以试样和标准的峰高或峰面积比定量。

　　4. 空白试验

　　除不加样品外，按照样品处理方法进行操作。

【数据处理】

　　1. 定性分析

农药名称	保留时间/min		农药名称	保留时间/min	
	标准品	样品		标准品	样品

　　2. 定量分析

　　(1) 标准曲线的绘制

混合基质标准工作溶液的浓度/(mg/L)					样品
峰高或峰面积					
线性方程					
相关系数					

　　(2) 样品中的含量　试样中各农药的含量，按照下面公式进行计算：

$$X=\frac{m_1 V_1 f \times 1000}{m V_2 \times 1000}$$

　　式中，X 为试样中各农药的含量，mg/kg；m_1 为被测样品中各农药的含量；V_1 为样液进样体积，μL；f 为稀释因子；m 为试样质量，g；V_2 为试样最后定容体积，mL。计算结果保留两位有效数字。

实验三十八　高效液相色谱法测定谷物中甲醛次硫酸氢钠和甲醛的含量

【实验目的】

1. 复习高效液相色谱仪的操作方法；

2. 掌握高效液相色谱法测定甲醛次硫酸氢钠和甲醛的操作方法及原理。

【实验原理】

甲醛次硫酸氢钠，又称吊白块，分子式为 $CH_3NaO_3S \cdot 2H_2O$，分子量为154.12，结构式见下图，为白色块状或结晶性粉末，溶于水，因其具有较强的还原性，故常在印染工业上作拔染剂或用作糖类等的漂白剂，还可用作丁苯橡胶聚合中的活化剂等。

甲醛，又称蚁醛，俗称福尔马林，化学式为 HCHO，分子量为30.00。为无色水溶液或气体，有刺激性气味，易溶于水和乙醚，水溶液浓度最高可达55％，pH 值为 2.8～4.0，具有还原性，尤其是在碱性溶液中，还原能力更强。甲醛自身能缓慢进行缩合反应，特别容易发生聚合反应。甲醛具有杀菌性，所以常用作防腐剂，因其性能优良，在工业机械、汽车制造、电子电器等诸多工业领域都有着广泛应用。甲醛和甲醛次硫氢钠均有毒性，如果长期过量食用或者过量应用在纺织品、木材上并长期使用会对人体造成严重损害。

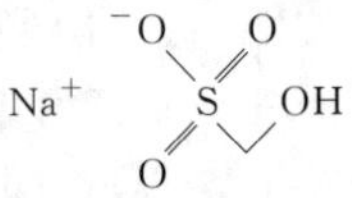

甲醛次硫酸氢钠结构式

本实验采用高效液相色谱仪测定食品中甲醛次硫酸氢钠和甲醛的含量。在酸性溶液中，样品中残留的甲醛次硫酸氢钠分解释放出的甲醛被水提取，提取后的甲醛与2,4-二硝基苯肼发生加成反应，生成黄色的2,4-二硝基苯腙，用正己烷萃取后，经 C_{18} 色谱柱分离，紫外检测器分析，用标准曲线法定量。

【实验用品】

1. 仪器　高效液相色谱仪（配紫外检测器），恒温水浴锅，高速组织捣碎机，高速离心机，振荡机，具塞锥形瓶，容量瓶，比色管，移液管。

2. 试剂　正己烷（色谱纯），盐酸-氯化钠溶液（称取20g 氯化钠于1000mL 容量瓶中，用少量水溶解，加 60mL 浓盐酸，加水至刻度），磷酸氢二钠溶液（18g $Na_2HPO_3 \cdot 12H_2O$，加水溶解并定容至100mL），2,4-二硝基苯肼（DNPH，纯化方法见注意事项），衍生剂（称取经过纯化处理的 DNPH 200mg，用乙腈溶解并定容至100mL），甲醛（标准品，纯度≥99.5％）。

【实验步骤】

1. 样品的制备

（1）提取　精确称取小麦粉或大米粉样品约 5g（精确至 0.01g）于150mL 具塞锥形瓶中，加入 50mL 盐酸-氯化钠溶液，置于振荡机上振荡提取 40min。对于小麦粉或大米粉制品，称取 20g 于组织捣碎机中，加 200mL 盐酸-氯化钠溶液以 2000r/min 的速率捣碎 5min，转入 250mL 具塞锥形瓶中，置于振荡机上振荡提取 40min。将提取液倒入离心管中，以 10000r/min 的速率离心 15min（或 4000r/min 离心 30min）。

（2）衍生化　分别移取谷物制品提取液 2.0mL，蔬菜提取液 5.0mL 于 25mL 比色管中，加入 1mL 磷酸氢二钠溶液，0.5mL 衍生剂，补加水至 10mL，盖上塞子，摇匀。置于 50℃ 水浴中加热 40min 后，取出用流水冷却至室温。准确加入 5.0mL 正己烷，将比色管横置，水平方向轻轻振摇 3～5 次后，将比色管倾斜放置，增加正己烷与水溶液的接触面积。在 1h 内，每隔 5min 轻轻振摇 3～5 次，然后再静置 30min，过 $0.22\mu m$ 滤膜，取 $10\mu L$ 正己烷萃取液进样。注意振摇时不宜剧烈，以免发生乳化。如果出现乳化现象，滴加 1～2 滴无水乙醇。

2. 标准溶液的配制

（1）标准储备液的配制　取 1mL36％～38％甲醛溶液，用水定容至 500mL，使用前按 GB/T 2912.1—1998 中的亚硫酸钠法标定甲醛浓度，或者用甲醛标准溶液配制成 $40\mu g/mL$ 的标准储备液，此溶液放置于冰箱中 4℃可保存 1 个月。

（2）标准中间液的配制　准确量取一定量经标定的甲醛标准储备液，配制成 $2\mu g/mL$ 的甲醛标准中间液，此标准中间液必须使用当天配制。

（3）标准工作液的配制　分别准确移取 0.00mL、0.25mL、0.50mL、1.00mL、2.00mL、4.00mL 甲醛标准中间液于 25mL 比色管中（相当于 $0.00\mu g$、$0.50\mu g$、$1.00\mu g$、$2.00\mu g$、$4.00\mu g$、$8.00\mu g$ 甲醛），分别加入 2mL 盐酸-氯化钠溶液，1mL 磷酸氢二钠溶液，0.5mL 衍生剂，然后补加水至 10mL，盖上塞子，摇匀。置于 50℃水浴中加热 40min 后，取出用流水冷却至室温。准确加入 5.0mL 正己烷，将比色管横置，水平方向轻轻振摇 3～5 次后，将比色管倾斜放置，增加正己烷与水溶液的接触面积。在 1h 内，每隔 5min 轻轻振摇 3～5 次，然后再静置 30min，取 $10\mu L$ 正己烷萃取液进样。

3. 仪器的测定

（1）色谱条件　流动相：乙腈＋水（70＋30）。C_{18} 柱（4.6mm×250mm，$5\mu m$），柱温：40℃。流速：0.8～1.0mL/min。检测器波长：355 nm。

（2）标准曲线的绘制　在上述的色谱条件下，将衍生化的标准工作液注入高效液相色谱仪中，以所取甲醛标准工作液中甲醛的质量（μg）为横坐标，甲醛衍生物苯腙的峰面积为纵坐标，绘制标准工作曲线。

（3）样品的测定　在上述的色谱条件下，将样品溶液注入高效液相色谱分析，将峰面积代入标准曲线查得样品溶液中甲醛的浓度。

4. 空白试验

除不加试样，按照实验步骤操作进行空白试验。

【数据处理】

1. 定性分析

项目	标准品	样品
保留时间/min		

2. 定量分析

（1）标准曲线的绘制

甲醛的质量/μg	0.00	0.50	1.00	2.00	4.00	8.00	样品
峰面积							
线性方程							
相关系数							

（2）样品的含量　样品中甲醛次硫酸氢钠含量（以甲醛计），按照下式进行计算：

$$C = \frac{\dfrac{M}{2} \times V}{m}$$

式中，C 为样品中甲醛含量，$\mu g/g$；M 为按甲醛衍生物苯腙峰面积，从标准工作曲线中查得的甲醛的质量，μg；V 为样品加提取液的体积，mL；2 为测定用样品提取液体积，mL；m 为样品质量，g。计算结果保留小数点后 1 位。

【注意事项】

1. 正己烷萃取时，应注意萃取液充分振摇。

2.2,4-二硝基苯肼纯化方法：称取约 20g DNPH 于烧杯中，加 167mL 乙腈和 500mL 水，搅拌至完全溶解，放置过夜。用定性滤纸过滤结晶，分别用水和乙醇反复洗涤 5～6 次后置于干燥器中备用。

【思考题】

1. 查资料，了解衍生化反应的原理？

2. 为什么测定甲醛次硫酸氢钠的含量可以用测定甲醛的含量代替？

实验三十九　高效液相色谱法测定动物性食品中阿莫西林的残留量

【实验目的】

1. 熟练掌握高效液相色谱仪的操作及日常维护、保养；

2. 学会 C_{18} 固相萃取粒的净化方法及原理；

3. 掌握高效液相色谱仪测定肉制品中阿莫西林的方法及原理。

【实验原理】

阿莫西林，化学名称：（2S，5R，6R）-3,3-二甲基-6-[(R)-(一)-2-氨基-2-(4-羟基苯基)乙酰氨基]-7-氧代-4-硫杂-1-氮杂双环[3.2.0]庚烷-2-甲酸三水合物，又名安莫西林或安默西林，也叫阿木西林，分子式为 $C_{16}H_{19}N_3O_5S \cdot 3H_2O$，分子量为 419.46，结构式见下图。为白色或类白色结晶性粉末；味微苦。本品在水中微溶，在乙醇中几乎不溶。阿莫西林为 β-内酰胺类抗生素，常用于上、下呼吸道感染、泌尿生殖系统感染及皮肤软组织感染。作为兽药，常用于治疗严重的猪肺炎、子宫炎、乳腺炎及泌尿道感染等炎症。

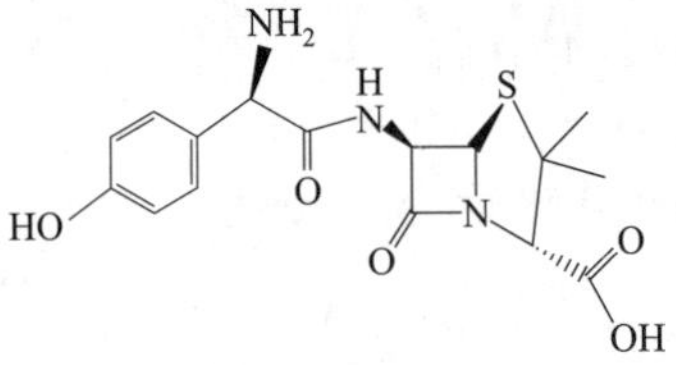

阿莫西林结构式

本实验采用高效液相色谱法测定动物性样品中阿莫西林的含量。匀浆后的试样经过磷酸提取液提取和三氯乙酸沉淀蛋白，过 C_{18} 固相萃取柱净化，用合适的溶剂选择洗脱，经过衍生化后，供紫外检测器测定，外标法定量。

【实验用品】

1. 仪器　高效液相色谱仪（配紫外检测器），电子天平，涡旋混合器，组织匀浆机，离心管，固相萃取装置，离心机，固相萃取柱 C_{18}（100 mg/mL，含碳量≥16%），氮吹仪，恒温水浴锅，0.45μm 水相滤膜。

2. 试剂　三氯乙酸（2%，75%），1,2,4-三唑，氯化汞（0.026mol/L），乙腈（色谱纯），甲醇（色谱纯），磷酸缓冲液（0.05mol/L：取磷酸氢二钠 6.28g，磷酸二氢钠 5.11g，硫代硫酸钠 3.11g，加水使其溶解，并稀释至 1000mL，使用前，过 0.45μm 滤膜），乙酸酐乙腈溶液（0.20mol/L：取乙酸酐 0.1mL，加乙腈稀释至 5mL），氢氧化钠溶液（5.0mol/L），阿莫西林（标准品，纯度≥98.9%），衍生化试剂（取 1,2,4-三唑 1.37g 加 6mL 水使其溶解，加 1mL0.026mol/L 氯化汞溶液，用 5.0mol/L 氢氧化钠溶液调 pH 至 9.0，加水稀释至 10mL，随配随用）。

【实验步骤】

1. 样品制备

（1）提取　准确称取切碎的鸡肉（牛肉、猪瘦肉）5.00g（准确至0.01g），置于30mL匀浆杯中，加75％三氯乙酸溶液10mL，以1000r/min的转速匀浆1min，匀浆液转入50mL离心管中，振荡混合5min，以4000r/min的转速离心10min，上清液转入另一个25mL离心管中。用75％三氯乙酸溶液5mL，洗刀头及匀浆杯，转入同一个50mL离心管中洗残渣，搅匀，振荡，离心。合并上清液于同一个25mL离心管中，加入0.5mL 75％三氯乙酸溶液，涡旋振荡20s，以4000r/min的转速离心10min，上清液作备用液。

（2）净化　C_{18}固相萃取柱依次用5mL甲醇，2mL水和2mL 2％三氯乙酸溶液润洗。将备用液过C_{18}柱，依次用2mL 2％三氯乙酸溶液和2mL水洗，真空抽干。用3mL乙腈洗脱，真空抽干，收集洗脱液。在样液过柱和洗脱过程中流速控制在1mL/min左右。

（3）衍生化反应　洗脱液在40℃下用氮气吹干，加0.2mL水和0.2mL 0.025mol/L pH为9.0的磷酸氢二钠缓冲液，涡旋振荡使其溶解。加0.05mL 0.2mol/L的乙酸酐乙腈溶液，室温下反应10min后，加0.55mL衍生化试剂，密封，涡旋混匀，于60℃恒温水浴中衍生反应1h，衍生结束后冷却至室温，溶液用滤膜过滤，作为试样溶液，供高效液相色谱分析。

2. 标准溶液的配制

（1）标准储备液的配制　准确称取阿莫西林对照品25mg（准确至0.0001g），加水使溶解稀释至浓度约为1.0mg/mL的储备液（冰箱冷藏保存，有效期1个月）。

（2）标准中间液的配制　准确移取5.00mL阿莫西林标准储备液，用水稀释成浓度为10μg/mL的阿莫西林标准中间液。

（3）标准工作液的配制　分别准确移取标准中间液0.25mL、0.50mL、1.00mL，用水稀释成浓度分别为0.05μg/mL、0.10μg/mL、0.25μg/mL、0.50μg/mL、1.00μg/mL的阿莫西林标准工作液。各准确量取0.20mL，按衍生化反应步骤衍生，得到系列浓度的阿莫西林衍生化产物。将溶液滤膜过滤，供高效液相色谱分析。

3. 仪器的测定

（1）色谱条件　色谱柱：C_{18}（250mm×4.6mm，粒径5μm），或相当者。流动相：0.05mol/L磷酸盐缓冲液——乙腈（84＋16），用前过滤膜。流速：1.0mL/min，检测波长：323 nm，进样量：20μL。

（2）标准曲线的绘制　在上述色谱条件下，将衍生化的不同浓度标准工作液注入高效液相色谱仪中，根据相近浓度与峰面积响应值计算样品溶液的浓度。

（3）样品的测定　在上述色谱条件下，将处理后的样品溶液注入高效液相色谱仪中，测得阿莫西林的峰面积。

4. 空白试验

不加样品，按照实验步骤操作进行空白试验。

【数据处理】

1. 定性分析

项目	标准品	样品
保留时间/min		

2. 样品的含量

样品中阿莫西林的含量，按照下式进行计算：

$$X = \frac{AcV}{A_S m}$$

式中，X 为样品中阿莫西林的残留量，ng/g；A 为样品溶液中阿莫西林衍生物的峰面积；A_S 为标准工作液中阿莫西林衍生物的峰面积；c 为标准工作液中阿莫西林的浓度，ng/mL；V 为样品溶液体积，mL；m 为样品质量，g。计算结果保留至小数点后两位。

【注意事项】

1. C_{18} 固相萃取柱净化时应注意流速不要大于 1mL/min。

2. 实验中应控制好衍生化反应的温度和时间。

【思考题】

1. 实验中为什么用 5mL 甲醇，2mL 水和 2mL 2％三氯乙酸溶液润洗 C_{18} 固相萃取柱？

2. 衍生化反应的机理是什么？

实验四十　高效液相色谱法测定鸡肉中土霉素、四环素、金霉素、强力霉素残留量

【实验目的】

1. 熟练液相色谱仪的操作方法；

2. 复习液相色谱法-紫外检测器检测方法及原理。

【实验原理】

土霉素，又名盐酸地霉素，也叫氧环素，分子式为 $C_{22}H_{24}N_2O_9$，分子量为 460.45，结构式见下图。其为淡黄色结晶性或非晶态粉末，无嗅，在日光下颜色变暗，在碱性溶液中易破坏失效，常含有两个分子结晶水，熔点为 181～182℃（分解），微溶于水，溶于乙醇、丙酮和乙二醇，不溶于乙醚和氯仿，是一种广谱的半合成抗生素，是抑菌性药物。可用于治疗动物的呼吸道、尿道、皮肤及软组织感染，亦用于预防犬的钩端螺旋体等病。四环素，又称四环素水合物，分子式为 $C_{22}H_{24}N_2O_8$，分子量为 444.45，结构式见下图，为黄色晶体，味苦，熔点为 170～175℃（分解），溶于乙醇和丙酮，微溶于水，不溶于醚及石油醚。在空气中稳定，但易吸收水分，受强日光照射变色。盐酸四环素是广谱抗生素，对多数革兰氏阳性与阴性菌有抑制作用，高浓度有杀菌作用，广泛应用于革兰氏阳性和阴性细菌、细胞内支原体、衣原体和立克次氏体引起的感染，因四环素有促生长作用，还被很多不法经营者大量用作生长促进剂投喂给动物。金霉素，又称氧四环素，分子式为 $C_{22}H_{23}ClN_2O_8$，分子量为 478.88，结构式见下图，为金色黄色晶体粉末，溶解于乙醇后经酸析得粗品，经溶解、成盐得盐酸盐结晶，熔点为 168～169℃。作用及抗菌谱与四环素相同，但在四环素类中不良反应最大（金霉素＞土霉素＞四环素）。强力霉素，分子式为 $C_{22}H_{24}N_2O_8$，分子量为 444.44，结构式见下图，淡黄色或黄色结晶性粉末，味苦，在水中或甲醇中易溶，在乙醇或丙酮中微溶，在氯仿中不溶，熔点：206～209℃。常用其盐酸盐，为淡黄色或黄色结晶性粉末，在水中或甲醇中易溶，在乙醇或丙酮中微溶，在氯仿中不溶，是抗生素——四环素类药物，可以治疗衣原体、支原体感染。因其有着抗菌和抑菌作用而被广为使用，现证明这些药物可在动物肌肉、动物内脏中残留，所以必须在国家规定的范围内使用。

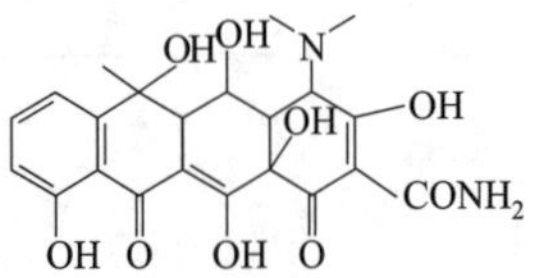

土霉素结构式 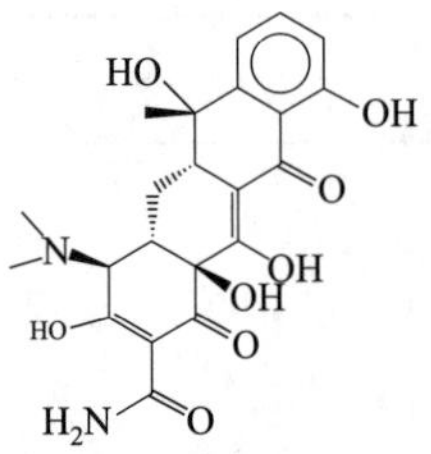　　　　　　四环素结构式

金霉素结构式   强力霉素结构式

本实验采用高效液相色谱法检测鸡肉中土霉素、四环素、金霉素、强力霉素的残留量。用 0.1mol/L Na_2EDTA-Mcllvaine（pH＝4.0±0.05）缓冲溶液提取样品中四环素类抗生素残留，提取液经离心后，取上清液用 Oasis HLB 或相当的固相萃取柱和羧酸型阳离子交换柱净化，用紫外检测器测定，标准加入法定量。

【实验用品】

1. 仪器 高效液相色谱仪（配紫外检测器），电子天平，涡旋混合器，固相萃取装置，储液器（50mL），高速离心机（最大转速 13000r/min），刻度样品管（5mL），真空泵（真空度能达到 80kPa），振荡器，平底烧瓶（100mL），pH 计，Oasis HLB 或相当的固相萃取柱（500mg，6mL），阳离子交换柱（羧酸型，500mg，3mL）。

2. 试剂 甲醇（色谱纯），乙腈（色谱纯），乙酸乙酯（色谱纯），磷酸氢二钠（GR，0.2mol/L），柠檬酸（0.1mol/L），乙二胺四乙酸二钠，草酸，Mcllvaine 缓冲液（1000mL 0.1mol/L 柠檬酸与 625mL 0.2mol/L 磷酸氢二钠混合，必要时用氢氧化钠或盐酸调 pH＝4.0±0.05），甲醇＋水（1＋19），0.1mol/L Na_2EDTA-Mcllvaine 缓冲液（60.50g 乙二胺四乙酸钠放入 1625mL Mcllvaine 缓冲液中，使其溶解，摇匀），0.01mol/L 草酸-乙腈溶液（1＋1：量取 50mL 0.01mol/L 草酸＋50mL 乙腈）。

【实验步骤】

1. 样品制备

（1）试样处理 从全部样品中取出有代表性的样品约 1kg，充分搅碎，混匀，分别装入洁净容器内。密封作为试样，标明标记，备用。

（2）提取 称取 6g 试样（精确至 0.01g）置于 50mL 具塞聚丙烯离心管中，加入 30mL 0.1mol/L Na_2EDTA-Mcllvaine 缓冲溶液（pH＝4）于涡旋混合器上快速混合 1min。再用振荡器振荡 10min，以 10000r/min 的转速离心 10min。上清液倒入另一个离心管中，残渣中再加入 20mL 缓冲溶液，重复提取一次，合并上清液。

（3）净化 将上清液倒入下接 Oasis HLB（使用前用 5mL 甲醇、10mL 水活化，并保持柱体湿润）或相当的固相萃取柱储液器中，上清液以≤3mL/min 的流速通过固相萃取柱，待上清液完全流出后，用 5mL 甲醇＋水（1＋19）洗柱，弃去全部流液，在 65kPa 负压下，减压抽干 40min，最后用 15mL 乙酸乙酯洗脱，收集洗脱液于 100mL 平底烧瓶中。将上述洗脱液在减压情况下以≤3mL/min 的流速通过羧酸型阳离子交换柱（使用前用 5mL 甲醇淋洗，并保持柱体湿润），待洗脱液全部流出后，用 5mL 甲醇洗柱，弃去全部流出液。在 65kPa 负压下，减压抽干 5min，再用 4mL 流动相洗脱，收集洗脱液于 5mL 样品管中，定容至 4mL，供液相色谱仪测定。

2. 标准溶液的配制

① 标准储备溶液配制 准确称取 10mg（精确至 0.0001g）的各标准品于 100mL 容量瓶中，分别用甲醇配成 0.1mg/mL 的标准储备液（−18℃储存）。

② 混合标准工作溶液 根据需要用流动相将各标准储备液稀释成 5.00ng/mL、10.00ng/mL、50.00ng/mL、100.00ng/mL、200.00ng/mL 的混合标准工作溶液（现用现配）。

3. 仪器的测定

（1）色谱条件　色谱柱（MightsilRP-18GP，3μm，150mm×4.6mm）或相当者。流动相：0.01mol/L 草酸溶液-乙腈-甲醇（77＋18＋5）。流速：0.5～1.0mL/min。柱温：35℃。检测波长：350nm。进样量：20μL。

（2）标准曲线的绘制　在上述色谱条件下，将混合标准工作液分别注入高效液相色谱仪中，以浓度为横坐标，峰面积为纵坐标，绘制标准工作曲线。

（3）样品的测定　在上述色谱条件下，将待测液注入高效液相色谱仪中，将各样品溶液中土霉素、四环素、金霉素、强力霉素的峰面积代入标准曲线查得样品溶液中的浓度。

4. 空白试验

空白试验需与测定平行进行，用同样的方法和试剂，但不加样品。

【数据处理】

1. 定性分析

项目	标准品			样品		
保留时间/min						

2. 定量分析

（1）标准曲线的绘制

土霉素标准溶液浓度/(ng/mL)	5.00	10.00	50.00	100.00	200.00
峰面积					
相关系数					
线性方程					
四环素标准溶液浓度/(ng/mL)	5.00	10.00	50.00	100.00	200.00
峰面积					
相关系数					
线性方程					
金霉素标准溶液浓度/(ng/mL)	5.00	10.00	50.00	100.00	200.00
峰面积					
相关系数					
线性方程					
强力霉素标准溶液浓度/(ng/mL)	5.00	10.00	50.00	100.00	200.00
峰面积					
相关系数					
线性方程					

（2）样品中的含量　样品中土霉素、四环素、金霉素、强力霉素的含量，按照下面公式进行计算：

$$X = \frac{cV \times 1000}{m \times 1000}$$

式中，X 为试样中被测组分残留量，mg/kg；c 为从标准工作曲线得到的被测组分溶液浓度，μg/mL；V 为试样溶液定容体积，mL；m 为试样溶液所代表试样的质量，g。计算结果应扣除空白值并保留两位有效数字。

【注意事项】

1. 因残留量很少，提取和净化过程中应注意污染和损失的问题。

2. 活化时，活化试剂必须浸泡固相萃取柱，使柱身保持湿润。

实验四十一　高效液相色谱法测定禽肉中己烯雌酚的含量

【实验目的】

1. 掌握 HPLC 法检测兽药残留的含量的方法及原理；
2. 复习高效液相色谱仪的构造、原理及操作方法。

【实验原理】

己烯雌酚，又称去氢己烯雌酚，也叫丙酸己烯雌酚，分子式为 $C_{18}H_{20}O_2$，分子量为268.36，结构式见下图。其为无色结晶或白色结晶性粉末，几乎无嗅，含有酚羟基，遇光易变质，几乎不溶于水，溶于乙醇。己烯雌酚是一种人工合成的性激素，对动物的正常合成代谢有刺激作用，可用于提高动物的增长率，因此一直作为促进剂用在牛、羊、猪等兽禽饲养中，这种兽药可在动物肌肉、肝脏中残留，是一种致癌物质，会对人体造成损害，甚至可诱发子宫癌或白血病等。目前，国家规定兽禽肉中己烯雌酚不得检出。

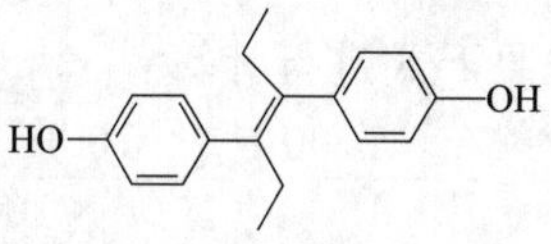

己烯雌酚结构式

本实验采用高效液相色谱法测定样品中己烯雌酚的残留量。试样匀浆后，经甲醇提取过滤，注入 HPLC 中，经紫外检测器在波长 230nm 处测定吸光度，标准加入法定量。

【实验用品】

1. **仪器**　高效液相色谱仪（配紫外检测器），小型绞肉机，振荡器，离心机。
2. **试剂**　甲醇（色谱纯、分析纯），磷酸二氢钠（0.043mol/L），磷酸。

【实验步骤】

1. 样品制备

称取 5g（精确至 0.01g）绞碎（<5mm）的鸡肉放入 50mL 具塞离心管中，加 10mL 甲醇，充分搅拌，振荡 20min，于 3000r/min 的转速离心 10min，将上清液移出，重复一次，合并上清液，此时若出现混浊，需再离心 10min，取上清液过 0.45μm 滤膜，备用。

2. 标准溶液的配制

（1）标准储备液的配制　精密称取 100mg（精确至 0.0001g）己烯雌酚于 100mL 容量瓶中，用甲醇溶解，定容，混匀。得 1.0mg/mL 标准储备液（储于冰箱中）。

（2）己烯雌酚标准工作液　吸取 10.00mL 标准储备液于 100mL 容量瓶中，加甲醇至刻度，混匀。得 100.00μg/mL 标准工作液（现用现配）。

3. 仪器的测定

（1）色谱条件　色谱柱：C_{18}（5μm，6.2mm×150mm 不锈钢柱）。流动相：甲醇+0.043mol/L 磷酸二氢钠（70+30），用磷酸调 pH=5。检测波长：230nm。流速：1mL/min。进样量：20μL。柱温：室温。

（2）标准曲线绘制　称取 5 份（准确至 0.0001g）绞碎的肉试样放入 50mL 具塞离心管中，分别加入不同浓度的标准液（6.00μg/mL、12.00μg/mL、18.00μg/mL、24.00μg/mL）各1.0mL，同时做空白。其中甲醇总量为 20.00mL，使其测定浓度为 0.00μg/mL、0.30μg/mL、0.60μg/mL、0.90μg/mL、1.20μg/mL，按提取方法提取。在上述色谱条件下，分别注入高效液相色谱仪中，以己烯雌酚的浓度为横坐标，峰高为纵坐标，绘制工作曲线。

（3）样品测定　相同色谱条件下，将样品溶液注入高效液相色谱仪中，得色谱图，以保留时间定性，峰面积定量，求算己烯雌酚的浓度。

4. 空白试验

空白试验需与测定平行进行，用同样的方法和试剂，但不加样品。

【数据处理】

1. 定性分析

项目	己烯雌酚标准品	样品中己烯雌酚
保留时间/min		

2. 定量分析

（1）标准曲线的绘制

己烯雌酚标准溶液浓度/(μg/mL)	0.00	0.30	0.60	0.90	1.20	样品
峰面积						
线性方程						
相关系数						

（2）样品中的含量

样品中己烯雌酚的残留量，按照下式进行计算：

$$X = \frac{A \times 1000}{m \dfrac{V_2}{V_1}} \times \frac{1000}{1000 \times 1000}$$

式中，X 为试样中己烯雌酚含量，mg/kg；A 为进样体积中己烯雌酚的含量，ng；m 为试样的质量，g；V_2 为进样体积，μL；V_1 为试样甲醇提取液总体积，mL。

【注意事项】

1. 处理流动相时应先调好酸度再进行过滤、超声排气。

2. 样品提取时应注意损失。

【思考题】

想一想，本次实验中采取的定量方法与普通外标法有什么不同？

实验四十二   高效液相色谱法测定牛奶中三聚氰胺的含量

【实验目的】

1. 掌握高效液相色谱法检测牛奶中三聚氰胺含量的方法及原理；

2. 学习阳离子固相萃取柱的净化原理及操作方法。

【实验原理】

三聚氰胺，化学名称为 1,3,5-三嗪-2,4,6-三胺，俗称密胺，又称蛋白精，分子式为 $C_3H_6N_6$，分子量为 126，结构式见下图，为白色单斜晶体，熔点为 354℃，不可燃，在常温下性质稳定，几乎无味，微溶于水（3.1g/L，常温），可溶于甲醇、甲醛、乙酸、热乙二醇、甘油、吡啶等，不溶于丙酮、醚类，对身体有害。2017 年 10 月 27 日，世界卫生组织国际癌症研究机构公布的致癌物清单初步整理参考，三聚氰胺在 2B 类致癌物清单中，所以不可用于食品加工或食品添加物。

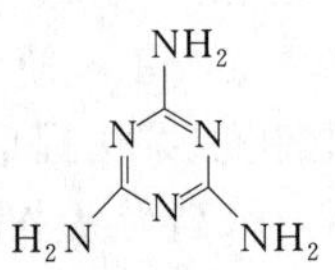

三聚氰胺结构式

本实验采用高效液相色谱法检测三聚氰胺的含量。先将试样用三氯乙酸溶液和乙腈溶液超声提取，经阳离子交换固相萃取柱净化后，用紫外检测器测定，外标法定量。

【实验用品】

1. 仪器　高效液相色谱仪（配紫外检测器或二极管阵列检测器），电子天平，离心机（≥4000r/min），超声波清洗器，固相萃取仪装置，氮气吹干仪，涡旋混合器，研钵，具塞塑料离心管（50mL），定性滤纸，海砂（化学纯，粒度 0.65～0.85mm），二氧化硅（含量为 99%），微孔滤膜（0.2μm），阳离子交换固相萃取柱（混合型阳离子交换固相萃取柱，基质为苯磺酸化的聚苯乙烯-二乙烯基苯高聚物，填料质量为 60mg，体积为 3mL 或相当者，使用前依次用 3mL 甲醇 5mL 水活化），氮气（纯度≥99.99%）。

2. 试剂　甲醇（色谱纯），乙腈（色谱纯），氨水（含量 25%～28%），三氯乙酸溶液（1%），柠檬酸，辛烷磺酸钠（色谱纯），甲醇水溶液（1+1：量取 50mL 甲醇＋50mL 蒸馏水），氨化甲醇溶液（5%），离子对试剂缓冲液（准确称取 2.10g 柠檬酸和 2.16g 辛烷磺酸钠，加入约 980mL 水溶解，调节 pH 至 3.0 后，定容至 1L 备用）。

【实验步骤】

1. 样品制备

(1) 提取　液态奶、奶粉、酸奶、冰淇淋和奶糖等：称取 2g（精确至 0.01g）试样于 50mL 具塞塑料离心管中，加入 15mL 三氯乙酸溶液和 5mL 乙腈，超声提取 10min，再振荡提取 10min 后，以不低于 4000r/min 的转速离心 10min，上清液经三氯乙酸溶液润湿的滤纸后，用三氯乙酸溶液定容至 25mL，移取 5mL 滤液，加入 5mL 水混匀后做待净化液。

(2) 净化　将待净化液转移至固相萃取柱中。依次用 3mL 水和 3mL 甲醇洗涤，抽至近干后，用 6mL 氨化甲醇溶液洗脱。整个固相萃取过程流速不超过 1mL/min。洗脱液于 50℃下用氮气吹干，残留物（相当于 0.4g 样品）用 1mL 流动相定容，涡旋混合 1min，过 0.22μm 微孔滤膜后，供 HPLC 测定。

2. 标准溶液的配制

(1) 三聚氰胺标准储备液的配制　准确称取 100mg（精确至 0.01mg）三聚氰胺标准品于 100mL 容量瓶中，用甲醇水溶液溶解并定容至刻度，配制成浓度为 1mg/mL 的标准储备液。

(2) 标准工作液的配制　用流动相将三聚氰胺标准储备液逐级稀释得到浓度为 0.80μg/mL、2.00μg/mL、20.00μg/mL、40.00μg/mL、80.00μg/mL 的标准工作液。

3. 仪器的测定

(1) 色谱条件　色谱柱（C_{18} 柱：250mm×4.6mn，5μm）或相当者。流动相：离子对试剂缓冲液-乙腈（90＋10）。流速：1.0mL/min。柱温：40℃。波长：240nm。进样量：20μL。

(2) 标准曲线的绘制　在上述色谱条件下，将标准工作液分别注入高效液相色谱仪，以浓度为横坐标，峰面积为纵坐标，绘制标准曲线。

(3) 样品的测定　在上述色谱条件下，将待测样液注入高效液相色谱仪，将三聚氰胺的峰面积代入标准曲线查得样品溶液的浓度。

4. 空白试验

用同样的方法和试剂，但不加样品。

【数据处理】

1. 定性分析

项目	三聚氰胺标准品	样品中三聚氰胺
保留时间/min		

2. 定量分析

（1）标准曲线的绘制

三聚氰胺标准溶液浓度/(μg/mL)	0.80	2.00	20.00	40.00	80.00	样品
峰面积						
线性方程						
相关系数						

（2）样品中的含量　样品中三聚氰胺的含量，按照下面公式进行计算：

$$X = \frac{AcV \times 1000}{A_S m \times 1000} \times f$$

式中，X 为样品中三聚氰胺的含量，mg/kg；A 为样液中三聚氰胺的峰面积；c 为标准溶液中三聚氰胺的浓度，μg/mL；V 为样液最终定容体积，mL；A_S 为标准溶液中三聚氰胺的峰面积；m 为试样质量，g；f 为稀释倍数。计算结果保留两位有效数字。

【注意事项】

1. 净化时应注意样品中三聚氰胺的损耗。
2. 氮吹时注意不要把液体溅出。

【思考题】

1. 离子对色谱法的阴离子、阳离子的离子对试剂都有哪些？
2. 想一想，离子对色谱法和离子色谱法有什么区别？
3. 阳离子固相萃取柱的净化原理是什么？

实验四十三　离子色谱法测定蔬菜、水果中亚硝酸盐与硝酸盐的含量

【实验目的】

1. 学会 C_{18} 固相萃取柱的使用方法及工作原理；
2. 掌握离子色谱法检测亚硝酸盐与硝酸盐含量的方法及原理；
3. 复习离子色谱仪的构造、原理及操作方法。

【实验原理】

亚硝酸盐，是一类无机化合物的总称，主要指亚硝酸钠，为白色至淡黄色粉末或颗粒状，味微咸，易溶于水。硝酸盐是硝酸衍生的化合物的统称，一般为金属离子或铵根离子与硝酸根离子组成的盐类。常见的硝酸盐有：硝酸钠、硝酸钾、硝酸铵等。硝酸盐几乎全部易溶于水。硝酸盐本身是没有毒性的，但在人体内可转化成亚硝酸盐，导致正铁血红蛋白血症，而使患者的皮肤呈青紫色从而导致中毒。在食品中，亚硝酸盐和硝酸盐常用来做防腐剂和增色剂。如肉类制品加工过程中，添加硝酸盐和亚硝酸盐来增加食品的色泽；腌制菜中的亚硝酸盐能起到防腐和杀菌的作用，提高食品的储存期。但亚硝酸盐引起食物中毒的概率较高。食入 0.3～0.5g 的亚硝酸盐即可引起中毒，3g 则会导致死亡。所以硝酸盐和亚硝酸盐

的使用必须在国家规定的范围内。

本实验采取离子色谱法测亚硝酸盐和硝酸盐的含量。先将试样经沉淀蛋白质、除去脂肪后，采取相应的方法提取和净化，以氢氧化钾溶液为淋洗液，阴离子交换柱分离，电导检测器检测。以保留时间定性，外标法定量。

【实验用品】

1. 仪器 离子色谱仪（配电导检测器及抑制器），高容量阴离子交换柱，$50\mu L$ 定量环），粉碎机，超声波清洗器，电子天平，高速离心机，$0.22\mu m$ 水性滤膜，净化柱（C_{18} 柱、Ag 和 Na 柱或等效柱），注射器（1.0mL 和 2.5mL）。

2. 试剂 乙酸溶液（3%），氢氧化钾溶液（1mol/L）。

注：所有玻璃器使用前均需依次用 2mol/L 氢氧化钾和水分别浸泡 4h，然后用水冲洗 3～5 次，晾干备用。

【实验步骤】

1. 样品制备

（1）试样预处理 蔬菜、水果试样用自来水洗净后，用去离子水冲洗，晾干，取可食用部分切碎混匀。将切碎的样品用四分法取适量，用食物粉碎机制成匀浆，备用。如需加水应记录加水量。

（2）提取 称取处理好的试样 5g（精确至 0.001g）于 150mL 具塞锥形瓶中，加入 80mL 水，1mol/L 氢氧化钾溶液 1mL，超声提取 30min，每隔 5min 振摇 1 次，保持固相完全分散。于 75℃水浴中放置 5min，取出放置至室温，定量转移至 100mL 容量瓶中。加水稀释至刻度，混匀。溶液经滤纸过滤后，取部分溶液于 10000r/min 的转速下离心 15min，取上清液备用。

（3）样品的净化

① 固相萃取柱活化 C_{18} 柱（1.0mL）使用前依次用 10mL 甲醇、15mL 水通过，静置活化 30min。Ag 柱（1.0mL）和 Na 柱（1.0mL）用 10mL 水通过，静置活化 30min。

② 提取液净化 取上述备用溶液约 15mL，通过 $0.22\mu m$ 水性滤膜、C_{18} 柱，弃去前面 3mL（如果氯离子大于 100mg/L，则需要依次通过针头滤器、C_{18} 柱、Ag 柱和 Na 柱，弃去前面 7mL），收集后面洗脱液待测。

2. 标准溶液的配制

（1）亚硝酸盐标准储备液（100mg/L，以 NO_2^- 计，下同） 准确称量 0.1500g 于 100～120℃下干燥至恒重的亚硝酸钠，用水溶解并转移至 1000mL 容量瓶中，加水稀释至刻度混匀。

（2）硝酸盐标准储备液（1000mg/L，以 NO_3^- 计，下同） 准确称取 1.3710g 于 110～120℃下干燥至恒重的硝酸钠，用水溶解并转移至 1000mL 容量瓶中，加水稀释至刻度，混匀。

（3）亚硝酸盐和硝酸盐混合标准中间液 准确移取亚硝酸根离子（NO_2^-）和硝酸根离子（NO_3^-）的标准储备液各 1.0mL 于 100mL 容量瓶中，用水稀释至刻度，此溶液 1L 含亚硝酸根离子 1.0mg 和硝酸根离子 10.0mg。

（4）亚硝酸盐和硝酸盐混合标准工作液 移取亚硝酸盐和硝酸盐混合标准中间液，用水逐级稀释，制成系列混合标准使用液，亚硝酸根离子浓度分别为 0.02mg/L、0.04mg/L、0.06mg/L、0.08mg/L、0.10mg/L、0.15mg/L、0.20mg/L；硝酸根离子浓度分别为 0.20mg/L、0.40mg/L、0.60mg/L、0.80mg/L、1.00mg/L、1.50mg/L、2.00mg/L。

3. 仪器的测定

（1）色谱条件　色谱柱［IC-3 阴离子交换柱，4mm×250mm（带保护柱 4mm×50mm）］，或性能相当者。流动相：氢氧化钾溶液，浓度为 6～70mmol/L。洗脱梯度为6mmol/L，30min；70mmol/L，5min；6mmol/L，5min；流速为 1.0mL/min。检测池温度为 35℃。

进样体积为 50μL（可根据试样中被测离子含量进行调整）。

（2）标准曲线的绘制　在上述色谱条件下，将标准系列工作液分别注入离子色谱仪中，得到各浓度标准工作液色谱图，测定相应的峰高（μS）或峰面积，以标准工作液的浓度为横坐标，以峰高或峰面积为纵坐标，绘制标准曲线。

（3）样品的测定　相同色谱条件下，将样品的待测液注入离子色谱仪中，将获得的峰面积代入标准曲线，查得样品中的浓度。

4. 空白试验

空白试验需与测定平行进行，用同样的方法和试剂，但不加样品。

【数据处理】

1. 定性分析

项目	亚硝酸根标准品	硝酸根标准品	样品中亚硝酸根	样品中硝酸根
保留时间/min				

2. 定量分析

（1）标准曲线的绘制

亚硝酸根标准溶液/(mg/L)	0.02	0.04	0.06	0.08	0.10	0.15	0.20
峰面积							
线性方程							
相关系数							
硝酸根标准溶液/(mg/L)	0.20	0.40	0.60	0.80	1.00	1.50	2.00
峰面积							
线性方程							
相关系数							

（2）样品中的含量　试样中亚硝酸离子或硝酸根离子的含量，按照下面的公式进行计算：

$$X = \frac{(c-c_0)Vf \times 1000}{m \times 1000}$$

式中，X 为试样中亚硝酸根离子或硝酸根离子的含量，mg/kg；c 为测定用试样溶液中的亚硝酸根离子或硝酸根离子浓度，mg/L；c_0 为试剂空白液中亚硝酸根离子或硝酸根离子的浓度，mg/L；V 为试样溶液体积，mL；f 为试样溶液稀释倍数；1000 为换算系数；m 为试样取样量，g。

试样中测得的亚硝酸根离子含量乘以换算系数 1.5，即得亚硝酸盐（按亚硝酸钠计）含量；试样中测得的硝酸根离子含量乘以换算系数 1.37，即得硝酸盐（按硝酸钠计）含量，结果保留两位有效数字。

【注意事项】

1. 固相萃取柱活化时应注意活化试剂的用量及流速。

2. 离心时转速较高，一定按照标准操作方法进行操作，并注意安全。

【思考题】

1. 样品中氯离子含量高时为什么过 Ag 柱和 Na 柱？
2. 简述抑制器种类，及各个种类的工作原理。

实验四十四　气质联用法测定牛奶中多种拟除虫菊酯残留量

【实验目的】

1. 熟练气质联用仪的操作方法；
2. 掌握气质联用仪检测牛奶中多种拟除虫菊酯农药的残留量的方法及原理。

【实验原理】

拟除虫菊酯是一类具有高效、广谱、低毒和能生物降解等特性的重要合成杀虫剂。20世纪60年代后期至20世纪70年代，人们大力发展拟除虫菊酯杀虫剂。尤其是1973年开发成功了第一个对日光稳定的拟除虫菊酯苯醚菊酯，克服了它对光和空气不稳定的不足之处。其杀虫效力比老一代杀虫剂如有机氯、有机磷、氨基甲酸酯类提高 10～100 倍。拟除虫菊酯对昆虫具有强烈的触杀作用，其作用机理是扰乱昆虫神经的正常生理，使之由兴奋、痉挛到麻痹而死亡。拟除虫菊酯因用量小、使用浓度低，故对人畜较安全，对环境的污染很小。其缺点主要是对鱼毒性高，对某些益虫也有伤害，长期重复使用也会导致害虫产生抗药性。

本实验试样采用氯化钠盐析，乙腈匀浆提取，分取乙腈层，分别用 C_{18} 固相萃取柱和弗罗里硅土固相萃取柱净化，洗脱液浓缩溶解定容后，供气相色谱-质谱仪检测和确证，外标法定量。

【实验用品】

1. 仪器　气相色谱-质谱仪（配 EI 离子源），电子天平，匀浆机（转速不低于 10000r/min），离心机（转速不低于 4000r/min），氮吹仪，涡流混匀机，C_{18} 固相萃取柱（500mg，3mL），弗罗里硅土固相萃取柱（500mg，3mL）。

2. 试剂　乙腈，正己烷，正己烷-乙酸乙酯（9+2：量取 90mL 正己烷＋20mL 乙酸乙酯），乙酸乙酯，氯化钠。

【实验步骤】

1. 样品制备

(1) 提取　准确称取液体乳试样 2.0g（精确至 0.01g），加 0.5g 氯化钠、10.0mL 乙腈，于 10000r/min 下匀浆提取 60s，再以 4000r/min 的转速离心 5min，准确移取 5.0mL 乙腈，于 40℃下氮吹至大约 1mL，待净化。

(2) 净化

① C_{18} 固相萃取净化　将 (1) 所得样品浓缩液倾入预先用 5mL 乙腈预淋洗的 C_{18} 固相萃取柱，用 4mL 乙腈洗脱，收集洗脱液，于 40℃下氮吹至近干，用 0.5mL 正己烷涡流混合溶解残渣，待用。

② 弗罗里硅土固相萃取净化　将 C_{18} 固相萃取净化所得洗脱液倾入预先用 5mL 正己烷-乙酸乙酯预淋洗的弗罗里硅土固相萃取柱，用 5.0mL 正己烷-乙酸乙酯洗脱，收集洗脱液，于 40℃下氮吹至近干，用 0.5mL 正己烷涡流混合溶解残渣，供气质联用仪测定。

2. 标准储备溶液配制

(1) 标准储备溶液的配制　分别准确称取适量的农药标准品，用正己烷配制成浓度为 $100\mu g/mL$ 的标准储备溶液（该溶液在 0～4℃冰箱中保存）。

(2) 标准工作溶液的配制　根据需要用不含农药的空白样品配制成适用浓度的标准工作溶液，该溶液现用现配。

3. 仪器的测定

（1）实验条件   TR-5MS 石英毛细管色谱柱，30m×0.25mm（内径）×0.25μm，或性能相当者。色谱柱温度：起始温度 50℃，以 20℃/min 的速率升温至 200℃（1min），以 5℃/min 的速率升至 280℃（10min）。进样口温度：250℃。色谱-质谱接口温度：280℃。电离方式：EI。离子源温度：250℃。灯丝电流：25μA。流速 1mL/min。进样方式：无分流，0.75min 后打开分流阀。进样量：1μL。测定方式：选择监测离子（m/z）：每种农药选择一个定量离子，3 个定性离子，每种农药的保留时间、定量离子、定性离子及定量离子与定性离子丰度比值。溶剂延迟：8.5min。

（2）标准曲线的绘制   在上述实验条件下，将标准工作液依次注入气质联用仪，以农药的浓度为横坐标，峰面积或峰高为纵坐标，绘制标准曲线。

（3）样品的测定   相同实验条件下，将试样净化液注入气质联用仪，根据试样液中待测物含量情况，选定浓度相近的标准工作溶液，标准工作溶液和待测样液中各农药的响应值均应在仪器检测的线性范围内。标准工作溶液与样液等体积参插进样测定。

4. 空白试验

空白试验需与测定平行进行，用同样的方法和试剂，但不加样品。

【数据处理】

1. 定性分析

项目	17 种标准品	样品
保留时间/min		

2. 定量分析

样品中拟除虫菊酯农药的残留量，按照下面的公式计算：

$$X = \frac{AcV \times 1000}{A_S m \times 1000}$$

式中，X 为试样中农药残留量，mg/kg；A 为样液农药的峰面积（或峰高）；c 为标准工作液中农药的浓度，μg/mL；V 为样液最终定容体积，mL；A_S 为标准工作液中农药的峰面积（或峰高）；m 为最终样液所代表的试样质量，g。

注：计算结果须扣除空白值，测定结果用平行测定的算术平均值表示，保留两位有效数字。

【注意事项】

1. 载气的纯度必须达到 99.999%，当气瓶的压力不足 1MPa 时，最好更换气瓶。

2. 玻璃衬管的洁净度直接影响到仪器的检测限，应注意对玻璃衬管进行检查，更换下来的玻璃衬管可以用丙酮或异丙酮超声清洗，烘干后使用。

3. 为尽可能延长灯丝使用寿命，应设定合适的溶剂切割时间，保证在溶剂出峰的时候灯丝处于关闭状态，溶剂出峰后再打开灯丝。

4. 仪器开机后，应等待 2~3h 后再进样分析，检测灵敏度要求越高，等待的时间越长。

【思考题】

1. 气质联用仪与气相色谱仪的异同点。

2. 气质联用仪与气相色谱的定性方法有什么区别？

实验四十五   气质联用法测定食品中有机磷农药的残留量

【实验目的】

1. 熟练气质联用仪的操作方法；

2. 掌握气质联用法检测食品中有机磷农药的残留量的方法及原理。

【实验原理】

有机磷农药，是指含磷元素的有机化合物农药，主要用于防治植物病、虫、草害。其在农业生产中的广泛使用，导致农作物中发生不同程度的残留。有机磷农药对人体的危害以急性毒性为主，多发生于大剂量或反复接触之后，会出现一系列神经中毒症状，如出汗、震颤、精神错乱、语言失常，严重者会出现呼吸麻痹，甚至死亡，所以不得检出。

本实验采用试样用水-丙酮溶液均质提取，二氯甲烷液-液分配，凝胶色谱柱净化，再经石墨化炭黑固相萃取柱净化，气相色谱-质谱检测，外标法定量。

【实验用品】

1. 仪器　气相色谱-质谱仪（配 EI 电子轰击源），电子天平，凝胶色谱仪（配有单元泵、馏分收集器），均质器，旋转蒸发器，具塞锥形瓶（250mL），分液漏斗（250mL），浓缩瓶（250mL），离心机（4000r/min 以上）。

2. 试剂　丙酮，二氯甲烷，环己烷，乙酸乙酯，氯化钠（5%），无水硫酸钠（650℃灼烧 4h，储存于密封容器中备用），乙酸乙酯-正己烷（1+1：量取 50mL 乙酸乙酯+50mL 正己烷），环己烷-乙酸乙酯（1+1：量取 50mL 环己烷+50mL 乙酸乙酯）。

【实验步骤】

1. 样品制备

（1）样品制备　取代表性样品约 1kg，经捣碎机充分捣碎均匀，装入洁净容器，密封，标明标记。

（2）提取　称取试样 20g（精确到 0.01g）于 250mL 具塞锥形瓶中，加入 20mL 水和 100mL 丙酮，均质提取 3min。将提取液过滤，残渣再用 50mL 丙酮重复提取一次，合并滤液于 250mL 浓缩瓶中，于 40℃水浴中浓缩至约 20mL。将浓缩提取液转移至 250mL 分液漏斗中，加入 150mL 氯化钠水溶液和 50mL 二氯甲烷，振摇 3min，静置分层，收集二氯甲烷相。水相再用 50mL 二氯甲烷重复提取两次，合并二氯甲烷相。经无水硫酸钠脱水，收集于 250mL 浓缩瓶中，于 40℃水浴中浓缩至近干。加入 10mL 环己烷-乙酸乙酯溶解残渣，用 0.45μm 滤膜过滤，待凝胶色谱（GPC）净化。

（3）净化

① 凝胶色谱净化柱　Bio BeadsS-X3，700mm×25mm，或相当者。流动相：乙酸乙酯-环己烷（1+1）。流速：4.7mL/min。样品定量环：10mL。预淋洗时间：10min。凝胶色谱平衡时间：5min。收集时间：23～31min。将 10mL 待净化液按凝胶色谱条件规定的条件进行净化，收集 23～31min 区间的组分，于 40℃下浓缩至近干，并用 2mL 乙酸乙酯-正己烷溶解残渣，待固相萃取净化。

② 固相萃取（SPE）净化　将石墨化炭黑固相萃取柱（对于色素较深试样，在石墨化炭黑固相萃取柱上加 1.5cm 高的石墨化炭黑）用 6mL 乙酸乙酯-正己烷预淋洗，弃去淋洗液；将 2mL 待净化液倾入上述连接柱中，并用 3mL 乙酸乙酯-正己烷分 3 次洗涤浓缩瓶，将洗涤液倾入石墨化炭黑固相萃取柱中，再用 12mL 乙酸乙酯-正己烷洗脱，收集上述洗脱液至浓缩瓶中，于 40℃水浴中旋转蒸发至近干，用乙酸乙酯溶解并定容至 1.0mL，供气相色谱-质谱测定和确证。

2. 标准储备溶液配制

（1）标准储备溶液　分别准确称取适量有机磷农药标准品，用丙酮分别配制成浓度为 100～1000μg/mL 的标准储备溶液。

（2）混合标准工作溶液　根据需要再用丙酮逐级稀释成适用浓度的系列混合标准工作溶液。保存于 4℃冰箱内。

3. 仪器的测定

(1) 色谱条件　色谱柱：30m×0.25mm，膜厚0.25μm，DB-5MS石英毛细管柱，或相当者。色谱柱温度：50℃（2min）下以30℃/min的速率升温至180℃（10min）再以30℃/min的速率升温至270℃（10min）。进样口温度：280℃。色谱-质谱接口温度：270℃。载气：氦气，纯度≥99.999%，流速1.2mL/min。进样量：1μL。进样方式：无分流进样，1.5min后开阀。电离方式：EI。电离能量：70eV。测定方式：选择离子监测方式。

(2) 标准曲线的绘制　在上述实验条件下，将不同浓度的混合标准工作液依次注入气质联用仪中，以各有机磷农药的浓度为横坐标，峰面积为纵坐标，绘制标准曲线。

(3) 样品的测定　相同实验条件下，将试样净化液注入气质联用仪，根据试样液中被测物含量情况，选定浓度相近的标准工作溶液，对标准工作溶液与样液等体积参插进样测定，标准工作溶液和待测样液中每种有机磷农药的响应值均应在仪器检测的线性范围内。

4. 空白试验

空白试验需与测定平行进行，用同样的方法和试剂，但不加样品。

【数据处理】

1. 定性分析

项目	标准品	样品
保留时间/min		

2. 定量分析

试样中每种有机磷农药残留量按下式计算：

$$X_i = \frac{A_i c_i V}{A_{is} m}$$

式中，X_i 为样液中每种有机磷农药的含量，μg/g；A_i 为样液中每种有机磷农药的峰面积（或峰高）；A_{is} 为标准工作液中每种有机磷农药的峰面积（或峰高）；c_i 为标准工作液中每种有机磷农药的浓度，μg/mL；V 为样液最终定容体积，mL；m 为最终样液代表的试样质量，g。

注：计算结果须扣除空白值，测定结果用平行测定的算术平均值表示，保留两位有效数字。

实验四十六　气质联用法测定洗发水中邻苯二甲酸酯类物质

【实验目的】

1. 掌握气相色谱-质谱联用法检测邻苯二甲酸酯类物质含量的方法及原理；
2. 复习气相色谱-质谱联用仪的构造、原理及操作方法。

【实验原理】

邻苯二甲酸酯（phthalic acid esters，PAEs），又称酞酸酯，是邻苯二甲酸形成的酯的统称，常见的有邻苯二甲酸二甲酯、邻苯二甲酸二乙酯、邻苯二甲酸二正丁酯、邻苯二甲酸二正辛酯、邻苯二甲酸二异辛酯和邻苯二甲酸丁基苄酯等。PAEs在20世纪30年代开始使用，主要用作塑料的增塑剂，它被普遍应用于玩具、食品包装材料、医用血袋和胶管、乙烯地板和壁纸、清洁剂、润滑油、个人护理用品（如指甲油、头发喷雾剂、香皂和洗发液）等数百种产品中，可通过饮水、进食、皮肤接触和呼吸系统等途径进入人体和动物，造成多种危害，如致癌性、致畸性以及免疫抑制性，而其进入人体后，与相应的激素受体结合，干扰内分泌，造成生殖功能异常和生殖毒性，现在已将其归为环境雌激素类物。在化妆品中，指甲油的邻苯二甲酸酯含量最高，很多化妆品的芳香成分也含有该物质。化妆品中的这种物质会通过女性的呼吸系统和皮肤进入体内，如果过多使用，会增加女性患乳腺癌的概率，还会危害到她们未来生育的男婴的生殖系统。

本实验采用气相色谱-质谱联用法（GC/MS法）测定化妆品中多种邻苯二甲酸酯类化合物的含量。化妆品经提取、净化后，用气相色谱-质谱联用仪进行测定分析。采用选择离子监测（SIM）扫描模式，以保留时间和碎片的丰度比定性，外标法定量。

【实验用品】

1. 仪器　气相色谱-质谱联用仪（配 EI 离子源），电子天平，离心机（转速≥4000r/min，配玻璃离心管），0.45μm 有机滤膜，超声波清洗器，涡旋混合器，旋转蒸发仪，玻璃器皿（所用刻度玻璃器皿洗净后，用重蒸水淋洗 3 次，丙酮浸泡 1h，正己烷淋洗，晾干备用。其他玻璃器皿洗净后，用重蒸水淋洗 3 次，丙酮浸泡 1h，在 200℃下烘烤 2h，冷却至室温备用）。

2. 试剂　正己烷（色谱纯），乙酸乙酯（色谱纯），环己烷（色谱纯），乙酸乙酯-环己烷溶液（1+1），邻苯二甲酸酯标准品，超纯水。

【实验步骤】

1. 样品制备

称取洗发水试样 0.1～0.3g（精确至 0.0001g）于刻度玻璃试管中，准确加入正己烷 10.0mL，涡旋混匀 1min 后静置，上清液进行 GC/MS 分析。

2. 标准溶液的配制

（1）标准储备溶液　准确称取邻苯二甲酸酯标准品 125mg（精确至 0.0001g），用正己烷定容至 50mL，配制成 2500mg/L 的标准储备溶液，于 4℃冰箱中避光保存，有效期为 6 个月。

（2）标准工作溶液　将标准储备溶液用正己烷稀释至浓度为 0.20mg/L、0.50mg/L、1.00mg/L、2.00mg/L、5.00mg/L、10.00mg/L 的系列标准溶液待用。此系列标准工作溶液应现用现配。

3. 仪器的测定

（1）色谱条件　色谱柱：HP-5MS 石英毛细管柱，30m×0.25mm（内径）×0.25μm 或相当型号色谱柱。进样口温度：260℃。升温程序：初始温度 60℃，保持 1min；以 20℃/min 的速率升温至 220℃，保持 1min；以 5℃/min 升温至 250℃，保持 1min；以 20℃/min 的速率升温至 280℃，保持 6min。载气：氦气，纯度≥99.999%；流速：1mL/min。进样方式：不分流进样。进样量：1μL。

（2）质谱条件　色谱与质谱接口温度：280℃。电离方式：电子轰击源（EI）。测定方式：选择离子监测方式（SIM）。电离能量：70eV。溶剂延迟：5min。

（3）定性确证　在测定条件下，试样待测液和标准品的选择离子色谱峰在相同保留时间处（±0.5%）出现，并且对应质谱碎片离子的质荷比与标准品一致，其丰度比与标准品相比应符合：相对丰度>50%时，允许±10%偏差；相对丰度 20%～50%时，允许±15%偏差；相对丰度 10%～20%时，允许±20%偏差；相对丰度≤10%时，允许±50%偏差，此时可定性确证目标分析物。

（4）定量分析　以各邻苯二甲酸酯类化合物的标准溶液浓度为横坐标，各自的定量离子的峰面积为纵坐标，建立标准工作曲线，以试样的峰面积与标准曲线比较定量。样品溶液中的被测物的响应值均应在仪器测定的线性范围之内，若样品溶液的浓度过高，应适当稀释后测定。

4. 空白试验

除不加样品外，按照样品处理方法进行操作及测定。

【数据处理】

1. 定性分析

序号	检测目标	标准品		样品	
		保留时间/min	碎片的丰度比	保留时间/min	碎片的丰度比

2. 定量分析

（1）标准曲线的绘制

混合基质标准工作溶液的浓度/(mg/L)	0.20	0.50	1.00	2.00	5.00	10.00	样品
峰面积							
线性方程							
相关系数							

（2）样品中的含量　样品中邻苯二甲酸酯类化合物的含量，按照下面的公式进行计算：

$$X_i = \frac{(c_i - c_0)VK \times 1000}{m \times 1000}$$

式中，X_i 为试样中某种邻苯二甲酸酯的含量，mg/kg；c_i 为试样中某种邻苯二甲酸酯峰面积对应的浓度，mg/L；c_0 为空白试样中某种邻苯二甲酸酯的浓度，mg/L；V 为试样定容体积，mL；K 为稀释倍数；m 为试样质量，g。计算结果精确至小数点后一位数字。

【注意事项】

GC/MS 为大型精密仪器，在操作使用时一定要在教师的指导下操作，切不可自行更改操作参数。

【思考题】

1. GC/MS 法定性和定量的依据是什么？

2. 在 GC/MS 仪上分析的样品有何特点？

实验四十七　液质联用法测定人参中辛硫磷残留量

【实验目的】

1. 了解液质联用仪的构造及工作原理；

2. 掌握液质联用仪的操作技术；

3. 掌握液质联用仪的定性分析和定量分析；

4. 学会液质联用仪测定人参中辛硫磷残留量的操作方法及工作原理。

【实验原理】

液相色谱-质谱联用仪（liquid chromatogrph-mass spectrometer，LC/MS）指液相色谱仪和质谱仪的在线联用技术，用于分析生物复杂体系中的痕量组分，尤其应用于高极性、热不稳定、难挥发的大分子有机物的分离、分析。LC/MS 通常采用电喷雾电离（ESI），这是一种软电离，通常不产生或产生很少的碎片，谱图中只有准分子离子，因此，LC/MS 很难做定性分析，通常都是串联质谱即液相质谱仪（LC/MS/MS）来得到未知化合物的碎片结构信息。液质联用仪的定量分析与普通液相色谱法相同，但是由于色谱分离方面的问题，一个色谱峰可能包含有几种不同的组分，如果仅靠峰面积定量，会给定量分析造成误差。因此，对于 LC/MS 定量分析不采用总离子流图，而是采用与待测组分相对应的特征离子的质量色谱图。

本实验采用丙酮超声提取人参中残留的辛硫磷，过弗罗里硅土固相萃取柱净化后，用 LC/MS/MS 法测定和确定辛硫磷，在一定浓度范围内，溶液浓度与峰面积呈比例关系，外标法定量。

【实验用品】

1. 仪器　液质联用仪（ESI 离子源，三重四极杆质量分析器），电子天平，C_{18} 液相色谱柱（100mm×2.1mm，1.8μm），进样瓶，真空泵，溶剂过滤器，0.45μm 滤膜（水系、有机系），0.22μm 滤膜（有机系），弗罗里硅土固相萃取柱（使用前依次用 3mL 正己烷和 3mL 二氯甲烷淋洗），小试管。

2. 试剂　丙酮（重蒸），甲醇，二氯甲烷，鲜人参（市售），氯化钠，甲酸，无水硫酸钠，正己烷，二氯甲烷标准品（辛硫磷）。

【实验步骤】

1. 样品的制备

称取鲜人参约 100g 放入组织捣碎机中捣碎、混匀。准确称取处理好的人参 10.0g 于具塞量筒中，加入 30mL 丙酮，密封，涡旋 2min 后，超声提取 15min。将提取液抽滤于 100mL 具塞量筒中，残渣再用 20mL 丙酮冲洗一次，合并提取液，并记录体积，向提取液中加入 7g 氯化钠和 7g 无水硫酸钠，振摇 3min，静置 15min。取 5mL 提取液于小试管中，于 46℃下氮吹至近干，加入 2mL 二氯甲烷溶解，待净化。将待净化液迅速转移至固相萃取柱中，用 6mL 正己烷＋二氯甲烷（1＋1）洗涤小试管，并将洗涤液倾入固相萃取柱中洗脱，收集全部洗脱液，于 46℃下氮气吹干，用甲醇溶解残渣并定容至 1.0mL，过 0.22μm 滤膜，供 LC/MS/MS 测定。

2. 标准溶液的配制

精密称取 10.0mg 标准品于 10mL 棕色容量瓶中，用甲醇溶解、定容于刻度，摇匀，得 1.0mg/mL 标准储备液。根据样品溶液的浓度，移取标准储备液适量配制一系列标准工作液，过 0.22μm 滤膜，供 LC/MS/MS 测定。

3. 仪器操作

（1）校准与调谐　打开电脑，打开工作站，按照仪器的要求进行校准与调谐。

（2）化合物参数优化　设置选择极性、采集时间、气帘气、离子化温度、GAS1、GAS2 流量等扫描参数，采用正离子模式进行 Q1 MS 全扫描，找辛硫磷母离子（辛硫磷分子量 298.18）并记录参数条件。设置 DP、EP、CE、扫描时间等参数进行 Product Ion Scan（MS2）扫描，找最强的子离子并记录其碎片离子分子量。

（3）离子对参数优化　选择 MRM 扫描方式，添加扫描得到的 Q1 母离子分子量及子离子分子量，选择扫描参数 DP、EP、CE 等指标进行优化，保存优化的参数文件。

（4）建立 LC-MS 方法　打开 HPLC 各电源，连接好色谱柱，将柱出口与质谱连接好，调离子源喷雾针的位置，建立获得方法的模板，填好 MRM 下获得的质谱条件及液相实验条件［流动相为甲醇：0.05％甲酸水（梯度见表 5-6）。流速为 0.2mL/min，柱温为 40℃］，保存 LC-MS/MS 文件并点击运行。

表 5-4　流动相梯度

时间/min	甲醇/%	0.05％甲酸/%
0.01	30	70
1.0	30	70
1.01	95	5
15.0	95	5
20.0	30	70
30.0	30	70

（5）标准曲线的绘制　在上述实验条件下，将标准工作液注入仪器中，根据辛硫磷色谱峰保留时间及样品中定性离子对的相对丰度与接近浓度的标准使用液中定性离子对的相对丰度进行比较共同进行定性分析。以标准使用液的浓度为横坐标，峰面积为纵坐标，绘制标准曲线。

（6）样品溶液的测定　在上述实验条件下，将处理好的样品溶液注入仪器中根据辛硫磷色谱峰保留时间及样品中定性离子对的相对丰度与接近浓度的标准使用液中定性离子对的相对丰度进行比较共同进行定性分析。将辛硫磷峰面积代入标准曲线，查得样品溶液的浓度。

【数据记录与处理】

1. 定性分析

标准品保留时间＝　　　　　　　定性离子对丰度：

样品保留时间＝　　　　　　　　定性离子对丰度：

2. 样品中的含量

（1）不同标准使用液对应响应值

标准溶液/(μg/mL)							样品
响应值							

（2）样品中的含量　选取响应值相近的标准使用液进行分析，将样品中辛硫磷响应值代入下式：

$$X = \frac{cAVf}{A_S m} \times \frac{1000}{1000}$$

式中，X 为样品中辛硫磷的残留量，$\mu g/g$；c 为标准使用液中辛硫磷的浓度，$\mu g/mL$；f 为稀释倍数；A 为样品中辛硫磷峰面积；A_S 为标准使用液中辛硫磷峰面积；V 为样品最终定容的体积，mL；m 为准确称量的质量，g。

【注意事项】

1. 打开机械泵电源时应用手托住离子源内白色陶瓷板，防止振动过大。

2. 机械泵打开 30min 后再打开主机电源。

3. 定期更换机械泵泵油，每半年或油色浑浊暗黑时必须更换。

4. 实验结束后应及时清洗喷雾针以防堵塞；载气的纯度必须达到 99.999%，当气瓶的压力不足 1MPa 时，最好更换气瓶。

【思考题】

1. 液质联用仪与液相色谱仪的异同点。

2. 什么是定性离子和定量离子？

实验四十八　高效液相色谱-串联质谱法测牛奶和奶粉中头孢匹林、头孢氨苄、头孢洛宁、头孢喹肟残留量

【实验目的】

1. 复习液相色谱-串联质谱联用仪的结构、组成及操作规程；

2. 掌握液相色谱-串联质谱定性和定量分析方法。

【实验原理】

头孢菌素是分子中含有头孢烯和头霉烯两类 β-内酰胺类的半合成抗生素，具有广谱强杀菌、能耐酸、耐青霉素酶及过敏反应发生率比青霉素低的特点，主要对革兰氏阳性菌和部分革兰氏阴性菌具有杀菌作用。随着头孢菌素化学研究的不断深入，其被广泛应用在动物养

殖及疾病治疗中，导致在动物机体组织中产生头孢菌素残留，对人体健康造成危害。因此，世界各国对部分动物源性产品中头孢菌素残留量均提出了限量要求，如美国 FDA 规定牛奶中头孢匹林最高残留限量（MRL）为 $20\mu g/kg$，牛肉未蒸煮可食组织中头孢匹林最高残留限量为 $100\mu g/kg$；欧盟规定牛奶中头孢菌素最高残留限量为 $20\sim100\mu g/kg$；日本规定牛肉中头孢菌素最高残留限量为 $10\sim1000\mu g/kg$。

本实验采用液相色谱-串联四极杆质谱法测定牛奶和奶粉中的四种头孢菌素类药物残留量。样品经乙腈、磷酸盐缓冲溶液提取，固相萃取柱净化，液相色谱-串联质谱仪测定，外标法定量分析。

【实验用品】

1. 仪器　液相色谱-串联四极杆质谱仪（配 ESI），电子天平，固相萃取真空装置，储液器，微量注射器，均质器，高速冷冻离心机，刻度样品管，旋转浓缩仪，氮气浓缩仪，OasisHLB 固相萃取柱或相当者（使用前依次用 5mL 甲醇、5mL 水和 10mL 磷酸二氢钠缓冲溶液预处理，保持柱体湿润），滤膜（$0.2\mu m$）。

2. 试剂　水（超纯水），甲醇（色谱纯），乙腈（色谱纯），乙腈-水溶液（3+1：量取 30mL 乙腈＋10mL 蒸馏水），乙腈饱和的正己烷溶液（取 100mL 正己烷和 50mL 乙腈于 250mL 分液漏斗中，振摇 1min，静置分层后，弃掉乙腈），0.10mol/L 磷酸二氢钠缓冲溶液（称取 12.0g 磷酸二氢钠，用水溶解，定容至 1000mL，然后用氢氧化钠溶液调节至 pH＝8.5），氢氧化钠（5mol/L，优级纯），乙酸，正己烷，头孢匹林标准物质，头孢氨苄标准物质，头孢洛宁标准物质，头孢喹肟标准物质。

【实验步骤】

1. 样品制备

(1) 试样处理　从全部样品中取出有代表性的样品约 1kg，充分混匀，均分成两份，分别装入洁净容器内。密封后作为试样，标明标记。在抽样和制样的操作过程中，应防止样品受到污染或发生残留物含量的变化。将试样于 $-18℃$ 保存。

(2) 提取

① 牛奶　称取 5g 试样（精确到 0.01g）置于 50mL 离心管中，加入 20mL 乙腈，使用均质器均质 1min，提取液使用高速冷冻离心机在 10℃ 下，以 10000r/min 的转速离心 10min，把上层提取液移至另一离心管中。用 15mL 乙腈-水溶液重复提取一次，合并两次的提取液，并加入 10mL 乙腈饱和的正己烷，振荡 2min，弃掉正己烷。把提取液移至 100mL 蒸馏中，在 40℃ 用旋转浓缩仪旋转蒸发除去乙腈。

② 奶粉　称取 0.5g 试样（精确到 0.01g）置于 50mL 离心管中，加入 4.0mL 水，使奶粉充分溶解，加入 20mL 乙腈，使用均质器均质 1min，提取液使用高速冷冻离心机在 10℃ 下以 10000r/min 的转速离心 10min，把上层提取液移至另一个离心管中。用 15mL 乙腈-水溶液重复提取一次，合并两次的提取液，并加入 10mL 乙腈饱和的正己烷，振荡 1min，弃掉正己烷。把提取液移至 100mL 蒸馏瓶中，在 40℃ 用旋转浓缩仪旋转蒸发除去乙腈。

(3) 净化　向已除去乙腈的样品溶液中加入 20mL 磷酸二氢钠缓冲溶液，然后用氢氧化钠溶液调节至 pH＝8.5。把样品提取液移至下接 OasisHLB 固相萃取柱的储液器中，以 3mL/min 的流速通过固相萃取柱，先用 5mL 磷酸二氢钠缓冲溶液洗涤蒸馏瓶并过柱，再用 2mL 水洗柱，弃去全部流出液。用 2mL 乙腈洗脱，收集洗脱液于刻度样品管中，在 40℃ 下用氮气浓缩仪吹干，用 2mL 水溶解残渣，摇匀后，过 $0.22\mu m$ 滤膜，供液相色谱-串联质谱仪测定。

2. 标准溶液的配制

(1) 1.0mg/mL 四种头孢菌素标准储备溶液的配制　准确称取适量的每种标准物质，

分别用水配制成浓度为 1.0mg/mL 的标准储备溶液。储备液储存在 −18℃ 冰柜中。

（2）四种头孢菌素标准混合工作溶液的配制　根据需要吸取适量的每种头孢菌素标准储备溶液，用水制成适当浓度的混合标准工作溶液。

（3）空白样品添加标准混合工作溶液的制备

① 牛奶　分别准确移取适量四种头孢菌素标准混合工作溶液，添加到 5.0g 样品中，按照 1.（2）、（3）步骤操作，制得头孢匹林、头孢氨苄、头孢洛宁、头孢喹肟浓度分别为 4.00mg/kg、8.00mg/kg、16mg/kg、40μg/kg 四个样品添加标准混合工作溶液，供液相色谱-串联质谱仪测定。

② 奶粉　分别准确移取适量四种头孢菌素标准混合工作溶液，添加到 0.5g 样品中，按照 1.（2）、1.（3）步骤操作，制得头孢匹林、头孢氨苄、头孢洛宁、头孢喹肟浓度分别为 32.00mg/kg、64.00mg/kg、128.00mg/kg、320.00μg/kg 四个样品添加标准混合工作溶液，供液相色谱-串联质谱仪测定。

3. 仪器的测定

（1）实验条件

① 液相色谱参考条件　色谱柱：ZORBAX SB-C$_{18}$，3.5μm，150mm×2.1mm（内径）或相当者。流动相组成、流速及梯度程序见表 5-7。柱温：30℃。进样量：20μL。

表 5-7　流动相梯度程序及流速

时间/min	流速/(μL/min)	水（含 0.1%乙酸）/%	乙腈/%
0.00	200	95.0	5.0
2.00	200	95.0	5.0
2.01	200	40.0	60.0
8.00	200	40.0	60.0
8.01	200	95.0	5.0
15.00	200	95.0	5.0

② 质谱参考条件　离子源：ESI。扫描方式：正离子扫描。检测方式：多反应监测。电喷雾电压：5500V。雾化气压力：0.055MPa。气帘气压力：0.079MPa。辅助气流速：6L/min。离子源温度：400℃。定性离子对、定量离子对和去簇电压（DP）、碰撞气能量（CE）见表 5-8。

表 5-8　四种头孢菌素的定性离子对、定量离子对、去簇电压、碰撞气能量

中文名称	定性离子对(m/z)	定量离子对(m/z)	碰撞气能量/V	去簇电压/V
头孢匹林	424/292 424/152	424/292	23 34	45
头孢氨苄	348/158 348/174	348/158	14 22	40
头孢洛宁	459/152 459/123	459/152	29 18	35
头孢喹肟	529/134 529/396	529/134	21 19	49

（2）标准曲线的绘制　在上述实验条件下，用制备的空白样品添加标准混合工作溶液分别进样，以标准工作溶液浓度为横坐标，以峰面积为纵坐标，绘制标准工作曲线。

（3）样品的测定　相同实验条件下，将样品溶液注入仪器中得 TIC 图，进行定量分析。

【数据记录与处理】

1. 定性分析

选择每种待测物质的一个母离子，两个以上子离子，在相同实验条件下，样品中待测物

质的保留时间，与基质标准溶液中对应物质的保留时间偏差在±2.5%之内；样品谱图中各定性离子相对丰度与浓度接近的基质标准溶液的谱图中离子相对丰度相比，偏差不超过表5-9规定的范围，则可判定为样品中存在对应的待测物。

表 5-9　定性确证时相对离子丰度的最大允许偏差

相对离子丰度(K)	$K>50$	$20<K<50$	$10<K<20$	$K<10$
允许的最大偏差	±20	±25	±30	±50

2. 定量分析

（1）绘制标准曲线

牛奶中头孢匹林、头孢氨苄、头孢洛宁、头孢喹肟标准曲线

标准溶液的浓度/($\mu g/kg$)	4.00	8.00	16.00	40.00	样品
峰面积或峰高					
线性方程					
相关系数					

奶粉中头孢匹林、头孢氨苄、头孢洛宁、头孢喹肟标准曲线

标准溶液的浓度/($\mu g/kg$)	32.00	64.00	128.00	320.00	样品
峰面积或峰高					
线性方程					
相关系数					

（2）样品中的含量　试样中四种头孢菌素残留量，按照下式进行计算：

$$X = \frac{cV}{m}$$

式中，X 为试样中被测组分残留量，$\mu g/kg$；c 为从标准工作曲线得到的试样溶液中被测组分的浓度，ng/mL；V 为试样溶液定容体积，mL；m 为最终试样溶液所代表的试样质量，g。计算结果应扣除空白值。

【注意事项】

常规 ESI 分析的适宜流速为 $0.1\sim0.3mL/min$，APCI 为 $0.2\sim1.0mL/min$。

【思考题】

1. 液相色谱-质谱联用仪由哪几部分组成？
2. 利用液相色谱-质谱联用仪如何进行定性分析？
3. 利用液相色谱-质谱联用仪定量分析方法有哪几种？

实验四十九　高效液相色谱-串联质谱法测动物肾脏中 β-内酰胺类抗生素残留量

【实验目的】

1. 了解 β-内酰胺类抗生素的作用及危害；
2. 学会液相色谱-串联质谱联用仪操作规程；
3. 掌握液相色谱-串联质谱定性和定量分析方法。

【实验原理】

β-内酰胺类抗生素（β-lactam antibiotic）是一类种类广泛的抗生素，其中包括青霉素及其衍生物、头孢菌素、单酰胺环类、碳青霉烯类和青霉烯类酶抑制剂等。β-内酰胺类抗生素（β-lactams）系指化学结构中具有 β-内酰胺环的一大类抗生素，基本上所有在其分子结构中

包括 β-内酰胺核的抗生素均属于 β 内酰胺类抗生素，它是现有的抗生素中使用最广泛的一类，包括临床最常用的青霉素与头孢菌素，以及新发展的头霉素类、硫霉素类、单环 β-内酰胺类等其他非典型 β-内酰胺类抗生素。此类抗生素具有杀菌活性强、毒性低、适应证广及临床疗效好的优点。本类药化学结构，特别是侧链的改变形成了许多不同抗菌谱和抗菌作用以及各种临床药理学特性的抗生素。β-内酰胺类抗生素的副作用包括：腹泻、头晕、疹块、荨麻疹，偶尔 β-内酰胺类抗生素还会导致发烧、呕吐、红斑、皮肤炎、血管性水肿和伪膜性肠炎，部分人也可出现过敏反应。

本实验采用高效液相色谱-质谱联用仪测定动物肾脏中 β-内酰胺类抗生素残留量。将样品中 β-内酰胺类抗生素残留物用乙腈水溶液提取，旋转蒸发除去提取液中的乙腈，加入磷酸盐缓冲溶液。提取液用 HLB 固相萃取柱净化，洗脱液用氮气吹干后，用液相色谱-串联质谱仪测定，外标法定量。

【实验用品】

1. **仪器** 高效液相色谱-质谱联用仪（配 ESI 源），旋转蒸发器，固相萃取装置，离心机，均质器，涡旋混合器，pH 计，氮吹仪，HLB 固相萃取小柱，电子天平。

2. **试剂** 乙腈（色谱级），甲醇（色谱级），甲酸（色谱级），氯化钠，乙腈水溶液（15＋2：量取 150mL 乙腈＋20mL 蒸馏水，30＋70：量取 30mL 乙腈＋70mL 蒸馏水），氢氧化钠（0.1mol/L），0.05mol/L 磷酸盐缓冲溶液（pH＝8.5：称取 8.7g 磷酸氢二钾，超纯水溶解，稀释至 1000mL，调节 pH 至 8.5±0.1），0.025mol/L 磷酸盐缓冲溶液（pH＝7.0：称取 3.4g 磷酸二氢钾，超纯水溶解，稀释至 1000mL，调节 pH 值至 7.0±0.1），0.01mol/L 乙酸铵溶液（pH＝4.7：称取 0.77g 乙酸铵，超纯水溶解，稀释至 1000mL，用甲酸调节 pH 至 4.5±0.1），磷酸二氢钾，磷酸氢二钾，羟氨苄青霉素，氨苄青霉素，邻氯青霉素，双氯青霉素，乙氧萘青霉素，苯唑青霉素，苄青霉素，苯氧甲基青霉素，苯咪青霉素，甲氧苯青霉素，苯氧乙基青霉素，头孢氨苄，头孢匹林，头孢唑啉标准品。

【实验步骤】

1. **样品制备**

（1）**试样处理** 取猪或鸡肾脏样品，用组织捣碎机充分捣碎，均分成两份，分别装入洁净容器中，密封，并标明标记，于 -80℃ 以下冷冻存放。

（2）**提取** 称取已粉碎的样品 5g（精确至 0.01g）于 50mL 离心管中，加入 15mL 乙腈水溶液（15＋2），均质 30s 后，在 4000r/min 下离心 5min，将上清液转移至另一个 50mL 离心管中，用玻璃棒捣散离心管中的沉淀。另取一个 50mL 离心管，加入 10mL 乙腈水溶液，洗涤均质器刀头，将洗涤液倒入前述离心管中，将离心管经涡旋混合 1min 后，在 4000r/min 下离心 5min，合并上清液。用 10mL 乙腈水溶液重复上述操作，合并上清液，用乙腈水溶液（15＋2）定容至 40mL 刻度离心管中，准确移取 20mL 提取液于 100mL 棕色蒸馏瓶。将蒸馏瓶于旋转蒸发器上（37℃水浴）蒸发除去乙腈至近干。

（3）**净化** 在提取液中加入 0.05mol/L 磷酸盐缓冲溶液 25mL，涡旋混匀 1min，用 0.1mol/L 氢氧化钠溶液调节 pH 至 8.5。将固相萃取柱安装在固相萃取装置上，使用前用 2mL 甲醇，1mL 水预处理，将提取液以 1mL/min 的流速上样。用 0.05mol/L 磷酸盐缓冲溶液 4mL 淋洗 2 次，再用 1mL 超纯水淋洗。用 3mL 乙腈洗脱（速度控制在 1mL/mol），洗脱液收集于 10mL 玻璃试管中。将洗脱液于 45℃ 下氮气吹干，用 0.025mol/L 磷酸盐缓冲溶液定容至刻度 1mL。过 0.45μm 滤膜后，立即用液相色谱-质谱联用仪测定。

2. **标准溶液配制**

（1）**标准储备液的配制** 分别称取约 0.01g（精确至 0.0001g）标准品，用乙腈-水溶液（30＋70）

溶解定容至 100mL，此标准储备溶液浓度约为 100μg/mL，置于-18℃冰箱避光保存。保存期 5d。

（2）混合标准中间液的配制 分别吸取适量的 β-内酰胺类抗生素的标准储备液于 100mL 容量瓶中，用 0.025mol/L 磷酸盐缓冲溶液定容至刻度，配成混合标准中间液。使得混合标准中间液中羟氨苄青霉素浓度为 500ng/mL，氨苄青霉素浓度为 200ng/mL，苯咪青霉素浓度为 100ng/mL，甲氧苯青霉素浓度为 10ng/mL，苄青霉素浓度为 100ng/mL，苯氧甲基青霉素浓度为 50ng/mL，苯唑青霉素浓度为 200ng/mL，苯氧乙基青霉素浓度为 1000ng/mL，邻氯青霉素浓度为 100ng/mL，乙氧萘青霉素浓度为 200ng/mL，双氯青霉素浓度为 1000ng/mL，头孢氨苄浓度为 200ng/mL，头孢匹林浓度为 100ng/mL，头孢唑啉浓度为 50mg/mL。置于 4℃冰箱避光保存。保存期 5d。

（3）混合标准工作液的配制 精密量取标准中间溶液适量，用空白样品基质配制成不同浓度系列的混合标准工作溶液（用时现配）。

3. 仪器测定

（1）实验条件

① 液相色谱条件 色谱柱 COSMOSILC$_{18}$ 柱，250mm 长，内径 4.6mm，粒度 5μm 或相当者。流动相：A 组分是 0.01mol/L 乙酸铵溶液（甲酸调 pH＝4.5）；B 组分是乙腈。梯度洗脱程序见表 5-10。进样量：20μL。

表 5-10 梯度洗脱程序

步骤	时间/min	流速/(mL/min)	组分 A/%	组分 B/%
1	0.00	1.0	98.0	2.0
2	3.00	1.0	98.0	2.0
3	5.00	1.0	90.0	10.0
4	15.00	1.0	70.0	30.0
5	20.00	1.0	60.0	40.0
6	20.10	1.0	98.0	2.0
7	30.00	1.0	98.0	2.0

②质谱条件 离子源：ESI。扫描方式：正离子扫描。检测方式：多反应监测。

（2）标准曲线的绘制 在上述实验条件下，将不同浓度的混合标准工作溶液注入仪器中，以浓度为横坐标，峰面积为纵坐标，绘制标准曲线。根据试样中被测物的含量情况，选取响应值相近的标准工作液一起进行色谱分析。标准工作液和待测液中 β-内酰胺类抗生素的响应值均应在仪器线性响应范围内。

（3）样品溶液的测定 在相同实验条件下，将样品溶液注入仪器中进行测定，根据保留时间及定性离子对进行定性，定量离子对及标准曲线进行定量分析。

4. 空白试验

除不加样品外，按照样品的处理方法进行操作及测定。

【数据处理】

1. 定性分析

在上述色谱条件下，β-内酰胺类抗生素的参考保留时间分别约为：羟氨苄青霉素 8.6min，氨苄青霉素 11.2min，头孢氨苄 11.5min，头孢匹林 12.9min，头孢唑啉 13.9min，苯咪青霉素 16.6min，甲氧苯青霉素 16.9min，苄青霉素 18.1min，苯氧甲基青霉素 19.4min，苯唑青霉素 20.3min，苯氧乙基青霉素 20.5min，邻氯青霉素 21.5min，乙氧萘青霉素 22.5min，双氯青霉素 23.4min。定性时应当与浓度相当的标准工作溶液的相对丰度一致，相对丰度允许偏差不超过表 5-11 规定范围，则可判断样品中存在对应的被测物。

表 5-11　定性确证时相对离子丰度的最大允许偏差

相对离子丰度/%	>50	>20~50	>10~20	≤10
允许的相对偏差/%	±20	±25	±30	±50

2. 定量分析

按照液相色谱质谱/质谱条件测定样品和标准工作溶液，如果检测的质量色谱峰保留时间与标准品一致，定量测定时采用标准曲线法测定。

(1) 绘制标准曲线

混合标准工作溶液的浓度/(ng/mL)						样品
峰面积或峰高						
线性方程						
相关系数						

(2) 样品中的含量　样品中 β-内酰胺类抗生素残留的含量，按下式计算：

$$X = \frac{cV}{m}$$

式中，X 为试样中被测组分含量，$\mu g/kg$；c 为从标准曲线上得到的被测组分残留溶液浓度，ng/mL；V 为样液最终定容体积，mL；m 为最终样液代表的试样质量，g。

实验五十　高效液相色谱-串联质谱法测定牛奶和奶粉中恩诺沙星、达氟沙星、环丙沙星、沙拉沙星、奥比沙星、二氟沙星和麻保沙星残留量

【实验目的】

1. 了解喹诺酮类药物的分类和进展；
2. 学会液相色谱-串联质谱联用仪操作规程；
3. 掌握液相色谱-串联质谱定性和定量分析方法。

【实验原理】

喹诺酮类抗菌药是由萘啶酸发展起来的合成抗菌药，从 1962 年进入临床以来，经 30 余年发展，尤其是 20 世纪 80 年代以来，氟喹诺酮类药物快速发展，已成为临床上最常用的抗菌药，喹诺酮类药物都具有吡啶酮酸的共同结构，通过抑制 DNA 促旋酶，阻断 DNA 的复制而产生抗菌作用。因其抗菌谱广、抗菌作用强和耐受性好而优于其他类别的合成抗菌药，莫西沙星是此类的代表药物。喹诺酮类的不良反应有恶心，呕吐，腹痛，腹胀、头痛，睡眠不良、诱发癫痫、结晶尿等。大剂量的时候可以导致肝损害影响儿童和胎儿软骨发育。

本实验采用液相色谱-串联四极杆质谱仪测定样品中喹诺酮类抗菌药的残留。用乙腈和磷酸盐缓冲溶液提取试样中残留的恩诺沙星、达氟沙星、环丙沙星、沙拉沙星、奥比沙星、二氟沙星和麻保沙星，Oasis HLB 固相萃取柱净化，5%氨水甲醇溶液洗脱，液相色谱-串联质谱测定，外标法定量。

【实验用品】

1. 仪器　液相色谱-串联四极杆质谱仪（配有电喷雾离子源），电子天平，涡旋振荡器，固相萃取装置，滤膜（0.2μm），氮气吹干仪，真空泵，pH 计，离心机，旋转蒸发仪，Oasis HLB 固相萃取柱或相当者（60mg，3mL，使用前分别用 5mL 甲醇、5mL 水和 5mL 磷酸盐缓冲溶液活化，保持柱体湿润），10mL 具刻度离心管。

2. 试剂　甲醇（色谱纯），乙腈，磷酸（色谱纯），甲酸（色谱纯），磷酸盐缓冲溶液

（0.05mol/L：称取 5.68g 磷酸氢二钠和 1.36g 磷酸二氢钾，放入 1000mL 烧杯中，加入 800mL 水溶解，用磷酸调至 pH＝3.0，再用水定容至 1000mL），氨水甲醇溶液（5％），甲酸溶液（pH＝3.0：量取 500mL 水，用甲酸调 pH 值到 3.0），甲醇溶液（25％），甲醇-甲酸溶液（15＋85：量取 15mL 甲醇＋85mL 甲酸），标准物质：恩诺沙星，达氟沙星，环丙沙星，沙拉沙星，奥比沙星，二氟沙星，麻保沙星标准物质，纯度≥95％。

【实验步骤】

1. 样品的制备

（1）提取

① 牛奶 称取 2g 试样，精确到 0.01g，置于 50mL 具塞塑料离心管中。加入 10mL 乙腈，于涡旋振荡器振荡提取 1min，以 5000r/min 的转速离心 5min，上清液过滤到蒸馏瓶中，在残渣中加入 5mL 0.05mol/L 磷酸盐缓冲溶液、10mL 乙腈重复以上步骤，合并上清液，于 50℃ 旋转蒸发，至乙腈全部蒸出，加入 5mL 0.05mol/L 磷酸盐缓冲溶液，混匀。同时做空白基质溶液。

② 奶粉 称取 0.5g 试样，精确到 0.01g，置于 50mL 具塞塑料离心管中，加入 6mL 0.05mol/L 磷酸盐缓冲溶液，涡旋混匀，再加入 10mL 乙腈，于涡旋振荡器振荡提取 1min，以 5000r/min 的转速离心 5min，上清液过滤到鸡心瓶中，在残液中加入 5mL 0.05mol/L 磷酸盐缓冲溶液、10mL 乙腈，重复以上步骤，合并上清液，于 50℃ 旋转蒸发，至乙腈全部蒸出。加入 5mL 磷酸盐缓冲溶液，混匀。同时做空白基质溶液。

（2）净化 将提取的样液转移到储液器中，再用 5mL 0.05mol/L 磷酸盐缓冲溶液洗蒸馏瓶，洗液合并到储液器，以约 1mL/min 的流速全部过 HLB 固相萃取小柱，待样液完全流出后，先后以 4mL 水、4mL 25％甲醇水溶液淋洗，抽干，用 4mL 5％氨水甲醇溶液洗脱于 10mL 具刻度离心管中，洗脱液于 50℃ 下，用氮气吹至约 0.2mL 时停止浓缩，用甲醇-甲酸溶液定容至 1mL，以 5000r/min 离心 5min，过 0.2μm 滤膜，供液相色谱-串联质谱分析。

2. 标准溶液的配制

（1）0.1mg/mL 标准储备溶液的配制 准确称取适量的每种标准物质，用甲醇配成 0.1mg/mL 的标准储备溶液（在 4℃ 保存）。

（2）1μg/mL 混合标准中间溶液的配制 分别吸取 1mL 标准储备溶液置于 100mL 容量瓶中，用甲醇定容至刻度（在 4℃ 保存）。

（3）混合标准工作溶液的配制 根据需要用空白样品提取液配制不同浓度的混合标准工作溶液，混合标准工作溶液在 4℃ 保存。

3. 仪器的测定

（1）实验条件

① 液相色谱参考条件 色谱柱：C_{18}，5μm，150mm×2.1mm（内径）或相当者。色谱柱温度：30℃。进样量：15μL。流动相梯度及流速见表 5-12。

表 5-12 梯度洗脱程序

步骤	时间/min	流速/(μL/min)	0.1％乙酸水溶液/％	甲醇/％
1	0.00	200	80	20
2	5.00	200	40	60
3	9.00	200	40	60
4	9.10	200	80	20
5	11.00	200	80	20

② 质谱参考条件 离子化模式：电喷雾正离子模式（ES1＋）。质谱扫描方式：多反应监测（MRM）。鞘气压力：104kPa。辅助气压力：138kPa。正离子模式电喷雾电压（IS）：

4000V。毛细管温度：320℃。源内诱导解离电压：10V。Q1 分辨率：0.4。Q3 分辨率：0.7。碰撞气：高纯氩气。碰撞气压力：0.2Pa。

（2）标准曲线的绘制　在仪器最佳工作条件下，将不同浓度混合基质标准校准溶液注入仪器中，以峰面积为纵坐标，混合基质校准溶液浓度为横坐标绘制标准工作曲线。

（3）样品的测定　在相同实验条件下，将样品溶液注入仪器中进行测定，得色谱图。样品溶液中待测物的响应值均应在仪器测定的线性范围内。

4. 空白试验

除不加样品外，按照样品的处理方法进行操作及测定。

【实验记录与数据处理】

1. 定性分析

每种被测组分选择 1 个母离子，2 个以上子离子，在相同实验条件下，样品中待测物质的保留时间，与混合基质标准校准溶液中对应的保留时间偏差在 ±2.5% 之内；且样品谱图中各组分定性离子的相对丰度与浓度接近的混合基质标准校准溶液谱图中对应的定性离子的相对丰度进行比较，偏差不超过表 5-13 规定的范围，则可判定为样品中存在对应的待测物。

表 5-13　定性确证时相对离子丰度的最大允许偏差

相对离子丰度 K	$K > 50$	$20 < K \leqslant 50$	$10 < K \leqslant 20$	$K \leqslant 10$
允许最大偏差	±20	±25	±0	±50

2. 定量分析

（1）标准曲线绘制

混合标准工作溶液的浓度/(ng/mL)				样品
峰面积或峰高				
线性方程				
相关系数				

（2）样品的含量　试样中每种喹诺酮残留量，按照下式进行计算：

$$X = \frac{cV}{m}$$

式中，X 为试样中被测组分残留量，$\mu g/kg$；c 为从标准工作曲线上得到的被测组分溶液浓度，ng/mL；V 为样品溶液定容体积，mL；m 为样品溶液所代表试样的质量，g。

【思考题】

1. 质谱离子化的方法有哪些？

2. 什么是分子离子峰？分子离子峰可提供的信息是什么？

实验五十一　高效液相色谱-串联质谱法测定化妆品中 8 种大环内酯类抗生素残留量

【实验目的】

1. 了解大环内酯类药物的结构、作用及不良反应；

2. 复习液相色谱-串联质谱联用仪的操作规程；

3. 掌握液相色谱-串联质谱定性和定量分析方法。

【实验原理】

通常所说的大环内酯类抗生素是指链霉菌产生的广谱抗生素，具有基本的内酯环结构，对革兰氏阳性菌和革兰氏阴性菌均有效，尤其对支原体、衣原体、军团菌、螺旋体和立克次体有较强的作用。按其内酯结构母核上含碳数目不同，可分为 14 元、15 元和 16 元环大环内酯抗生素。上市的大环内酯抗生素主要分为三类，即红霉素类、麦迪霉素类和螺旋霉素类。本类药品的不良反应主要有：肝毒性，比如胆汁淤积、肝酶升高等，以及耳鸣和听觉的障碍。

本实验采用液相色谱-串联质谱仪测定化妆品中 8 种大环内酯类抗生素残留量。样品经提取液超声提取、离心后，经固相萃取小柱净化，用液相色谱-串联质谱法进行定性分析，外标法进行定量分析。

【实验用品】

1. 仪器　液相色谱-串联质谱仪（配 ESI 源），电子天平，离心机，超声波清洗机，固相萃取装置，Oasis HLB 固相萃取柱（200mg，3mL）或相当者，氮气吹干仪，涡旋混合器，具塞塑料离心管，微孔滤膜（0.22μm，有机相）。

2. 试剂　甲醇（色谱纯），乙腈（色谱纯），甲酸（色谱纯），正己烷（色谱纯），氢氧化钠（0.1mol/L），甲醇＋水（3＋7），乙腈＋水（2＋8），磷酸盐缓冲溶液（0.1mol/L：溶解 12.2g 磷酸二氢钠于 950mL 水中，用 0.1mol/L 氢氧化钠的溶液调节 pH 值至 8.0，最后用水稀释至 1L），螺旋霉素标准物质，阿奇霉素标准物质，替米考星标准物质，竹桃霉素标准物质，红霉素标准物质，泰乐菌素标准物质，克拉霉素标准物质，罗红霉素标准物质。

【实验步骤】

1. 样品制备

（1）提取

① 膏霜乳液类化妆品（水包油）　称取试样约 0.2g（精确至 0.0001g）于 15mL 具塞塑料离心管中，准确加入 10mL 甲醇，涡旋分散均匀后，超声提取 15min，以 6000r/min 的转速离心 10min。移取 5.0mL 上清液，加 15mL 磷酸盐缓冲溶液混匀后待净化。同时做空白对照实验。

② 膏霜乳液类化妆品（油包水）　称取试样约 0.2g（指确至 0.0001g）于 15mL 具塞塑料离心管中，加入 2mL 正己烷，分散均匀后，准确加入 10mL 磷酸盐缓冲溶解，超声提取 15min，以 6000r/min 的转速离心 10min，弃去上层正己烷后，移取 5.0mL 下层清液，加 5mL 磷酸盐缓冲溶液混匀后待净化。同时做空白对照实验。

③ 水剂类化妆品　称取试样的 0.2g（精确至 0.0001g）于 15mL 具塞塑料离心管中，用磷酸盐缓冲溶液定容至 10mL，混匀，以 6000r/min 的转速离心 5min，移取 5.0mL 上清液待净化。同时做空白对照实验。

（2）净化　依次用 5mL 甲醇，5mL 水活化 Oasis HLB 固相萃取柱。将试样提取液转移至固相萃取小柱中，依次用 5mL 水，15mL 甲醇＋水（3＋7：量取 30mL 甲醇＋70mL 蒸馏水）淋洗，弃去流出液，减压抽干后，用 5mL 甲醇洗脱，收集洗脱液。在 40℃ 水浴中用氮气吹至近干，加入 1.0mL 乙腈＋水（2＋8：量取 20mL 乙腈＋80mL 蒸馏水），在涡旋混合器上混合 1min 后，过 0.22μm 微孔滤膜，滤液待测。

2. 标准溶液的配制

（1）标准储备溶液的配制　准确称取适量各标准物质分别置于 50mL 容量瓶中，用甲醇定容至刻度，配制成浓度为 500mg/L 的储备液（冷藏避光保存，有效期为一个月）。

（2）混合标准中间液的配制　分别准确移取阿奇霉素、竹桃霉素、红霉素、泰乐菌素、克拉霉素、罗红霉素标准储备溶液 0.2mL 和螺旋霉素、替米考星标准储备溶液 6.0mL 于 100mL 容量瓶中，用甲醇定容至刻度，配制成阿奇霉素、竹桃霉素、红霉素、泰乐菌素、克拉霉素、罗红霉素浓度为 1mg/L，螺旋霉素、替米考星浓度为 30mg/L 的混合标准储备溶液（临用前现配）。

（3）混合标准工作液的配制　用乙腈＋水（2＋8）将混合标准储备液逐级稀释至阿奇霉素、竹桃霉素、红霉素、泰乐菌素、克拉霉素、罗红霉素浓度为 5.00μg/L、10.00μg/L、25.00μg/L、50.00μg/L、100.00μg/L，螺旋霉素、替米考星浓度为 150.00μg/L、

300.00μg/L、750.00μg/L、1500.00μg/L、3000.00μg/L 的系列混合标准工作溶液。

　　3. 仪器的测定

　　（1）实验条件

　　① 色谱参考条件　色谱柱：C_{18} 柱，100mm×2.1mm，5μm，或相当者。柱温：30℃。进样量：10μL。流动相：A：乙腈，B：0.2%甲酸溶液，梯度洗脱，梯度洗脱条件见表5-14。

表5-14　梯度洗脱程序及流速

序号	保留时间/min	A/%	B/%	流速/(mL/min)
1	0.0	10	90	0.30
2	2.0	20	80	0.30
3	4.0	30	70	0.30
4	7.0	40	60	0.30
5	10.1	95	5	0.30
6	11.0	10	90	0.30
7	18.0	10	90	0.30

　　② 质谱参考条件　电离方式：电喷雾电离，正离子模式。喷雾电压：3.0kV。雾化温度：300℃。毛细管温度：350℃。鞘气压力：50Arb（1Arb＝1psi）。辅助气力：20Arb（1Arb＝0.3L/min）。碰撞气、鞘气和辅助气：氩气（99.99%）。扫描模式：多反应监测（MRM）模式，8种大环内酯类抗生素的质谱参数见表5-15。

表5-15　质谱参数

序号	药物名称	母离子/(m/z)	子离子/(m/z)	碰撞能/eV	透镜电压/V
1	螺旋霉素	843.3	174.0*;142.1	32;31	105
2	阿奇霉素	749.0	591.2;158.0*	46;31	103
3	替米考星	869.1	174.1;98.2*	47;43	124
4	竹桃霉素	688.3	158.0*;544.2	25;16	84
5	红霉素	734.0	576.2;158.0*	31;20	84
6	泰乐菌素	916.0	173.9;155.9*	35;38	111
7	克拉霉素	748.0	590.22;158.0*	27;18	84
8	罗红霉素	837.2	697.2;158.0*	28;22	79

　　注：定量离子用"*"标出。

　　（2）标准曲线的绘制　在上述实验条件下，将标准工作液按浓度由低到高分别注入液质联用仪中进行检测，以定量离子峰面积对质量浓度作图，做出标准曲线，得回归方程。

　　（3）样品测定　在相同实验条件下，将样品溶液注入液质联用仪中进行检测。样品待测液中各组分的响应值应在标准曲线的线性范围内，超过线性范围则应稀释后再进样测定。

　　4. 空白试验

　　除不加样品外，按照样品的处理方法进行操作及测定。

　　【实验记录与数据处理】

　　1. 定性分析

　　在相同条件下测定样品溶液和标准溶液，如果样品溶液中检出的色谱峰的保留时间与标准溶液中的某种组分峰的保留时间一致（变化范围在±2.5%），并且所选择的两对子离子的质荷比一致，样品溶液中定性离子相对丰度与浓度相当的标准工作溶液中定性离子的相对丰度进行比较时，相对偏差不超过表5-16规定的范围，则可判断样品中存在该组分。

表5-16　定性确定时相对离子丰度的最大允许偏差

相对离子丰度	>50%	>20%~50%	>-10%~20%	≤10%
允许的相对偏差	±20%	±25%	±30%	±50%

　　2. 定量分析

（1）标准曲线的绘制

混合标准工作溶液的浓度/(μg/L)	5.00	10.00	25.00	50.00	100.00	样品
峰面积或峰高						
线性方程						
相关系数						

（2）样品的含量　样品中各兽药的残留量，按照下式进行计算：

$$X_i = \frac{c_i V K}{m}$$

式中，X_i 为样品中待测组分含量，μg/kg；c_i 为由标准曲线得出的测试液中某种组分的浓度，μg/L；V 为定容体积，mL；K 为稀释倍数；m 为样品质量，g。计算结果保留至小数点后两位。

【思考题】

如何确定质谱中母离子和子离子？

第四节

天然产物中有效成分的检测

实验五十二　紫外-可见分光光度法测定槐花中总黄酮含量

【实验目的】

1. 熟悉紫外-可见分光光度计结构及操作过程；
2. 掌握紫外-可见光谱法测定槐花、槐米中总黄酮含量的方法及原理；
3. 熟悉含量测定的方法学考察。

【实验目的】

槐花为豆科植物——槐的干燥花及花蕾，前者习称"槐花"，后者习称"槐米"。槐花具有清热解毒、凉血止血、抗菌消炎的功效，主要含有黄酮、皂苷、脂肪酸、多糖和挥发性成分等。不同槐花炮制品总黄酮含量存在明显差别，含量由高到低依次为炒槐花、生品槐花和槐花炭。总黄酮含量为槐花重要质量标准之一，《中国药典》（2015 版）规定，按干燥品计算，总黄酮以芦丁（$C_{27}H_{30}O_{16}$）计，槐花不少于 8.0%；槐米不少于 20.0%。黄酮化合物是含有 2-苯基色原酮结构的化合物，分子结构中有酮式羰基，第一位上的氧原子具有碱性，羰基与两个芳香环形成两个较强的共轭体系，对紫外光区有两个吸收带，吸收带 I 在 330～380nm，吸收带 II 在 240～280nm。一般黄酮类化合物都具有 3-羟基、4-羟基或 5-羟基、4-羰基或邻二位酚羟基，与铝盐进行络合反应，在碱性条件下生成络合物，使得最大吸收波长红移至可见光区，并具有较高的吸收系数，提高测定灵敏度。

本实验中加入亚硝酸钠还原黄酮类化合物，黄酮母核结构具有邻二酚羟基，能与铝盐发生配位反应，加入硝酸铝络合，再加氢氧化钠溶液使黄酮类化合物开环，生成 2-羟基查耳酮而显色，使得最大吸收波长红移至可见光区，并具有较高吸收系数，在碱性条件下产物

1h 内稳定。黄酮类化合物与芦丁具有相同母核结构，故采用芦丁为对照品。

【实验用品】

1. 仪器 紫外-可见分光光度计，容量瓶，移液管，超声波清洗器，漏斗，玻璃棒，烧杯。

2. 试剂 槐花，芦丁对照品，5％亚硝酸钠溶液，10％硝酸铝溶液，1mol/L 氢氧化钠试液，甲醇。

【实验步骤】

1. 样品制备

(1) 试样处理 槐花烘干，粉碎后过 30 目筛，备用。

(2) 提取 取本品粗粉（槐花约 2g 或槐米约 1g），精密称定，置于索氏提取器中，加乙醚适量，加热回流至提取液无色，放冷，弃去乙醚液。再加甲醇 90mL，加热回流至提取液无色，转移至 100mL 容量瓶中，用甲醇少量洗涤容器，洗液并入同一容量瓶中，加甲醇至刻度，摇匀。精密量取 10mL，置于 100mL 容量瓶中，加水至刻度，摇匀。精密量取 3mL，置于 25mL 容量瓶中加水至刻度，摇匀。

2. 标准溶液配制

(1) 对照品溶液制备 取芦丁对照品 50mg，精密称定，置于 25mL 容量瓶中，加甲醇适量，置于水浴上微热使其溶解，放冷，加甲醇至刻度，摇匀既得。精密量取 10mL，置于 100mL 容量瓶中，加水至刻度，摇匀，即得浓度为 0.2mg/mL 的芦丁对照品溶液。

(2) 标准溶液制备 精密量取对照品溶液 0.00mL、1.00mL、2.00mL、3.00mL、4.00mL、5.00mL、6.00mL，分别置于 7 个 25mL 容量瓶中，各加水至 6.0mL，精密加 5％亚硝酸钠溶液 1.00mL，摇匀，放置 6min，再加 10％硝酸铝溶液 1.0mL，摇匀，放置 6min，加氢氧化钠试液 10.0mL，加水稀释至刻度，摇匀，放置 15min。

3. 仪器测定

(1) 光谱扫描 取对照品溶液，在 400～600nm 波长范围内进行光谱扫描，确定最大吸收波长。

(2) 标准曲线绘制 在 λ_{max} （约 500nm）处标准溶液浓度从低到高依次测定吸光度，以浓度为横坐标，吸光度为纵坐标，绘制标准曲线。

(3) 样品溶液测定 按照标准曲线制备项下的方法，自"加水至 6.0mL"起，依次测定吸光度，样品重复测定 3 次。从标准曲线上读出样品溶液中含总黄酮浓度，计算总黄酮含量。

4. 空白试验

空白试验需与测定平行进行，用同样的方法和试剂，但不加样品。

5. 方法学考察

(1) 加样回收试验 一般回收率要求 95.0％～105.0％。

$$回收率 = \frac{实验测得量 - 实验前样品含量}{加入对照品含量}$$

加样回收试验操作方法：取 6 份样品，精密称定每份 0.5g，精密加入芦丁对照品适量（与样品内总黄酮量相同），同按照样品溶液的制备法和测定法步骤在 λ_{max} （约 500nm）波长处测定各浓度吸光度，计算含量。

(2) 精密度试验 相对标准偏差 RSD 不得大于 3.0％。

精密度试验操作方法：取同一槐花样品溶液 5mL，在 λ_{max} 处测吸光度，重复测定 5 次，算出 RSD。

(3) 重复性试验 相对标准偏差 RSD 不得大于 2.0％。

重复性实验操作方法：精密称取药材样品，精密称定，共 6 份，按供试品制备方法制成供试品溶液，按测定法分别在 λ_{max} （约 500nm）波长处测定各溶液吸光度。由标准曲线计算出供试品溶液中芦丁含量，并求 RSD 值。

【数据记录与处理】

1. 最大吸收波长：　　　　　nm。

2. 以吸光度 A 为纵坐标，芦丁浓度 c 为横坐标作标准曲线。

序号	标准品						空白	样品		
	1	2	3	4	5	6		1	2	3
标准曲线浓度 /(μg/mL)										
吸光度										
线性方程										
相关系数										

3. 根据试样溶液的吸光度值，在标准曲线上求出相应浓度（μg/mL），并换算成总黄酮的含量。

序号	1	2	3
样品浓度/(μg/mL)			
平均浓度/(μg/mL)			
总黄酮含量/%	$\text{样品中总黄酮含量} = \dfrac{cV_{定容体积}F_{稀释倍数}}{m_{称样质量}}$		

4. 方法学考察结果

（1）加样回收实验结果

序号	1	2	3	4	5	6
称样量						
标准加入量						
吸光度 A						
浓度/(μg/mL)						
回收率/%						

（2）精密度实验结果

序号	1	2	3	4	5
吸光度 A					
样品浓度/(μg/mL)					
RSD/%					

（3）重复性实验结果

序号	1	2	3	4	5	6
称样量/g						
吸光度 A						
浓度(μg/mL)						
RSD/%						

【注意事项】

1. 比色皿每换一种溶液或者溶剂必须清洗干净，为了降低误差，测定标准溶液时应从低浓度向高浓度依次测定。

2. 采用显色剂法测定总黄酮时，加入每种试剂后需充分反应。

3. 重复测定 3 次样品吸光度，不是同一样品连续读数三次。

4. 本实验属于比色测定，试剂用量需要过量才能反应完全或者彻底，试剂多了底色或者是背景色会不同，可能会有吸收干扰，所以要做空白校正，消除干扰。

【思考题】

1. 试样浓度过大或者过小对测量有什么影响？应如何调整？
2. 实验中为什么采用最大吸收波长进行定量？
3. 如果样品溶液测定的吸光度不在标准曲线范围内怎么办？

实验五十三　紫外-可见分光光度法测定灵芝多糖和三萜及甾醇含量

【实验目的】

1. 掌握紫外-可见分光光度计结构和操作过程；
2. 掌握紫外-可见分光光度法测定灵芝多糖、三萜和甾醇含量的原理和方法。

【实验原理】

灵芝为多孔菌科真菌赤芝或紫芝的干燥子实体，具有补气安神，止咳平喘功效。灵芝成分丰富，有灵芝多糖、三萜及甾醇、氨基酸、多肽、蛋白质和微量元素等，其中灵芝多糖、灵芝三萜和甾醇是灵芝最主要的活性成分。灵芝多糖具有降血脂、抗血栓、抗肿瘤、抗衰老、提高免疫力和降低血糖等功效，灵芝三萜类化合物具有抗肿瘤、保肝、降低血糖、抗氧化等功效。《中国药典》（2015 版）将多糖、三萜及甾醇的含量作为灵芝质量评价的重要指标，要求灵芝按干燥品计算，含灵芝多糖以无水葡萄糖（$C_6H_{12}O_6$）计，不得少于 0.90％，含三萜及甾醇以齐墩果酸（$C_{30}H_{48}O_3$）计，不得少于 0.50％。

多糖测定采用蒽酮-硫酸法，其测定原理为多糖在硫酸作用下水解成单糖，单糖在浓酸加热作用下脱去三分子水，生成具有呋喃环结构的糠醛衍生物，糠醛衍生物可以和蒽酮缩合生成有色化合物。因多糖需水解成单糖后反应显色，故采用葡萄糖作为对照品。

糠醛结构式　　糠醛与蒽酮缩合物结构式　　齐墩果酸结构式

齐墩果酸和甾醇均为三萜类化合物，显色后光谱图相似，最大吸收波长相近，故选择齐墩果酸作为对照品。本实验原理是在强氧化性酸——高氯酸作用下，三萜氧化脱氢形成共轭体系，再与香草醛缩合显色后用紫外光谱进行定量测定。

【实验用品】

1. 仪器　紫外-可见分光光度计，比色皿，天平，恒温水浴锅，真空泵，布氏漏斗，冰箱，具塞试管，电热套，移液管，圆底烧瓶，冷凝管，量筒，容量瓶，烧杯。
2. 试剂　无水葡萄糖，齐墩果酸对照品，硫酸，蒽酮，甲醇，香草醛，冰醋酸，高氯酸，冰块。

【实验步骤】

多糖含量的测定

1. 样品制备

（1）试样预处理　灵芝烘干，粉碎后过 30 目筛备用。

（2）提取　取样品粉末约 2g，精密称定，置于圆底烧瓶中，加水 60mL 静置 1h，加热回流 4h，趁热过滤，用少量热水洗涤滤器和滤渣，将滤渣及滤纸置于烧瓶中，加水 60mL，加热回流 3h，趁热过滤，合并滤液，置于水浴上蒸干。残渣用 5mL 水溶解，边搅拌边缓慢滴加乙醇 75mL，摇匀，在 4℃放置 12h 后，以 4000r/min 的转速离心 10min，弃去上清液，沉淀物用热水溶解并转移至 50mL 容量瓶中，放冷，加水至刻度，摇匀。取溶解液适量，以 4000r/min 的转速离心 10min，精密量取上清液 3mL，置于 25mL 容量瓶中，加水至刻度，摇匀，即得试样。

2. 标准溶液的配制

（1）对照品溶液制备　取无水葡萄糖对照品适量，精密称定，加水制成每 1mL 含 0.12mg 溶液，即得对照品溶液。

（2）标准溶液制备　精密量取对照品溶液 0.00mL、0.20mL、0.40mL、0.60mL、0.80mL、1.00mL、1.20mL，分别置于 10mL 具塞试管中，各加水至 2.0mL，迅速精密加入硫酸蒽酮溶液（精密称取蒽酮 0.1g，加硫酸 100mL 使溶解，摇匀）6mL，立即摇匀，放置 15min 后，立即置冰浴中冷却 15min，取出，以加入 0.00mL 对照品的试剂为空白。

3. 测定法

（1）标准曲线的绘制　在 625nm 波长处测定吸光度，依次测定标准溶液，以吸光度为纵坐标，浓度为横坐标，绘制标准曲线。

（2）样品含量测定　精密量取供试品溶液 2mL，置于 10mL 具塞试管中，按照标准曲线制备项下的方法，自"迅速精密加入硫酸蒽酮溶液 6mL"起，同法操作，测定吸光度，从标准曲线上读出供试品溶液中无水葡萄糖浓度，计算含量。

三萜及甾醇含量的测定

1. 样品制备

（1）试样预处理　灵芝烘干，粉碎后过 30 目筛备用。

（2）样品提取　取本品粉末约 2g，精密称定，置于具塞锥形瓶中，加乙醇 50mL，超声处理（功率 140W，频率 42kHz）45min，过滤，滤液置于 100mL 容量瓶中，用适量乙醇分次洗涤滤器和滤渣，洗液并入同一容量瓶中，加乙醇至刻度，摇匀，即得试样。

2. 标准溶液配制

（1）对照品溶液制备　取齐墩果酸对照品适量，精密称定，加甲醇制成每 1mL 含 0.2mg 的溶液，即得对照溶液。

（2）标准曲线的制备　精密量取对照品溶液 0.00mL、0.10mL、0.20mL、0.30mL、0.40mL、0.50mL，分别置于 15mL 具塞试管中，挥干，放冷，精密加入新配制的香草醛冰醋酸溶液（精密称取香草醛 0.5g，加冰醋酸使其溶解成 10mL，即得）0.2mL，高氯酸 0.8mL，摇匀，在 70℃水浴中加热 15min，立即置于冰浴中冷却 5min，取出，精密加入乙酸乙酯 4mL，摇匀，以加入 0.00mL 对照品试剂为空白。

3. 测定法

（1）标准曲线绘制　在 546nm 波长处依次测定标准溶液吸光度，以吸光度为纵坐标，浓度为横坐标，绘制标准曲线。

（2）样品的测定　精密量取供试品溶液 0.2mL，置于 15mL 具塞试管中，照标准曲线制备项下的方法，自"挥干"起同法操作，测定吸光度，从标准曲线上读出供试品溶液中齐墩果酸的浓度，计算含量。

【数据记录与处理】

1. 无水葡萄糖＿＿＿g，标准溶液浓度＿＿＿mg/mL；
   灵芝取样量＿＿＿g。

2. 以吸光度 A 为纵坐标，葡萄糖浓度 c 为横坐标，绘制标准曲线。

序号	标准品							空白	样品		
	1	2	3	4	5	6	7		1	2	3
标准曲线浓度/(mg/mL)											
吸光度(A)											
线性方程											
相关系数											

3. 根据试样溶液的吸光度值，在标准曲线上求出相应的浓度（mg/mL），并换算成灵芝多糖的含量（写出计算公式和计算过程）。

序号	1	2	3
样品浓度/(mg/mL)			
平均浓度/(mg/mL)			
灵芝多糖含量/%			

4. 齐墩果酸____mg，标准溶液浓度____mg/mL；灵芝取样量____g。

5. 以吸光度 A 为纵坐标，齐墩果酸浓度 c 为横坐标，绘制标准曲线。

序号	标准品						样品		
	1	2	3	4	5	6	1	2	3
标准曲线浓度/(mg/mL)									
吸光度(A)									
线性方程									
相关系数									

6. 根据试样溶液的吸光度值，在标准曲线上求出相应的浓度（mg/mL），并换算三萜及甾醇的含量（写出计算公式和计算过程）。

序号	1	2	3
样品浓度/(mg/mL)			
平均浓度/(mg/mL)			
总黄酮含量/%			

【注意事项】

1. 比色皿光面应时刻保持干净，避免影响实验数据，使用前应进行校正。

2. 样品吸光度值不在标准曲线上，不可以用标准曲线回归方程计算浓度。

【思考题】

1. 什么叫单色光？复色光？哪一种适用于朗伯-比尔定律？

2. 分光光度计的部件有哪些？

3. 什么是参比溶液？有哪几种参比？

实验五十四   红外光谱法鉴别芦丁

【实验目的】

1. 掌握红外光谱仪的基本原理、构造和使用方法；

2. 熟悉 KBr 压片法制备固体样品的方法；

3. 了解红外光谱图在定性鉴别中的应用。

【实验原理】

芦丁，又称为芸香苷，维生素 P，紫皮苷。分子式为 $C_{27}H_{30}O_{16} \cdot 3H_2O$，分子量为 664.51，熔点为 195℃，结构式见下图，其为淡黄色至草黄色粉末，能溶于二甲基亚砜、吡啶甲醇和碱液，微溶于乙醇、丙酮和乙酸乙酯，几乎不溶于水、氯仿、醚、苯、二硫化碳和石油醚，稀溶液遇三氯化铁呈绿色。芦丁提取由醇提、萃取、色谱、结晶等过程得到纯度较高的提取物，UV 为 $\lambda_{CH_3OH\ max}$：258.361nm。IR 为 $\nu_{KBr\ max}$（cm^{-1}）：3400（OH），1670（C＝O），1620、1520、1470（C_6H_5—）。阴凉干燥、避光、避高温。芦丁具有降低毛细血管通透性和脆性的作用，保持及恢复毛细血管的正常弹性。用于防治高血压、脑出血、糖尿病、视网膜出血和出血性紫癜等，也用作食品抗氧剂和色素。是合成心脑血管用药曲克芦丁的主要原料。

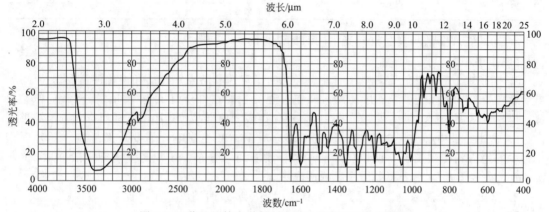

芦丁结构式

本实验采取标准图谱对照法进行鉴别,将实验样品图谱与《药品红外光谱集》中芦丁标准图谱比对。芦丁的红外光谱图见图 5-2。

图 5-2 《药品红外光谱集》中 174 号芦丁红外光谱图

【实验用品】

1. 仪器 傅里叶变换红外光谱仪,手压式压片机(包括压模等),玛瑙研钵,烘干箱。

2. 试剂 KBr(光谱纯),芦丁(纯度 98% 以上)。

【实验步骤】

1. 样品制备

(1)样品前处理 将样品和溴化钾置于烘干箱中烘干后放置干燥器备用。

(2)空白片制备 取经过干燥的 KBr 适量,置于玛瑙研钵中,红外灯下充分研磨后过 200 目筛,称取 200mg 粉末转移至模具中,使其均匀分散在模具中。压片机压力约 80MPa 保持 10min。

(3)样品片制备 取经过干燥的样品于玛瑙研钵中,红外灯下充分研磨后过 200 目筛,称取 2mg 样品与 200mg KBr 粉末混合均匀,移至模具中,使其均匀分散在模具中。压片机压力约 80MPa 保持 10min。

2. 样品测定

(1)空白片测定 将压好的空白片置于样品架上,以波数为横坐标,透光率(T)为纵坐标,扫描 4000~400cm^{-1} 之间的红外光谱,作为空白背景。

(2)样品片测定 将压好的样品片置于样品架上,扫描 4000~400cm^{-1} 之间的红外光谱。扫描结束后取出样品,将压片模具、试样架等擦洗干净置于干燥器中保存。

3. 图谱分析

(1)图谱解析 分析样品红外光谱图、特征峰归属及结构解析。

① 先从特征区,找出化合物特征峰及归属主要官能团。

② 指纹区找出官能团存在的依据。

（2）芦丁标准红外光谱图与样品红外光谱图对比　比较吸收峰数量、位置、形状和强度，图谱一致即可判定该物质为芦丁。

【数据记录与处理】

1. 样品红外光谱图

2. 样品谱图解析

序号	吸收峰位置/cm^{-1}	官能团
1		
2		
3		
4		
5		
6		

3. 标准红外图谱与样品红外光谱图对比结果

【注意事项】

1. 样品烘干后才能测定，烘干时注意样品的稳定性和熔点。样品和溴化钾需要保持干燥，烘干后样品及时转移至烘干器中防潮；操作过程除了要在红外灯下进行外，操作者应佩戴手套；压片后尽快测定，防止在空气中过久，溴化钾吸潮使样品片透明度下降而影响测定结果。

2. 成片如果中心出现白斑或者裂片，都会对图谱产生影响，需要重新压制。压片时溴化钾少的地方易出现白斑，所以压片前尽量让粉末均匀分布。压片时溴化钾一般称取 150～200mg，太少容易碎片，太多片厚影响透光率。

3. 溴化钾对金属有强烈腐蚀性，模具使用完毕要及时清洗，干燥保存。

【思考题】

1. 傅里叶变换红外光谱仪与紫外-可见分光光度计的光路有什么不同？

2. 本实验为什么要求芦丁提取物中芦丁的含量在 98% 以上？

实验五十五　红外光谱法测定水杨酸、水杨酸钠和阿司匹林红外光谱

【实验目的】

1. 掌握红外光谱仪的基本工作原理、结构和使用方法；

2. 掌握 KBr 压片法制备固体样品进行红外光谱测定技术和方法；

3. 通过图谱解析及标准图检索，了解红外光谱鉴定过程。

【实验原理】

水杨酸（salicylic acid），又称邻羟基苯甲酸，分子式为 $C_7H_6O_3$，分子量为 138.12，白色针状结晶，有特殊酚酸味，在空气中稳定，但遇光渐渐改变颜色，熔点为 158～161℃，微溶于冷水，易溶于热水、乙醇、乙醚和丙酮，溶于热苯，阴凉、通风、干燥储存，远离火源、易爆品和氧化剂。水杨酸是植物柳树皮提取物，是一种天然消炎药，可祛角质、杀菌、消炎，用于治疗各种慢性皮肤病如痤疮（青春痘）、癣等。水杨酸主要用于制备阿司匹林、水杨酸钠、水杨酰胺、止痛灵、水杨酸苯酯等药物，也可制备水杨酸甲酯、水杨酸乙酯等合成香料，也作为花露水、痱子水、奎宁头水等水类化妆品的防腐剂。除防腐杀菌外，还有祛除汗臭、止痒消肿、止痛消炎等功能，是医药工业重要原料。其红外光谱图见图 5-3。

水杨酸钠（sodium salicylate），又称邻羟基苯甲酸钠，分子式为 $C_7H_5NaO_3$，分子量为 160.11，熔点为 160～166℃，白色鳞片状结晶或粉末，无气味，见光后变为粉红色，易溶

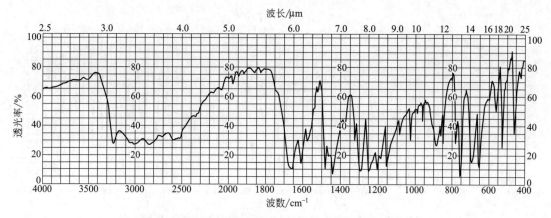

图 5-3　《药品红外光谱集》中 57 号水杨酸红外光谱图

于水、乙醇、甘油，几乎不溶于醚、氯仿和苯，水溶液呈微酸性，pH 为 5～6，避光保存，是解热镇痛药和抗风湿药，主治活动性风湿病和类风湿性关节炎等症。水杨酸钠是有机合成原料、防腐剂、测胃液中游离酸的分析试剂。其红外光谱图见图 5-4。

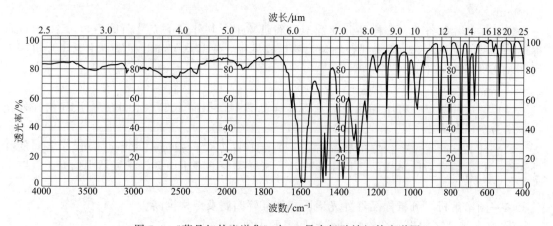

图 5-4　《药品红外光谱集》中 59 号水杨酸钠红外光谱图

乙酰水杨酸（acetylsalicylic acid）又称阿司匹林、2-（乙酰氧基）苯甲酸，分子式为 $C_9H_8O_4$，分子量为 180.16，白色针状结晶或粉末，熔点为 135～140℃，无气味，微带酸味，在干燥空气中稳定，在潮湿空气中缓慢水解成水杨酸和乙酸，在乙醇中易溶，在乙醚和氯仿溶解，微溶于水，在氢氧化钠溶液或碳酸钠溶液中能溶解，但同时分解，密封，干燥处保存。阿司匹林是一种历史悠久的解热镇痛药，用于治疗感冒、发热、头痛、牙痛、关节痛、风湿病，还能抑制血小板聚集，用于预防和治疗缺血性心脏病、心绞痛、心肌梗死、脑血栓形成，应用于血管形成术及旁路移植术，但 16 岁以下服用易引起瑞夷综合征。其红外光谱图见图 5-5。

【实验用品】

1. 仪器　傅里叶变换红外光谱仪，手压式压片机（包括压模等），玛瑙研钵，烘干箱。

2. 试剂　KBr（光谱纯），水杨酸，水杨酸钠，阿司匹林（纯度 98％以上）。

【实验步骤】

1. 样品制备

（1）样品前处理　取水杨酸、水杨酸钠、乙酰水杨酸样品进行标号后和溴化钾放入烘干

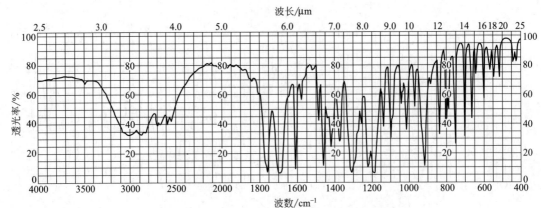

图 5-5　《药品红外光谱集》中 5 号阿司匹林红外光谱图

箱内干燥，烘干后转移干燥器备用。

（2）空白片制备　取适量干燥的 KBr，置于玛瑙研钵中，红外灯下充分研磨后，过 200 目筛，称取 200mg 粉末转移至模具中，使其均匀分散在模具中，压片机压力约 80MPa，保持 10min。

（3）样品片制备　三个样品分别置于玛瑙研钵中，红外灯下充分研磨后，过 200 目筛，称取 2mg 与 200mg KBr 粉末混合均匀，移至模具中，使其均匀分散在模具中，压片机压力约 80MPa，保持 10min。

2. 样品测定

（1）空白片测定　将压好的空白片置于样品架上，扫描 $4000 \sim 400 \mathrm{cm}^{-1}$ 之间的红外光谱，作为空白背景。

（2）样品片测定　将压好的样品片分别置于样品架上，扫描 $4000 \sim 400 \mathrm{cm}^{-1}$ 之间的红外光谱。扫描结束后取出样品，将压片模具、试样架等擦洗干净置于干燥器中保存。

3. 图谱分析

（1）图谱解析　分析样品红外光谱图、特征峰归属及结构推断。

① 先在特征区找出化合物特征峰及归属的主要官能团。

② 指纹区找出官能团存在的依据。

③ 推断化合物结构。

（2）将三个样品分别与水杨酸、水杨酸钠和乙酰水杨酸标准红外光谱图对比　比较吸收峰数量、位置、形状和强度，判断 1、2、3 号样品分别是什么物质。

【数据记录与处理】

1. 样品红外光谱图

（1）1 号样品红外光谱图

（2）1 号样品谱图解析

序号	吸收峰位置/cm^{-1}	官能团
1		
2		
3		
4		
5		

（3）2 号样品红外光谱图

（4）2 号样品谱图解析

序号	吸收峰位置/cm^{-1}	官能团
1		
2		
3		
4		
5		

（5）3 号样品红外光谱图

（6）3 号样品谱图解析

序号	吸收峰位置/cm^{-1}	官能团
1		
2		
3		
4		
5		

2. 标准红外图谱与样品红外光谱图对比结果

样品序号	1	2	3
样品名称			

【注意事项】

1. 测定过程中，样品加入量影响吸收峰强度，加入量少峰信号弱，吸收弱的峰会丢失，信号不明显；样品加入量过多，信号叠加，甚至超出测量值。样品加入量保证多数吸收峰透光率在 10％～80％为宜，实验过程中可以根据样品光谱图适当调整加入量，一般加入量在 1～5mg 之间。

2. 保持环境干燥，防止空气中水蒸气损坏红外光学元件，房间需配备除湿机控制湿度。

【思考题】

1. 为什么用溴化钾做空白，有何优缺点？

2. 傅里叶变换红外光谱仪，为什么要先测背景？

3. 简述红外图谱解析的步骤。

实验五十六　高效液相色谱法测定丹参饮片中丹参酮含量

【实验目的】

1. 熟悉高效液相色谱法的基本原理、操作流程和日常维护；

2. 掌握高效液相色谱测定丹参饮片中丹参酮的原理及方法；

3. 熟悉外标法和相对校正因子测定组分含量的方法及数据处理。

【实验原理】

丹参为唇形科植物丹参干燥根和根茎。丹参主要含丹参酮ⅡA、丹参酮Ⅰ和隐丹参酮（结构式见下图），具有活血祛瘀，通经止痛，清心除烦，凉血消痈之功效，用于胸痹心痛，脘腹胁痛，癥瘕积聚，热痹疼痛，心烦不眠，月经不调，痛经经闭，疮疡肿痛等症。《中国药典》（2015 版）采用反相 HPLC 法对隐丹参酮、丹参酮Ⅰ、丹参酮ⅡA 含量进行测定，用指纹图谱对丹参提取物鉴别和定量。《中国药典》（2015 版）规定丹参酮指纹图谱中应分别呈现与参照物色谱峰保留时间相同的色谱峰。按中药色谱指纹图谱相似度评价系统计算，供试品指纹图谱与对照指纹图谱相似度不得低于 0.90；隐丹参酮的峰高值不得低于丹参酮 I 的峰高值。

隐丹参酮　　　　　　丹参酮 I　　　　　　丹参酮 II A

外标一点法是药物定量分析中常用定量方法，操作简单快速，《中国药典》中定量多采用此法，但外标一点法相对外标两点和标准曲线法易产生误差。误差包括称量误差和处理过程中产生的误差，比如样品处理方法过于繁琐，需要提取或过常压色谱柱分离提纯等产生的误差。检测过程中的误差，包括进样误差，尤其是手动进样产生的误差。为了降低测定误差，外标一点法测定通常称取对照品和样品 2 个平行样，通过对照品$_1$-样品$_1$、对照品$_1$-样品$_2$、对照品$_2$-样品$_1$、对照品$_2$-样品$_2$ 计算样品浓度，取平均值作为样品浓度的方法降低误差。

本实验计算供试样品浓度的公式：

$$c_X = f c_R \frac{A_X}{A_R}$$

式中，c_X 为供试品浓度；c_R 为对照品浓度；A_R 为对照品峰面积；c_X 为供试品浓度；A_X 为供试品峰面积；f 为校正因子。

校正因子 f 为：

$$f = \frac{c_A / A_A}{c_B / A_B}$$

式中，c_A 为待测物的浓度；A_A 为待测物的峰面积或峰高；c_B 为参比物质的浓度；A_B 为参比物质的峰面积或峰高。

相同分析条件下质量相同的物质在检测器上响应信号不同，因此不能用峰面积直接计算物质的量，需要引入定量校正因子。以丹参酮 II A 对照品为参照，以其相应的峰为 S 峰，丹参酮 II A 的含量分别乘以校正因子，计算隐丹参酮、丹参酮 I 含量，其相对保留时间应在规定值±5% 范围内（表 5-17）。《中国药典》（2015 版）要求丹参饮品按干燥品计算，含丹参酮 II A（$C_{19}H_{18}O_3$）、隐丹参酮（$C_{19}H_{20}O_3$）和丹参酮 I（$C_{18}H_{12}O_3$）总量不得少于 0.25%。

表 5-17　相对保留时间及校正因子

待测成分(峰)	相对保留时间	校正因子
隐丹参酮	0.75	1.18
丹参酮 I	0.79	1.31
丹参酮 II A	1.00	1.00

本实验采用反相键合 C_{18} 色谱柱，采用乙腈-水体系为流动相，丹参酮类化合物在 C_{18} 和极性流动相中分配系数不同而实现分离，含量测定采用外标一点法，根据对照品保留时间定性，用吸收峰面积定量，再利用相对校正因子对其他组分进行定性和定量。

【实验用品】

1. 仪器　高效液相色谱仪（配紫外检测器），过滤装置，超声清洗器，旋转蒸发仪，加热套，粉碎机，三号筛，进样器，样品瓶，水系和有机系微孔滤膜，微孔滤头（0.45μm），容量瓶，磨口圆底烧瓶，冷凝管，锥形瓶。

2. 试剂　隐丹参酮对照品（供 HPLC，纯度≥98%），丹参酮 II A 对照品（供 HPLC，纯度≥98%），丹参饮片，乙醇，甲醇，超纯水，乙腈（色谱纯），磷酸（优级纯）。

【实验步骤】

丹参指纹图谱

1. 样品制备

(1) 样品前处理 称取 15g 干燥丹参饮片，45℃烘干，粉碎机中粉碎，过三号筛，得丹参粉末，备用。

(2) 样品提取 取丹参粉末 10g，加 60mL 乙醇加热回流提取三次，过滤，合并滤液，减压回收乙醇并浓缩成相对密度为 1.30～1.35（60℃）的稠膏，用热水洗至洗液无色，80℃干燥，粉碎成细粉。取细粉约 5mg，精密称定，置于 5mL 容量瓶中，加甲醇使其溶解并稀释至刻度，摇匀，过滤，取续滤液，备用。

2. 参照物溶液的制备

取隐丹参酮对照品和丹参酮ⅡA对照品 0.75mg，精密称定，加甲醇定容至 25mL 容量瓶中，制成每 1mL 含隐丹参酮和丹参酮ⅡA各 30μg 的混合溶液。

3. 仪器测定

(1) 色谱条件与系统适用性试验 以十八烷基硅烷键合硅胶为填充剂（柱长为 25cm，内径为 4.6mm，粒径为 5μm）；乙腈为流动相 A，0.026%磷酸溶液为流动相 B，按表 5-18 中条件进行梯度洗脱；检测波长为 270nm；柱温为 25℃；流速为 0.8mL/min。理论板数按隐丹参酮峰计算应不低于 20000。

表 5-18 指纹图谱流动相梯度洗脱表

时间/min	流动相 A/%	流动相 B/%
0～20	20 ⟶ 60	80 ⟶ 40
20～50	60 ⟶ 80	40 ⟶ 20

(2) 测定 分别使用有机相滤膜过滤对照品和样品，转移至样品瓶中，分别精密吸取参照物溶液和供试品溶液各 10μL，注入液相色谱仪，测定，记录色谱图。

4. 对比样品指纹图谱中与参照物色谱峰保留时间相同的色谱峰。评价供试品指纹图谱与对照指纹图谱的相似度。隐丹参酮的峰高值不得低于丹参酮Ⅰ的峰高值。

丹参酮含量测定

1. 样品溶液制备

取本品粉末（过三号筛）约 0.3g 2 份，精密称定，置于具塞锥形瓶中，精密加入甲醇 50mL，密塞，称定质量，超声处理（功率 140W，频率 42kHz）30min，放冷，再称定质量，用甲醇补足减失的质量，摇匀，过滤，取续滤液，即得。

2. 对照品溶液的制备：取丹参酮ⅡA对照品 0.5mg 2 份，精密称定，置于 50mL 棕色容量瓶中，加甲醇定容至刻度，制成每 1mL 含 20μg 的溶液。

3. 仪器测定

(1) 色谱条件 色谱柱为十八烷基硅烷键合，硅胶为填充剂，乙腈为流动相 A，0.02% 磷酸溶液为流动相 B，按表 5-19 中条件进行梯度洗脱，柱温为 20℃，流速为 1mL/min，检测波长为 270nm。理论板数按丹参酮ⅡA峰计算应不低于 60000。

表 5-19 样品含量测定流动相梯度洗脱表

时间/min	流动相 A/%	流动相 B/%
0～6	61	39
6～20	61～90	39～10
20～20.5	90～61	10～39
20.5～25	61	39

（2）测定法　分别使用有机相滤膜过滤，精密吸取对照品溶液与供试品溶液各 $10\mu L$，注入液相色谱仪，测定。以丹参酮ⅡA对照品为参照，计算含量。以丹参酮ⅡA相应峰为S峰，丹参酮ⅡA的含量分别乘以校正因子，计算隐丹参酮、丹参酮Ⅰ含量。

【数据记录与处理】

1. 指纹图谱测定色谱条件和系统适应性

组分名称	保留时间/min	峰面积	峰高	塔板数	分离度	拖尾因子
丹参酮ⅡA						
隐丹参酮						

2. 比较实验测得的指纹图谱与《中国药典》（2015版）丹参酮提取物对照指纹图谱的相似度；比较隐丹参酮和丹参酮ⅡA的峰高值。

3. 丹参酮含量测定

（1）对照品及样品称样量数据及计算

项目名称	称样量/μg	定容体积/mL	浓度/(μg/mL)
对照品1			
对照品2			
样品1			
样品2			

（2）色谱图数据记录

组分名称	保留时间/min	峰面积	塔板数	分离度	拖尾因子
丹参酮ⅡA对照品1					
丹参酮ⅡA对照品2					
丹参酮ⅡA样品1					
丹参酮Ⅰ样品1					
隐丹参酮样品1					
丹参酮ⅡA样品2					
丹参酮Ⅰ样品2					
隐丹参酮样品2					

（3）含量计算结果

样品与标准品对照	对照品$_1$-样品$_1$	对照品$_1$-样品$_2$	对照品$_2$-样品$_1$	对照品$_2$-样品$_2$	$\bar{c}$
c 丹参酮ⅡA/(μg/mL)					
c 丹参酮Ⅰ/(μg/mL)					
c 隐丹参酮/(μg/mL)					

（4）样品中含量的计算：

$$样品中丹参酮ⅡA含量 = \frac{c_{丹参酮ⅡA} V_{定容体积} f_{稀释倍数}}{m_{称样质量}}$$

$$样品中隐丹参酮含量 = \frac{c_{隐丹参酮} V_{定容体积} f_{稀释倍数}}{m_{称样质量}}$$

$$样品中丹参酮Ⅰ含量 = \frac{c_{丹参酮Ⅰ} V_{定容体积} f_{稀释倍数}}{m_{称样质量}}$$

【思考题】

1. 高效液相色谱是如何实现高效、快速、灵敏检测的？

2. 流动相中溶解气体存在哪些危害，常用脱气法有哪几种？

3. 紫外检测器是否可以用于各类有机物测定？为什么？

实验五十七　高效液相色谱法测定黄芪饮片中黄芪甲苷的含量

【实验目的】

1. 熟悉蒸发光散射检测器的构造、工作原理、操作流程和日常维护；
2. 熟悉黄芪甲苷含量测定方法及外标两点对数法数据处理。

【实验原理】

黄芪为豆科植物蒙古黄芪或膜荚黄芪的干燥根，具有补气升阳，固表止汗，利水消肿，生津养血，行滞通痹，托毒排脓，敛疮生肌之功效。黄芪甲苷是中药黄芪中的主要有效成分之一，其含量是评价黄芪质量优劣的主要标准。《中国药典》（2015 版）规定按干燥黄芪计算，含黄芪甲苷（$C_{41}H_{68}O_{14}$）不得少于 0.040%。黄芪甲苷极性较大，稍溶于甲醇，几乎不溶于水、丙酮、乙酸乙酯，溶于热乙醇。黄芪皂苷 I～VII 以环阿屯烷型的四环三萜类皂苷为基本母核，当在碱性条件下提取或处理时，可以增加黄芪甲苷收率，另外在碱性条件下也可防止皂苷水解成次级苷或者苷元。

蒸发光散射检测器响应值与被测物质的取样量呈指数关系，既峰面积和进样量的对数呈良好线性关系，但不经过原点，含量测定时多采用外标两点对数法进行含量测定。外标两点对数法需将两点的进样量（m）和峰面积（A）分别取对数，解二元一次方程组 $\lg A = a\lg m + b$，求出 a 和 b。数据处理如下：

对照品	I	II
进样量 m	$m_I = c_{对} \times V_{I进样体积}$	$m_{II} = c_{对} \times V_{II进样体积}$
进样量取对数	$\lg m_I$	$\lg m_{II}$
峰面积	A_I	A_{II}
峰面积取对数	$\lg A_I$	$\lg A_{II}$

将对照品 I 和 II 的 $\lg A$ 和 $\lg m$ 代入公式 $\lg A = a\lg m + b$ 中求出 a、b；将样品测得的峰面积 $A_{样品}$ 取对数代入公式计算得出样品 $\lg m_{样品} = x$，将 x 取反对数得到样品进样量 $m_{样品}$。

$$黄芪甲苷的含量 = \frac{m_{进样质量} \, V_{进样体积} \, f_{稀释倍数}}{m_{称样质量}}$$

本实验采取甲醇冷浸后加热回流提取，提取液用正丁醇萃取，加入氨水增加黄芪甲苷稳定性和得率，以 D101 大孔树脂富集黄芪甲苷，用 40% 乙醇洗脱除去杂质后再用 70% 乙醇洗脱。黄芪甲苷没有特征吸收波长，故采用 HPLC 蒸发光散射检测器。外标两点法对数方程计算黄芪甲苷（$C_{41}H_{68}O_{14}$）含量。

【实验用品】

1. 仪器　高效液相色谱仪（蒸发光散射检测器），C_{18} 色谱柱，进样瓶，粉碎机，超声波清洗器，流动相过滤装置，烘干箱，电子天平，索氏提取器，恒温水浴锅，蒸发皿，容量瓶（25mL），锥形瓶（250mL），D101 型大孔吸附树脂柱（内径为 1.5cm，柱高为 12cm），微孔滤膜。

2. 试剂　黄芪饮片，黄芪甲苷对照品，甲醇，正丁醇，氨水，乙醇，乙腈，超纯水。

【实验步骤】

1. 样品制备

（1）样品前处理　称取 10g 干燥黄芪饮片，粉碎机中粉碎，过三号筛，保存于干燥器中，备用。

(2) 供试品溶液的制备　取处理好的粉末约 4g，精密称定，置于索氏提取器中，加甲醇 40mL，冷浸过夜，再加甲醇适量，加热回流 4h，提取液回收溶剂并浓缩至近干，残渣加水 10mL，微热使其溶解，用水饱和的正丁醇振摇提取 4 次，每次 40mL，合并正丁醇提取液，用氨水充分洗涤 2 次，每次 40mL，弃去氨液，正丁醇液蒸干，残渣加水 5mL 使其溶解，放冷，通过 D101 型大孔吸附树脂柱（内径为 1.5cm，柱高为 12cm），以水 50mL 洗脱，弃去水液，再用 40％乙醇 30mL 洗脱，弃去洗脱液，继续用 70％乙醇 80mL 洗脱，收集洗脱液，蒸干，残渣加甲醇溶解，转移至 5mL 容量瓶中，加甲醇至刻度，摇匀，即得。

2. 对照品溶液的制备

取黄芪甲苷对照品 15mg，精密称定，加甲醇定容至 25mL，得 0.6mg/mL 标准溶液。

3. 仪器的测定

(1) 色谱条件与系统适用性试验　C_{18} 反相色谱柱；以乙腈-水（32：68）为流动相；流速为 1mL/min；蒸发光散射检测器检测；氮气流速为 1.5mL/min。理论板数按黄芪甲苷峰计算应不低于 4000。

(2) 测定　分别使用有机相滤膜过滤对照品和样品，转移至样品瓶中，分别精密吸取对照品溶液 10μL、20μL，供试品溶液 20μL 平行进样 2 次，用外标两点法对数方程计算黄芪甲苷含量。

【数据记录与处理】

1. 实验数据记录

对照品称样量＝＿＿＿＿mg，样品称样量＝＿＿＿＿g。

组分名称	保留时间/min	峰面积	塔板数	分离度	拖尾因子	进样体积/μL	浓度/(mg/mL)
对照品Ⅰ							
对照品Ⅱ							
样品 1							
样品 2							

2. 实验数据处理

项目名称	对照品Ⅰ	对照品Ⅱ	样品Ⅰ	样品Ⅱ
进样量/μL				
进样量取对数				
峰面积				
峰面积取对数				

3. 样品中黄芪甲苷的含量

按【实验原理】中的公式进行计算。

【注意事项】

1. 在不使被测物质蒸发的前提下，温度越高，流动相蒸发越完全，色谱图基线越好、信号比就越高。

2. 使用可燃溶剂时避免明火，最好使用氮气，用于含有机溶剂的流动相雾化。

3. 雾化器使用一段时间后可能被堵塞，需定期清理。

【思考题】

1. 黄芪甲苷含量测定是否可换用紫外检测器？并说明理由。

2. 提取时加氨水，能够预防皂苷水解，提高黄芪甲苷提取率，是否可以把氨水替换成碳酸钙、氢氧化钙或碳酸钠？

3. 液相色谱分析时，色谱柱一般在室温下进行分析，气相色谱测定则需要严格控制温度，这是为什么？

实验五十八　高效液相色谱示差折光检测器测定麦芽糖含量

【实验目的】

1. 熟悉示差折光检测器的构成、工作原理、操作流程和日常维护；
2. 熟悉示差折光检测器测定麦芽糖含量的方法及数据处理。

【实验原理】

麦芽糖也叫饴糖，是 4-O-α-D-吡喃葡萄糖基-β-吡喃葡萄糖，含一个结晶水（分子量：360.31）或为无水物（分子量：342.30），含量测定按无水物 $C_{12}H_{22}O_{11}$ 计算，白色针状结晶，味甜，在水中易溶，在甲醇中微溶，在乙醇中极微溶，在乙醚中几乎不溶。在有机体中淀粉被淀粉酶分解生成麦芽糖，工业上多用淀粉制取，可供制糖果或药用。麦芽糖除了有食用价值，亦有食疗功效，它性温味甘，在水中溶解后会化作葡萄糖，有养颜、补脾益气、润肺止咳、缓急止痛、滋润内脏、开胃除烦、通便秘等功效，也可作为药用辅料，如填充剂和矫味剂等。麦芽糖没有紫外特征吸收，多采用示差折光检测器测定含量。

本实验采用 HPLC 色谱法示差检测器测定样品中麦芽糖含量，样品经水提取后，用氨基柱分离，示差检测器测定，外标一点法进行含量测定。

【实验用品】

1. 仪器　液相色谱仪（示差折光检测器），氨基柱，超声波清洗器，流动相过滤装置，水系、有机系微孔滤膜，电子天平，10mL 容量瓶 2/组，注射器。

2. 试剂　麦芽糖、葡萄糖和麦芽三糖对照品（供 HPLC，纯度≥98%），乙腈（色谱纯），超纯水。

【实验步骤】

1. 样品溶液制备

取实验样品适量，精密称定，平行称定 2 份，转移至 10mL 容量瓶中，加水溶解并稀释，制成每 1mL 中约含麦芽糖 10mg 的溶液，备用。

2. 对照品溶液制备

取麦芽糖、葡萄糖与麦芽三糖对照品，精密称定 100mg，各 2 份，分别转移至 10mL 容量瓶，加水溶解并稀释至刻度，制成每 1mL 中各含 10mg 的溶液。

3. 仪器的测定

（1）条件与系统适用性试验　色谱柱为氨基键合，硅胶为填充剂；乙腈-水（70∶30）为流动相；柱温为 35℃；流速为 1mL/min。

（2）测定　对照品和供试品溶液分别经 0.22 微孔滤膜过滤，各量取 $20\mu L$ 注入液相色谱仪，记录色谱图，麦芽糖峰、葡萄糖峰和麦芽三糖峰之间的分离度，其均应符合要求，按外标法以峰面积计算。

【数据记录与处理】

1. 对照品和样品称样量数据及计算

项目名称	称样量/mg	定容体积/mL	浓度/(mg/mL)
对照品 1			
对照品 2			
样品 1			
样品 2			

2. 色谱图数据记录及处理

组分名称		保留时间/min	峰面积	塔板数	分离度	拖尾因子
对照品1	麦芽糖					
	葡萄糖					
	麦芽三糖					
对照品2	麦芽糖					
	葡萄糖					
	麦芽三糖					
样品1	麦芽糖					
	葡萄糖					
	麦芽三糖					
样品2	麦芽糖					
	葡萄糖					
	麦芽三糖					

3. 样品溶液中麦芽糖、葡萄糖、麦芽三糖的浓度

样品与标准品对照	对$_1$-样$_1$	对$_1$-样$_2$	对$_2$-样$_1$	对$_2$-样$_2$	平均浓度
$c_{麦芽糖}$/(mg/mL)					
$c_{葡萄糖}$/(mg/mL)					
$c_{麦芽三糖}$/(mg/mL)					

4. 样品中的含量

样品中麦芽糖、葡萄糖、麦芽三糖的含量，按照下式进行计算：

$$样品中麦芽糖含量 = \frac{c_{麦芽糖} V_{定容体积} f_{稀释倍数}}{m_{称样质量}}$$

$$样品中葡萄糖含量 = \frac{c_{葡萄糖} V_{定容体积} f_{稀释倍数}}{m_{称样质量}}$$

$$样品中麦芽三糖含量 = \frac{c_{麦芽三糖} V_{定容体积} f_{稀释倍数}}{m_{称样质量}}$$

【注意事项】

1. 示差折光检测器是一种通用型检测器，对糖类检测灵敏度较高，但受环境温度、流动相组成等影响较大，不适合梯度洗脱。

2. 储液瓶、柱温箱、检测器的光学单元温度最好控制在同一温度。

3. 色谱柱需要平衡时间较长，等基线平稳后再进样。

【思考题】

1. 比较外标一点法和标准曲线法在定量中的优缺点。

2. 示差折光检测器与紫外检测器有哪些不同点？

实验五十九　气相色谱法测定藿香正气水中的乙醇含量

【实验目的】

1. 掌握气相色谱仪构造、操作流程和日常维护；

2. 掌握内标法测定原理；

3. 熟练掌握微量注射器进样技术。

【实验原理】

藿香正气水是夏季常用的中成药，主要成分有藿香、白术、陈皮、厚朴、白芷、桔梗、茯苓、大腹皮、半夏、甘草、紫苏等，具有散寒解表、化湿和中、祛暑等作用，可治疗外感风

寒、内伤湿滞引起的头痛发热、恶心呕吐、腹痛腹泻等病症。过敏是藿香正气水常见的不良反应之一，一般表现为服用后出现皮肤瘙痒、皮疹等，有些过敏体质的患者还可能因此诱发支气管哮喘，这是由于藿香正气水中所含的广藿香油和紫苏叶油都属于挥发性物质，容易引起变态反应。除此之外，藿香正气水制造工艺中采用酒精为溶剂，所以某些对酒精比较敏感的病人服用藿香正气水后有可能出现醉酒的表现，还有一些临床报道反映服用藿香正气水后会出现心动过速、机械性肠梗阻以及紫癜等情况，但发生的概率较低。测定藿香正气水中乙醇含量是质量标准的一个重要指标，《中国药典》（2015 版）要求乙醇含量在 40％～50％。

本实验采用气相色谱法测定藿香正气水中乙醇含量，用内标法定量。

【实验用品】

1. 仪器　气相色谱仪（配 FID），DB-WAX 石英毛细管柱，容量瓶，微量进样器，移液管。

2. 试剂　无水乙醇（AR）对照品，正丙醇（内标物质），藿香正气水。

【实验步骤】

1. 样品制备

精密量取恒温至 20℃的供试品 10.00mL（相当于乙醇约 5mL），置于 100mL 容量瓶中，精密加入恒温至 20℃的正丙醇 5mL，用水稀释至刻度，摇匀，精密量取该溶液 1mL，置于 100mL 容量瓶中，用水稀释至刻度，摇匀（必要时可进一步稀释），作为供试品溶液。

2. 标准溶液的配制

精密量取恒温至 20℃的无水乙醇对照品 5mL，平行两份，置于 100mL 容量瓶中，精密加入恒温至 20℃的正丙醇（内标物质）5mL，用水稀释至刻度，摇匀，精密量取该溶液 1mL，置于 100mL 容量瓶中，用水稀释至刻度，摇匀（必要时可进一步稀释），作为对照品溶液。

3. 仪器的测定

（1）色谱条件　色谱柱规格为：30m×0.53mm×3.00μm。起始温度：40℃，维持 2min，以 3℃/min 的速率升温至 65℃，再以 25℃/min 的速率升温至 200℃，维持 10min；进样口温度 200℃；检测器温度 220℃；采用分流进样，分流比为 30∶1。理论板数按乙醇峰计算应不低于 10000，乙醇峰与正丙醇峰的分离度应大于 2.0。

（2）校正因子测定　在上述实验条件下，将对照品溶液注入气相色谱仪中，平行进样 3 次。测定峰面积，计算平均校正因子，所得校正因子的相对标准偏差不得大于 2.0％。

（3）样品测定　在相同实验条件下，将样品溶液注入气相色谱仪中测定峰面积，按内标法以峰面积计算，即得。

【数据记录与处理】

1. 校正因子

项目名称	对照品溶液		
	1	2	3
对照品峰面积 A_R			
内标物峰面积 A_S			
校正因子 f			
平均校正因子 $\bar{f}$			

2. 藿香正气水中乙醇含量

样品中藿香正气水的含量（％），按照下面的公式进行计算：

$$X = \bar{f} \, \frac{A_X}{\dfrac{A'_S}{c'_S}} f$$

式中，$\bar{f}$ 为平均校正因子；A_X 为样品溶液中乙醇色谱峰的峰面积；A'_S 为对照品溶液中乙醇色谱峰的峰面积；c'_S 为对照品溶液中乙醇的浓度；f 为稀释倍数。计算结果保留 1 位有效数字。

【注意事项】

1. 为延长色谱柱使用寿命，在分离度达到要求的情况下尽可能选择低的柱温。

2. 为获得较好的精密度和色谱峰形状，手动进样的速度要快，并且进样速度和留针时间应保持一致。

3. 如果实验室没有配备顶空进样器，也可以用分流进样器替代，分流比建议 10∶1，进样量 1μL，也可以根据实验数据进行适当调整。

【思考题】

1. 内标法中，进样量多少对结果有无影响？

2. 操作条件的变化对定量结果有无明显影响，为什么？

3. 内标物的选择应符合哪些条件？

实验六十　气相色谱法测定八角茴香中八角茴香油的含量

【实验目的】

1. 掌握气相色谱仪构造、操作流程和日常维护；

2. 掌握挥发油提取原理和内标法测定挥发油含量原理；

3. 熟练掌握微量注射器进样技术；

【实验原理】

八角茴香为木兰科植物八角茴香新鲜枝叶或成熟果实，气味芳香而甜，有驱虫、温中理气、健胃止呕、祛寒、兴奋神经等功效，全果或磨粉使用，可作调料，还可入药。中医用于寒疝腹痛，肾虚腰痛，胃寒呕吐，脘腹冷痛，还可作香水、牙膏、香皂、化妆品等的原料。八角中含挥发油、脂肪油、蛋白质、树脂等成分，其中挥发油含量约为 5%。八角挥发油又称八角茴香油，是无色或淡黄色的澄清液体，气味与八角茴香类似。挥发油中主要成分是茴香脑，除此之外还含有甲基胡椒粉、茴香醛和茴香酸，其中以反式茴香脑为代表的含氧有机化物占 90% 左右。八角茴香油极易溶于 90% 乙醇。

本实验采用气相色谱法测定八角茴香挥发油中反式茴香脑（$C_{10}H_{12}O$）的含量。经挥发油提取器提取后，经 PEG-20M 石英毛细管柱分离，FID 检测后，内标法定量。

【实验用品】

1. 仪器　气相色谱仪（配 FID），聚乙二醇 20000（PEG-20M）毛细管柱（内径为 0.53mm，柱长为 30m，膜厚度为 1μm），微量注射器，离心机，容量瓶（50mL），挥发油提取装置，加热套，圆底烧瓶，离心管，分液漏斗。

2. 试剂　反式茴香脑（对照品），环己酮（内标液：精密称定环己酮 250mg，加乙酸乙酯制成每 1mL 含 50mg 的溶液），乙酸乙酯。

【实验步骤】

1. 样品制备

(1) 提取　取八角茴香 100g 于 2000mL 圆底烧瓶中，加水 700mL，放入沸石，置于加热器上用水蒸气蒸馏 1h，至流出液澄清，得乳化液，乳化液转移至 500mL 分液漏斗中，加入适量 NaCl，使溶液中含有 10% 左右 NaCl，摇匀后等待盐析分层，取上层液即为八角茴香油，如含有水分可至离心管中以 4000r/min 的转速离心 10min。

（2）样品溶液制备　取约50mg八角茴香油，精密称定，置于50mL容量瓶中，精密加入环己酮内标溶液1mL，加乙酸乙酯至刻度，摇匀，作为供试品溶液。

2. 对照品溶液配制

精密称取反式茴香脑对照品60mg，精密称定，置于50mL容量瓶中，精密加入内标溶液1mL，加乙酸乙酯至刻度，摇匀，即得。

3. 仪器测定

（1）仪器参数　氢气流速：40mL/mim。空气流速：450mL/mim。载气氮气（N_2）流速：40mL/mim。柱温为程序升温：初始温度为70℃，保持3min，以5℃/min的速率升温至200℃，保持5min，分流进样，分流比为10∶1，进样口温度230℃，检测器温度250℃。理论板数按环己酮峰计算应不低于50000。

（2）校正因子测定　精密吸取对照品溶液1μL，注入气相色谱仪，平行3次，计算平均校正因子。

（3）样品溶液测定　精密吸取供试品溶液1μL，注入气相色谱仪，平行3次，即得。

【数据记录与处理】

1. 系统适应性试验结果

项目名称	对照品	内标物
理论塔板数		
分离度		
拖尾因子		

2. 校正因子

项目名称	对照品溶液		
	1	2	3
对照品峰面积			
内标物峰面积			
校正因子			
平均校正因子 $\bar{f}$			

3. 样品中八角茴香油的含量

样品中八角茴香油的含量（%），按照下面的公式进行计算：

$$X=\bar{f}\frac{A_X}{A_S'/c_S'}f$$

式中，$\bar{f}$ 为平均校正因子；A_X 为样品溶液中八角茴香油色谱峰的峰面积；A_S' 为对照品溶液中八角茴香油色谱峰的峰面积；c_S' 为对照品溶液中八角茴香油的浓度；f 为稀释倍数。计算结果保留1位有效数字。

【注意事项】

1. 八角茴香油属于挥发油，极易挥发，提取时注意控制冷凝水流速，一般1600mL/30s为易，如果流速过低挥发油容易流失。收集的挥发油用塑料薄膜封闭管口，防止挥发。

2. 新填充柱和毛细管柱在使用前需老化处理，以除去残留溶剂及易流失物质；色谱柱如长期未用，使用前应老化处理，使基线稳定。

【思考题】

1. 气相色谱法定量分析含量的方法有哪些？为什么气相色谱法定量分析多采用内标法？

2. 除本实验采用的水蒸气蒸馏法，还有哪些方法用于挥发油的提取？

3. 八角茴香油易溶于乙醇，是否可以使用乙醇作为提取溶剂或提纯萃取剂，为什么？

第六章

仪器分析设计实验

实验六十一　薄层色谱条件筛选

【实验目的】

1. 了解薄层色谱的应用；
2. 熟悉薄层色谱条件筛选的步骤；
3. 掌握薄层色谱的原理及操作。

【实验原理】

1. 薄层色谱是将吸附剂、载体或其他活性物质均匀涂铺在平面板（玻璃板、塑料片、金属片等）上，形成薄层后（常用厚度为 0.25mm），在此薄层上进行色谱分离的分析方法。

2. 在适宜的展开条件下（吸附剂、展开剂），物质性质的差异（吸附色谱、分配色谱、离子交换色谱、凝胶色谱）在展开剂的带动下前行的速度不同而分开，具有不同的比移值（R_f 值）。

3. 吸附色谱　被分离物在吸附剂上被吸附能力不同而分离。

4. 分配色谱　被分离物质在不相溶的两相中分配系数（溶解度）不同而分离。

5. 离子交换色谱　被分离物质对离子交换树脂上的离子亲和力不同而分离。

6. 凝胶色谱　被分离物质分子量大小不同在填料上渗透程度不同而分离。

7. 展距合理，适宜的 R_f 值（0.3～0.8）。

薄层层析见图 6-1。

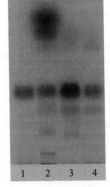

图 6-1　薄层层析图

【实验用品】

1. 仪器　紫外灯（可见光、254nm 及 365nm 紫外光光源及相应的滤光片的暗箱），薄层板（为玻璃板、塑料板或铝板等；按固定相种类分为硅胶薄层板、键合硅胶板、微晶纤维素薄层板、聚酰胺薄层板、氧化铝薄层板等），色谱缸，点样毛细管，移液管（多规格），喷雾瓶。

2. 试剂　甲醇，乙酸乙酯，丙酮、盐酸、氢氧化钠（根据实验项目选择可以改变）。

【实验步骤】

1. 选择中药材（可自行选择，如槐米）以适宜的提取方法进行提取（自行设计），备用。

2. 薄层板的选择：根据物质的性质（查阅参考文献）选择。

3. 展开剂选择：选择不同极性的溶剂配比，确定适宜的展开剂。

4. 点样、展开。

5. 检识：显色方法的选择（显色、紫外观测）。

【数据记录与处理】

记录不同展开条件下，分离的斑点数量、颜色、R_f 值，进行比较剖析，确定最佳色谱条件。

【注意事项】

1. 实验中配制的有机试剂使用后应倒入有机废液桶中。

2. 实验过程中移液管按规范操作，确保展开剂的比例。

3. 展开剂在展开缸中饱和后展开。

实验六十二　食品中着色剂含量的测定

【实验目的】

1. 掌握食品成分测定的基本思路；

2. 熟悉紫外-可见分光光度计基本原理及操作；

3. 了解食品着色剂的应用。

【实验原理】

水溶性酸性合成着色剂在酸性条件下被聚酰胺吸附，而在碱性条件下被解吸附，再用纸色谱或薄层色谱法进行分离后，进行定量分析。

依据实验的时间安排，可以选择某种食品中的某一项目进行检测，针对样品的性状，设计样品处理方法，依据检测方法进行检测。

【实验用品】

1. 仪器：紫外-可见分光光度计，比色皿，烧杯，移液管等。

2. 试剂：聚酰胺粉（80～100 目），提取试剂（根据项目设计），参照物（胭脂红，柠檬黄或其他）。

【实验步骤】

1. 样品的制备

准确称取样品适量，进行提取分离，制备样品液。

2. 标准溶液的配制

准确称取色素适量（查阅文献）于 100mL 容量瓶中，添加试剂（文献）定容（文献）处理备用。

3. 标准曲线的绘制

利用紫外-可见分光光度计，设置检测波长等（文献）实验条件，测得不同浓度标准溶液的吸光度，以浓度为横坐标，吸光度为纵坐标，绘制标准曲线。

4. 样品的测定

在上述实验条件下测得样品溶液的吸光度。

【数据记录与处理】

1. 标准曲线的绘制

标准曲线浓度/(μg/mL)								样品
吸光度								
线性方程								
相关系数								

2. 样品中色素的含量

查阅文献，设计样品中色素含量的计算公式，并计算样品中色素的含量。

【注意事项】

1. 紫外-可见分光光度计预热 30min 以上使用。

2. 比色皿、烧杯、移液管等洁净干燥。

实验六十三　高效液相色谱测人参皂苷实验条件的摸索

【实验目的】

1. 复习高效液相色谱仪构造、工作原理及操作方法；

2. 了解影响高效液相色谱分离物质的因素；

3. 掌握高效液相色谱分离条件修订的方法。

【实验原理】

高效液相色谱依据设定条件分离组分，其中流动相的种类、比例（极性）、流速、柱温（溶解度）检测器条件对分离度、灵敏度都有着较大的影响。另外，极性差异较大的复杂的混合物一般采用梯度洗脱，即通过流动相比例的系列变化改变不同组分在固定相中的保留状况，从而改善分离效果。

【实验用品】

1. 仪器　高效液相色谱仪（配紫外检测器），移液管，烧杯，容量瓶。

2. 试剂　人参皂苷系列标准品，流动相（甲醇、乙腈、超纯水、磷酸、甲酸、磷酸缓冲盐、乙酸铵等）。

【实验步骤】

1. 制备标准品溶液

准确称取适量标准品，配成适宜的浓度（查阅文献）。

2. HPLC 条件的摸索

开机，设计色谱条件，进样检测，根据色谱图，修订色谱条件直至获得理想的保留时间及分离度。

3. 维护及关机

【数据记录与处理】

1. 记录不同色谱条件下获得的色谱图（阐述改变色谱条件的依据）。

2. 理想的分离条件以及色谱图（保留时间、分离度、理论塔板数、拖尾因子等数据）。

【注意事项】

1. 液相色谱仪的使用与维护（基线、洗柱与封柱）。

2. 基线漂移的原因及解决策略。

实验六十四　气质联用法检测葡萄酒香气成分实验条件的摸索

【实验目的】

1. 了解气质联用仪构造、工作原理；

2. 熟悉影响气相色谱分离物质的因素;

3. 掌握气相色谱条件修订的方法。

【实验原理】

同液相色谱一样,气质联用法也依据设定条件分离物质,并对分离组分进行定性分析。固定相选择、汽化室的温度、柱温(溶解度)、检测器温度等都会影响分离效果。尤其对于复杂的混合物分离,更需要摸索不同条件下的分离效果,其中程序升温对复杂样品的分离影响更大,初始温度、升温梯度和最终温度及其保持时间,都会严重影响物质分离的效果。

【实验用品】

1. 仪器　气质联用仪,容量瓶。

2. 试剂　艾蒿干燥品样品(如葡萄酒中风味物质,也可根据实验设计进行制备),提取试剂。

【实验步骤】

1. 开机

按照仪器操作方法设定进样、气相色谱条件、质谱条件,平衡基线。

2. 气相色谱检测

在设定好的条件下将样品溶液注入仪器,观察色谱图,并根据谱图修订条件,直至获得理想总离子流图(TIC 图)。

3. 将 TIC 图上的每个色谱峰的质谱图代入 NIST 谱库进行相似度比较,并依据基峰、相对丰度、保留指数等信息进行准确定性。

【数据记录与处理】

1. 记录不同条件下的色谱图,并以此为根据改变分离条件(阐述修订条件的原因)。

2. 获得理想的分离条件以及色谱图(保留时间、分离度、理论塔板数、拖尾因子)。

3. 对 TIC 谱图上的色谱峰进行准确定性。

【注意事项】

1. 气质联用仪的使用与安全。

2. 流速及温度对于分离的影响。

实验六十五　样品前处理条件的筛选

【实验目的】

1. 了解样品前处理常见影响因素;

2. 掌握样品前处理的实验设计原则与方法。

【实验原理】

方法学考察是对提取方法、检测方法的评价,样品提取、检测的方法都必须经过验证,比如特异性考察、灵敏度考察、回收率考察、精密度考察、稳定性考察、检出限及测定限等。

根据所采集原始样品的基质性质、分析测试目的、允许分析时间和仪器对样品的要求等,决定样品的处理方法与程序。

样品前处理所用的溶剂及浓度、样品粉碎程度、料液比、提取处理的时间、温度、浓度等均会对样品检测结果产生影响,选取分光光度法、色谱法等检测方法通过单因素实验确定因素和水平,以正交实验或响应面法优化样品溶液制备方案。

【实验用品】

1. 仪器　紫外-可见分光光度计(或者 HPLC、GC,依据实验设计选定检测方法)。

2. 试剂　溶剂或流动相（依据实验设计）。

【实验步骤】

1. 配制标准溶液，初步选取测定方法及检测条件。

2. 单因素筛选：影响样品处理的因素筛选，设计考察水平。

3. 正交实验设计：统计分析确定影响大的因素，以单因素实验为依据确立正交实验水平。

4. 通过方法学考察，确定最佳处理工艺，并进行验证。

【数据记录与处理】

1. 单因素实验结果及分析：

2. 正交实验或响应面结果及分析：

3. 样品优化处理工艺参数：

4. 方法学考察结果及分析：

5. 验证实验结果：

【注意事项】

1. 方法学考察如果达不到理想的效果，必须进行改进。

2. 确定稳定的检测方法（可以不复杂）。

附　录

1. 市售酸碱试剂的含量及密度

试剂名称	化学式	物质的量浓度/(mol/L)	质量分数/%	20℃密度/(g/mL)
浓氨水	$NH_3 \cdot H_2O$	13.32~14.44	25.0~28.0	0.900~0.907
硝酸	HNO_3	14.36~15.16	65.0~68.0	1.391~1.405
氢溴酸	HBr	8.6	47.0	1.49
氢碘酸	HI	5.31~5.55	45.3~45.8	1.50~1.55
盐酸	HCl	11.6~12.4	36.0~38.0	1.18~1.19
硫酸	H_2SO_4	17.8~18.5	95.0~98.0	1.83~1.84
冰醋酸	CH_3COOH	17.45	99.8(分析纯) 99.0(分析纯、化学纯)	1.05
磷酸	H_3PO_4	14.6	85	1.69
氢氟酸	HF	22.5	40	1.13
高氯酸	$HClO_4$	11.7~12.0	70.0~72.0	1.68

2. 常用干燥剂

干燥剂	适用范围	不适用范围	备注
浓硫酸	大多数中性和酸性气体(干燥器、洗气瓶)饱和烃、卤代烃、芳烃	不饱和化合物、醇、酮、酚、碱性物质、碘化氢、硫化氢	不适宜升温真空干燥
氧化钡 氧化钙	中性和碱性气体、醇、胺	酸性物质、醛、酮	适合干燥气体,与水反应生成氢氧化钡或氢氧化钙
氢氧化钠 氢氧化钾	氨、胺、醚、烃(干燥器)、腈	酸性物质、醛、酮	潮解
碳酸钾	胺、醇、丙酮、生物碱、酯、腈	酸、酚及其他酸性物质	潮解
氯化钙	烃、烯烃、卤代烃、醚、酯、腈、中性气体、氯化氢	氨、胺、醇、酸、酸性物质、某些醛、酮及酯	价格低廉,能与许多含氮和氧的化合物生成溶剂化物、配合物或反应;含有碱性杂质(氧化钙等)
高氯酸镁	含氨气体(干燥器)	易氧化的有机液体	适用于分析工作;溶于许多溶剂中;处理不当会引起爆炸
无水硫酸钠 无水硫酸镁	普遍适用,特别适用于酯和敏感物质溶液		价格低廉;硫酸钠常作为预干燥剂
硫酸钙[①]硅胶	普遍适用(干燥器)	氟化氢	常先用硫酸钠预干燥

干燥剂	适用范围	不适用范围	备注
分子筛	温度在 100℃ 以下的大多数流动气体、有机溶剂(干燥器)	不饱和烃	一般先用其他干燥剂预干燥,适用于低分压的干燥

① 可加氯化钴制成变色硅胶和变色硫酸钙。无水氯化钴（$CoCl_2$）是蓝色,而其吸水后变成 $CoCl_2 \cdot 6H_2O$ 为粉红色。某些溶剂（如醇、丙酮和吡啶等）会溶出氯化钴或改变氯化钴的颜色。

3. 常用有机溶剂的极性及沸点

化合物名称	极性	沸点/℃	黏度/mPa·s	吸收波长/nm
异戊烷(i-pentane)	0	30	—	—
正戊烷(n-pentane)	0	36	0.23	210
石油醚(petroleum ether)	0.01	30～60	0.3	210
己烷(hexane)	0.06	69	0.33	210
环己烷(cyclohexane)	0.1	81	1	210
异辛烷(isooctane)	0.1	99	0.53	210
三氟乙酸(trifluoroacetic acid)	0.1	72	—	—
三甲基戊烷(trimethylpentane)	0.1	99	0.47	215
环戊烷(cyclopentane)	0.2	49	0.47	210
庚烷(n-heptane)	0.2	98	0.41	200
丁基氯(butyl chloride)	1	78	0.46	220
三氯乙烯(trichloroethylene)	1	87	0.57	273
四氯化碳(carbon tetrachloride)	1.6	77	0.97	265
甲苯(toluene)	2.4	111	0.59	285
对二甲苯(p-xylene)	2.5	138	0.65	290
氯苯(chlorobenzene)	2.7	132	0.8	—
邻二氯苯(o-dichlorobenzene)	2.7	180	1.33	295
二乙醚(ethyl ether)	2.9	35	0.23	220
苯(benzene)	3	80	0.65	280
异丁醇(isobutyl alcohol)	3	108	4.7	220
二氯甲烷(methylene chloride)	3.4	240	0.44	245
二氯化乙烯(ethylene dichloride)	3.5	84	0.78	228
正丁醇(n-butanol)	3.7	117	2.95	210
乙酸丁酯(n-butyl acetate)	4	126	—	254
丙醇(n-propanol)	4	98	2.27	210
甲基异丁酮(methyl isobutyl ketone)	4.2	119	—	330
四氢呋喃(tetrahydrofuran)	4.2	66	0.55	220
乙酸乙酯(ethyl acetate)	4.3	77	0.65	260
异丙醇(i-propanol)	4.3	82	2.37	210
氯仿(chloroform)	4.4	61	0.57	245
甲基乙基酮(methyl ethyl ketone)	4.5	80	0.43	330
1,4-二氧杂环己烷(dioxane)	4.8	102	1.54	220
丙酮(acetone)	5.4	57	0.32	330
硝基甲烷(nitromethane)	6	101	0.67	330
乙酸(acetic acid)	6.2	118	1.28	230
乙腈(acetonitrile)	6.2	82	0.37	210
苯胺(aniline)	6.3	184	4.4	—
二甲基甲酰胺(dimethyl formamide)	6.4	153	0.92	270
甲醇(methanol)	6.6	65	0.6	210
乙二醇(ethylene glycol)	6.9	197	19.9	210
二甲亚砜(dimethyl sulfoxide)	7.2	189	2.24	268
水(water)	10.2	100	1	268

4. 部分食品添加剂、防腐剂最大使用量

食品名称		最大使用量/(g/kg)	备注
苯甲酸及其钠盐	风味冰及冰棍类、腌渍的蔬菜、醋、酱油、酱及酱制品、果酱(罐头除外)	1.0	以苯甲酸计
	蜜饯凉果	0.5	以苯甲酸计
	复合调味料	0.6	以苯甲酸计
	半固体及液体复合调味料	1.0	以苯甲酸计
	果蔬汁(浆)类饮料	1.0	以苯甲酸计,固体饮料按稀释倍数增加使用量
	蛋白饮料、茶、咖啡、植物(类)饮料、风味饮料	1.0	以苯甲酸计,固体饮料按稀释倍数增加使用量
	碳酸饮料	0.2	以苯甲酸计,固体饮料按稀释倍数增加使用量
	配制酒	0.4	以苯甲酸计
	果酒	0.8	以苯甲酸计
环己基氨基磺酸钠	冷冻饮品(食用冰除外)、水果罐头	0.65	以环己基氨基磺酸计
	果酱、蜜饯凉果、腌渍的蔬菜、熟制豆类	1.0	以环己基氨基磺酸计
	凉果类、话化类、果糕类	8.0	以环己基氨基磺酸计
	腐乳类	0.65	以环己基氨基磺酸计
	带壳熟制坚果与籽类	6.0	以环己基氨基磺酸计
	脱壳熟制坚果与籽类	1.2	以环己基氨基磺酸计
	面包、糕点	1.6	以环己基氨基磺酸计
	饼干、复合调味料	0.65	以环己基氨基磺酸计
	饮料(包装饮用水除外)	0.65	以环己基氨基磺酸计,固体饮料按稀释倍数增加使用量
	配制酒	0.65	以环己基氨基磺酸计
	果冻	0.65	以环己基氨基磺酸计,如用于果冻粉,按冲调倍数增加使用量
对羟基苯甲酸酯类及其钠盐	经表面处理的新鲜水果及蔬菜	0.012	以对羟基苯甲酸计
	果酱(罐头除外)、醋、酱油、酱及酱制品、蚝油、虾油、鱼露	0.25	以对羟基苯甲酸计
	焙烤食品馅料及表面用挂浆	0.5	以对羟基苯甲酸计
	果蔬汁类饮料、风味饮料	0.25	以对羟基苯甲酸计,固体饮料按稀释倍数增加使用量
	碳酸饮料	0.2	以对羟基苯甲酸计,固体饮料按稀释倍数增加使用量
山梨酸及其钾盐	干酪及其类似品、氢化植物油、人造黄油及其类似制品、果酱、豆干及豆制品、腌渍的蔬菜、面包、糕点、果酱、腌渍的蔬菜、豆干再制品、新型豆制品、焙烤食品馅料及表面挂浆、风干和压干及烘干水产品、熟制水产品、醋、酱油、复合调味料	1.0	以山梨酸计
	风味冰、冰棍类、经表面处理的水果及蔬菜、蜜饯凉果、加工食用菌及藻类、酱及酱制品	0.5	以山梨酸计
	其他杂粮制品、方便米面制品、肉灌肠类、蛋制品	1.5	以山梨酸计
	熟肉制品、预制水产品	0.075	以山梨酸计
	饮料类(包装水除外)	0.5	以山梨酸计,固体饮料按稀释倍数增加使用量

食品名称		最大使用量/(g/kg)	备注
山梨酸及其钾盐	乳酸菌饮料	1.0	以山梨酸计,固体饮料按稀释倍数增加使用量
	配制酒	0.4	以山梨酸计
	葡萄酒	0.2	以山梨酸计
	果酒	0.6	以山梨酸计
	果冻	0.6	以山梨酸计,如用于果冻粉,按冲调倍数增加使用量
糖精钠	冷冻饮品(食用冰除外)	0.15	以糖精计
	水果干类(仅限杭果干、无花果干)	5.0	以糖精计
	果酱	0.2	以糖精计
	凉果类、话化类、果糕类	5.0	以糖精计
	腌渍的蔬菜	0.15	以糖精计
	新型豆制品、熟制豆类	1.0	以糖精计
	带壳熟制坚果与籽类	1.2	以糖精计
	脱壳熟制坚果与籽类	1.0	以糖精计
	复合调味料、配制酒	0.15	以糖精计
二氧化硫,焦亚硫酸钠,焦亚硫酸钾,亚硫酸钠,亚硫酸氢钠,低亚硫酸钠	经表面处理的水果	0.05	以二氧化硫残留量计
	水果干类、可可制品、巧克力制品、饼干、白糖及白糖制品、其他糖和糖浆	0.1	以二氧化硫残留量计
	蜜饯凉果	0.35	以二氧化硫残留量计
	干制蔬菜、腐竹及油皮等	0.2	以二氧化硫残留量计
	脱水马铃薯	0.4	以二氧化硫残留量计
	腌渍的蔬菜	0.1	以二氧化硫残留量计
	坚果与籽类、罐头、冷冻米面制品(仅限风味派)、半固体复合调味料	0.05	以二氧化硫残留量计
	食用淀粉	0.03	以二氧化硫残留量计
	果蔬汁(浆)、果蔬汁(浆)类饮料	0.05	以二氧化硫残留量计,浓缩果蔬汁(浆)按浓缩倍数折算,固体饮料按稀释倍数增加使用量
	葡萄酒、果酒	0.25	
	啤酒和麦芽饮料	0.01	

注：表中数据来源于 GB 2760—2014《食品安全国家标准 食品添加剂使用标准》。

5. 酒类中甲醇的限量指标

蒸馏酒及其配制酒	甲醇(g/L,以100％vol酒精计)		检验方法
	粮谷类蒸馏酒	其配制酒	
	≤0.6	2.0	GB/T 5009.48

注：表中数据来源于 GB 2757—2012《食品安全国家标准 蒸馏酒及其配制酒》。

6. 部分生活饮用水中常规、非常规指标及限值

指标	限值
pH	不小于6.5,且不大于8.5
砷/(mg/L)	0.01
镉/(mg/L)	0.005
铬(六价)/(mg/L)	0.05
铅/(mg/L)	0.01
汞/(mg/L)	0.001
硒/(mg/L)	0.01
氰化物/(mg/L)	0.05

续表

指标	限值
氟化物/(mg/L)	1.0
硝酸盐(以 N 计)/(mg/L)	10,地下水源为 20
三氯甲烷/(mg/L)	0.06
四氯化碳/(mg/L)	0.002
溴酸盐(使用臭氧时)/(mg/L)	0.01
甲醛(使用臭氧时)/(mg/L)	0.9
亚氯酸盐(使用二氧化氯消毒时)/(mg/L)	0.7
氯酸盐(使用复合二氧化氯消毒时)/(mg/L)	0.7
铝/(mg/L)	0.2
铁/(mg/L)	0.3
锰/(mg/L)	0.1
铜/(mg/L)	1.0
锌/(mg/L)	1.0
氯化物/(mg/L)	250
硫酸盐/(mg/L)	250
总硬度(以碳酸钙计)/(mg/L)	450
耗氧量(COD_{Mn} 法,以 O_2 计)/	3
挥发酚类(以苯酚计)/(mg/L)	0.002
一氯二溴甲烷/(mg/L)	0.1
2,4,6-三氯酚/(mg/L)	0.2
三溴甲烷/(mg/L)	0.1
七氯/(mg/L)	0.0004
马拉硫磷/(mg/L)	0.25
六六六(总量)/(mg/L)	0.005
苯/(mg/L)	0.01
苯乙烯/(mg/L)	0.02
苯并(a)芘/(mg/L)	0.00001
邻苯二甲酸二(2-乙基己基)酯/(mg/L)	0.008

注：表中数据来源于 GB 5749—2006《生活饮用水卫生标准》。

7. 部分食品中农药最大残留限量

农药名称	残留物	食品类别	食品类别/名称	最大残留限量/(mg/kg)
对硫磷	对硫磷	谷物	稻谷、麦类、旱粮类、杂粮类	0.1
		油料和油脂	大豆、棉籽	0.1
		蔬菜	各类	0.01
		水果	各类	0.01
氟胺氰菊酯	氟胺氰菊酯	油料和油脂	棉籽油	0.2
		蔬菜	各类	0.5
氟氯氰菊酯和高效氟氯氰菊酯	氟氯氰菊酯(异构体之和)	谷物	小麦	0.5
		油料和油脂	油菜籽	0.07
			棉籽	0.05
			大豆	0.03
			棉籽毛油	1
		蔬菜	韭菜、结球甘蓝、菠菜、普通白菜、芹菜、大白菜、节瓜	0.5
			花椰菜	0.1
			青花菜	2
			芥蓝	3
			番茄、茄子、辣椒	0.2
			马铃薯	0.01

续表

农药名称	残留物	食品类别	食品类别/名称	最大残留限量/(mg/kg)
氟氯氰菊酯和高效氟氯氰菊酯	氟氯氰菊酯（异构体之和）	水果	柑橘类水果、枣（鲜）	0.3
			苹果	0.5
			梨	0.1
		干制水果	柑橘脯	2
		饮料类	茶叶	1
		食用菌	蘑菇类（鲜）	0.3
		调料类	干辣椒	1
			果类调味料	0.03
			根茎类调味料	0.05
		哺乳动物肉类（海洋动物除外），以脂肪中的残留量表示		0.2[①]
		哺乳动物内脏（海洋动物除外）		0.02[①]
		禽肉类禽类内脏蛋类生乳		0.01[①]
氟氰戊菊酯	氟氰戊菊酯	谷物	鲜食玉米	0.2
			绿豆、赤豆	0.05
		油料和油脂	大豆	0.05
			棉籽油	0.2
		蔬菜	结球甘蓝、花椰菜	0.5
			番茄、茄子、辣椒	0.2
			萝卜、胡萝卜、山药、马铃薯	0.05
		水果	苹果、梨	0.5
		糖料	甜菜	0.05
		饮料类	茶叶	20
		食用菌	蘑菇类（鲜）	0.2
甲萘威	甲萘威	谷物	玉米	0.02
			大麦	1
		油料和油脂	大豆、棉籽	1
		蔬菜	鳞茎类蔬菜、芸薹属类蔬菜（结球甘蓝除外）、叶菜类蔬菜（普通白菜除外）、茄果类蔬菜（辣椒除外）、瓜类蔬菜、豆类蔬菜、茎类蔬菜、根类和薯芋类蔬菜（胡萝卜、甘薯除外）、水生类蔬菜、芽菜类蔬菜、其他类蔬菜（玉米笋除外）	1
			结球甘蓝	2
			普通白菜	5
			辣椒、胡萝卜	0.5
			甘薯	0.02
			玉米笋	0.1
		饮料类	茶叶	5
		哺乳动物肉类（海洋动物除外）		0.05
		哺乳动物内脏（海洋动物除外）	猪肝、牛肝、羊肝	1
			猪肾、牛肾、羊肾	3
		生乳		0.05
甲氰菊酯	甲氰菊酯	谷物	小麦	0.1
		油料和油脂	棉籽	1
			大豆	0.1
			棉籽毛油	3
		蔬菜	韭菜、花椰菜、菠菜、普通白菜、芹菜、大白菜、番茄、辣椒、甜椒、茎用莴苣	1
			结球甘蓝、叶用莴苣、萝卜	0.5
			青花菜	5

续表

农药名称	残留物	食品类别	食品类别/名称	最大残留限量/（mg/kg）
甲氰菊酯	甲氰菊酯	蔬菜	芥蓝、菜薹	3
			茼蒿、茎用莴苣叶	7
			茄子、腌制用黄瓜	0.2
		水果	柑橘、橙、柠檬、柚、佛手柑、金橘、苹果、梨、山楂、枇杷、榅桲、核果类水果（李子除外）、浆果和其他小型水果（草莓除外）、热带和亚热带水果、瓜果类水果	5
			李子	1
			草莓	2
		干制水果	李子干	3
		坚果		0.15
		饮料类	茶叶	5
			咖啡豆	0.03
		调味料	干辣椒	10
联苯菊酯	联苯菊酯（异构体之和）	谷物	小麦、大麦、玉米	0.5
			杂粮类	0.3
		油料和油脂	棉籽	0.5
			大豆	0.3
			油菜籽	0.05
			食用菜籽油	0.1
		蔬菜	芸薹属类蔬菜（结球甘蓝除外）	0.4
			结球甘蓝	0.2
			叶芥菜、萝卜叶	4
			番茄、黄瓜、辣椒	0.5
			茄子	0.3
			根茎类和薯芋类蔬菜	0.05
		水果	柑、橘、橙、柠檬、柚	0.05
			苹果、梨	0.5
		水果	露莓（包括波森莓和罗甘莓）、黑莓、醋栗（红、黑）、草莓	1
			香蕉	0.1
		坚果		0.05
		糖料	甘蔗	0.05
		饮料类	茶叶	5
			啤酒花	20
		调味料	干辣椒	5
			果类调味料	0.03
			根茎类调味料	0.05
		哺乳动物肉类（海洋动物除外），以脂肪中的残留量表示、乳脂肪		3
		哺乳动物内脏（海洋动物除外）、生乳		0.2
硫丹	α-硫丹和β-硫丹及硫丹硫酸酯之和	油料和油脂	棉籽、大豆、大豆毛油	0.05
		蔬菜	黄瓜、甘薯、芋、马铃薯	0.05[①]
		水果	苹果、梨、荔枝、瓜类水果	0.05[①]
		坚果	榛子、澳洲坚果	0.02
		糖料	甘蔗	0.05
		饮料类	茶叶	10
			咖啡豆、可可豆	0.2
		调味料	果类调味料	5
			种子类调味料	1
			根茎类调味料	0.5

续表

农药名称	残留物	食品类别	食品类别/名称	最大残留限量/(mg/kg)
硫丹	α-硫丹和 β-硫丹及硫丹硫酸酯之和	哺乳动物肉类(海洋动物除外),以脂肪中的残留量表示		0.2
		哺乳动物内脏(海洋动物除外)	猪肝、牛肝、羊肝	0.1
			猪肾、牛肾、羊肾	0.03
		禽肉类、禽类内脏、蛋类		0.03
		生乳		0.01
氯氟氰菊酯和高效氯氟氰菊酯	氯氟氰菊酯(异构体之和)	谷物	糙米	1
			小麦、燕麦、黑麦、小黑麦、杂粮类	0.05
			大麦	0.5
			玉米	0.02
			鲜食玉米	0.2
		油料和油脂	含油种子(大豆、棉籽除外)	0.2
			棉籽	0.05
			大豆、棉籽油	0.02
		蔬菜	韭菜、头状花序芸薹属类蔬菜(青花菜除外)、芹菜	0.5
			鳞茎类蔬菜、番茄、茄子、辣椒、豆类蔬菜、茎用莴苣	0.2
			结球甘蓝、菜薹、大白菜	1
			青花菜、芥蓝、菠菜、普通白菜	2
			苋菜、茼蒿	5
			叶用莴苣、茎用莴苣、苦苣菜	2
			茄果类蔬菜(番茄、茄子、辣椒除外)	0.3
			瓜类蔬菜(黄瓜除外)	0.05
			黄瓜	1
			芦笋、马铃薯	0.02
			根茎类和薯芋类蔬菜(马铃薯除外)	0.01
		水果	柑、橘、橙、柠檬、柚、佛手柑、金橘、苹果、山楂、枇杷、榅桲、浆果及其他小型水果[枸杞(鲜)、李子、杜果]	0.2
			桃	0.5
			油桃、杏、枸杞(鲜)	0.5
			樱桃	0.3
			橄榄	1
			荔枝	0.1
			瓜果类水果	0.05
		干制水果	李子干	0.2
			葡萄干	0.3
			枸杞(干)	0.1
		坚果		0.01
		糖料	甘蔗	0.05
		饮料类	茶叶	15
		食用菌	蘑菇类(鲜)	0.5
		调味料	干辣椒	3
		哺乳动物肉类(海洋动物除外),以脂肪中的残留量表示		0.05
		哺乳动物内脏(海洋动物除外)	猪肾、牛肾、绵羊肾、山羊肾	0.2
			猪肝、牛肝、绵羊肝、山羊肝	0.05
		生乳		0.2

续表

农药名称	残留物	食品类别	食品类别/名称	最大残留限量/ (mg/kg)
马拉硫磷	马拉硫磷	谷物	稻谷、麦类、旱粮类(鲜食玉米、高粱除外)、杂粮类	8
			糙米	1
			大米	0.1
			鲜食玉米	0.5
			高粱	3
		油料和油脂	棉籽、花生仁	0.05
			大豆	8
			棉籽毛油、棉籽油	13
		蔬菜	大蒜、结球甘蓝、花椰菜、番茄、茄子、辣椒、萝卜、胡萝卜、山药、马铃薯	0.5
			洋葱、青花菜、芹菜、樱桃、番茄、芦笋、茎用莴苣	1
			葱、芥蓝、芜菁叶	5
			菜薹	7
			菠菜、叶芥菜、豇豆、菜豆、食荚豌豆、扁豆、蚕豆、豌豆	2
			普通白菜、叶用莴苣、茎用莴苣叶、大白菜、甘薯、芋	8
			黄瓜、芜菁	0.2
			西葫芦	0.1
			玉米笋	0.02
		水果	柑、橘、苹果、梨	2
			橙、柠檬、柚	4
			桃、油桃、杏、枣(鲜)、李子、樱桃	6
			蓝莓	10
			越橘、桑葚、草莓	1
			葡萄	8
			无花果	0.2
			荔枝	0.5
		干制水果	干制无花果	1
		糖料	甜菜	0.5
		食用菌	蘑菇类(鲜)	0.5
		饮料类	番茄汁	0.01
		调味料	干辣椒、果类调味料	1
			种子类调味料	2
			根茎类调味料	0.5
醚菊酯	醚菊酯	谷物	糙米	0.01
			玉米、杂粮类	0.05
		油料和油脂	油菜籽	0.01
		水果	苹果、梨、桃、油桃	0.6
			葡萄	4
		干制水果	葡萄干	8
			结球甘蓝	0.5
			菠菜、韭菜、普通白菜、芹菜、大白菜、萝卜	1
			萝卜叶	5
		饮料类	茶叶	50
		哺乳动物肉类(海洋动物除外),以脂肪中的残留量表示		0.5[①]
		哺乳动物内脏(海洋动物除外)		0.05[①]
		禽肉类、禽类内脏、蛋类		0.01[①]
		生乳		0.02[①]

续表

农药名称	残留物	食品类别	食品类别/名称	最大残留限量/ (mg/kg)
氰戊菊酯和 S-氰戊菊酯	氰戊菊酯 (异构体之和)	谷物	小麦	2
			玉米	0.02
			鲜食玉米	0.2
			小麦粉	0.2
			全麦粉	2
		油料和油脂	棉籽	0.2
			大豆	0.1
			花生仁	0.1
			棉籽油	0.1
		蔬菜	洋葱、结球甘蓝、花椰菜	0.5
			葱、菜用大豆	2
			青花菜、苋菜	5
			芥蓝、茎用莴苣叶、甘薯叶	7
			菜薹、茼蒿	10
			菠菜、普通白菜、叶用莴苣、樱桃、番茄、茎用莴苣	1
			大白菜、菜豆	3
			番茄、茄子、辣椒、黄瓜、西葫芦、丝瓜、南瓜	0.2
			萝卜、胡萝卜、马铃薯、甘薯、山药	0.05
		水果	柑、橘、橙、苹果、梨、桃	1
			仁果类水果(苹果、梨除外)、核果类水果(桃除外)、浆果和其他小型水果、热带和亚热带水果(杧果除外)、瓜果类水果、柑橘类水果(柑、橘、橙除外)	0.2
			杧果	1.5
		糖料	甜菜	0.05
		饮料类	茶叶	0.1
		食用菌	蘑菇类(鲜)	0.2
		调味料	果类调味料	0.03
			根茎类调味料	0.05
		哺乳动物肉类(海洋动物除外),以脂肪中的残留量表示		1
		哺乳动物内脏(海洋动物除外)		0.02
		禽肉类,以脂肪中的残留量表示、禽类内脏、蛋类		0.01
		生乳		0.1
杀螟丹	杀螟丹	谷物	大米、糙米	0.1
		蔬菜	结球甘蓝	0.5
			大白菜	3
		水果	柑、橘、橙	3
		饮料类	茶叶	20
		糖料	甘蔗	0.1
杀螟硫磷	杀螟硫磷	谷物	稻谷、麦类、全麦粉、旱粮类、杂粮类	5[①]
			小麦粉、大米	1[①]
		油料和油脂	大豆	5[①]
			棉籽	0.1[①]
		蔬菜	其他蔬菜	0.5[①]
			结球甘蓝	0.2[①]
		水果		0.5[①]
		饮料类	茶叶	0.5[①]

续表

农药名称	残留物	食品类别	食品类别/名称	最大残留限量/（mg/kg）
杀螟硫磷	杀螟硫磷	调味料	果类调味料	1
			种子类调味料	7
			根茎类调味料	0.1
		哺乳动物肉类、哺乳动物内脏（海洋动物除外）		0.05
		禽肉类、蛋类		0.05
		生乳		0.01
五氯硝基苯	植物源性食品为五氯硝基苯；动物源性食品为五氯硝基苯、五氯苯胺和五氯苯醚之和	谷物	小麦、大麦、玉米、豌豆	0.01
			鲜食玉米	0.1
			杂粮类（豌豆除外）	0.02
		油料和油脂	棉籽、大豆、棉籽油	0.01
			花生仁	0.5
		蔬菜	结球甘蓝、番茄、茄子、辣椒、菜豆、马铃薯	0.1
			花椰菜	0.05
		水果	西瓜	0.02
		糖料	甜菜	0.01
		食用菌	蘑菇类（鲜）	0.1
		调味料	干辣椒	0.1
			果类调味料	0.02
			种子类调味料	0.1
			根茎类调味料	2
		禽肉类、禽类内脏		0.1
		蛋类		0.03
溴氰菊酯	溴氰菊酯（异构体之和）	谷物	稻谷、麦类、旱粮类（鲜食玉米除外）、杂粮类（豌豆、小扁豆除外）、成品粮（小麦粉除外）	0.5
			鲜食玉米、小麦粉	0.2
			豌豆、小扁豆	1
		油料和油脂	油菜籽、棉籽	0.1
			大豆、葵花籽	0.05
			花生仁	0.01
		蔬菜	洋葱	0.05
			韭葱、番茄、茄子、辣椒、豆类蔬菜、萝卜、胡萝卜、根芹菜、芜菁、芋	0.2
			结球甘蓝、花椰菜、青花菜、菠菜、普通白菜、大白菜、甘薯	0.5
			茼蒿、叶用莴苣、莜麦菜、芹菜	2
			马铃薯	0.01
			玉米笋	0.02
		水果	柑橘类水果（单列的除外）	0.02
			柑、橙、柠檬、柚、橘、桃、油桃、杏、枣（鲜）、李子、樱桃、青梅、荔枝、杧果、香蕉、菠萝、猕猴桃	0.05
			苹果、梨	0.1
			葡萄、草莓	0.2
			橄榄	1
		干制水果	李子干	0.05
		坚果	榛子、核桃	0.02
		饮料类	茶叶	10
		食用菌	蘑菇类（鲜）	0.2
		调味料	果类调味料	0.03
			根茎类调味料	0.5

续表

农药名称	残留物	食品类别	食品类别/名称	最大残留限量/(mg/kg)
乙硫磷	乙硫磷	谷物	稻谷	0.2
		油料和油脂	棉籽油	0.5
		调味料	果类调味料	5
			种子类调味料	3
			根茎类调味料	0.3
异丙威	异丙威	谷物	大米	0.2
		蔬菜	黄瓜	0.5
蝇毒磷	蝇毒磷	蔬菜		0.05
		水果		0.05
艾氏剂	艾氏剂	谷物		0.02
		油料和油脂	大豆	0.05
		蔬菜		0.05
		水果		0.05
		哺乳动物肉类(海洋动物除外)、禽肉类		0.2(以脂肪计)
		蛋类		0.1
		生乳		0.006
滴滴涕(DDT)	p,p'滴滴涕、o,p'滴滴涕、p,p'滴滴伊、o,p'滴滴滴之和	谷物	稻谷、麦类、旱粮类	0.1
			成品粮、杂粮类	0.05
		油料和油脂	大豆	0.05
		蔬菜	除胡萝卜外	0.05
			胡萝卜	0.2
		水果		0.05
		饮料类	茶叶	0.2
		哺乳动物肉类及其制品	脂肪含量10%以下	0.2(以原样计)
			脂肪含量10%及以上	2(以脂肪计)
		水产品		0.5
		蛋类		0.1
		生乳		0.02
狄试剂	狄试剂	谷物		0.02
		油料和油脂	大豆	0.05
		蔬菜		0.05
		水果		0.05
		哺乳动物肉类(海洋动物除外)、禽肉类		0.2(以脂肪计)
		蛋类		0.1
		生乳		0.006
六六六(HCH)	α-六六六、β-六六六、γ-六六六和δ-六六六之和	谷物		0.05
		油料和油脂		0.05
		蔬菜		0.05
		水果		0.05
		饮料类		0.2
		哺乳动物肉类及其制品(海洋动物除外)	脂肪含量10%以下	0.1(以原样计)
			脂肪含量10%及以上	1(以脂肪计)
		水产品		0.1
		蛋类		0.1
		生乳		0.02
氯丹	植物源性食品为顺式氯丹、反式氯丹之和;动物源性食品为顺式	谷物		0.02
		油料和油脂	大豆、植物油	0.02
			植物毛油	0.05
		蔬菜		0.02

续表

农药名称	残留物	食品类别	食品类别/名称	最大残留限量/(mg/kg)
氯丹	氯丹、反式氯丹与氧氯丹之和	水果		0.02
		坚果		0.02
		哺乳动物肉类(海洋动物除外)		0.05(以脂肪计)
		禽肉类		0.5(以脂肪计)
		蛋类		0.02
		生乳		0.002
灭蚁灵	灭蚁灵	谷物		0.01
		油料和油脂	大豆	0.01
		蔬菜		0.01
七氯	七氯和环氧七氯之和	谷物		0.02
		油料和油脂		0.02
		蔬菜		0.02
		水果		0.01
		禽肉类、哺乳动物肉类(海洋动物除外)		0.2
		蛋类		0.05
		生乳		0.006
异狄试剂	异狄试剂与异狄试剂醛、酮之和	谷物		0.01
		油料和油脂	大豆	0.01
		蔬菜		0.05
		水果		0.05
		哺乳动物肉类(海洋动物除外)		0.1(以脂肪计)

① 表示该限量为临时限量。表中数据来源于 GB 2763—2019《食品安全国家标准》食品中农药最大残留限量。

8. 部分食品中兽药最大残留限量

兽药名称	动物种类	靶组织	残留限量/(μg/kg)
阿莫西林	所有食品动物(产蛋期禁用)	肌肉	50
		脂肪	50
		肝	50
		肾	40
		奶	4
	鱼	皮+肉	50
青霉素/普鲁卡因青霉素	牛/猪/家禽(产蛋期禁用)	肌肉	50
		肝	50
		肾	50
	牛	奶	4
	鱼	皮+肉	50
头孢氨苄	牛	肌肉	200
		脂肪	200
		肝	200
		肾	1000
		奶	100
头孢喹肟	牛/猪	肌肉	50
		脂肪	50
		肝	100
		肾	200
	牛	奶	20

续表

兽药名称	动物种类	靶组织	残留限量/($\mu g/kg$)
头孢噻呋	牛/猪	肌肉	1000
		脂肪	2000
		肝	2000
		肾	6000
	牛	奶	100
达氟沙星	牛/羊	肌肉	200
		脂肪	100
		肝	400
		肾	400
		奶	30
	家禽(产蛋期禁用)	肌肉	200
		脂肪	100
		肝	400
		肾	400
	猪	肌肉	100
		脂肪	100
		肝	50
		肾	200
	鱼	皮+肉	100
溴氰菊酯	牛/羊	肌肉	30
		脂肪	500
		肝	50
		肾	50
	牛	奶	30
	鸡	肌肉	30
		皮+脂	500
		肝	50
		肾	50
		蛋	30
	鱼	皮+肉	30
二氟沙星	牛/羊(泌乳期禁用)	肌肉	400
		脂肪	100
		肝	1400
		肾	800
	猪	肌肉	400
		脂肪	100
		肝	800
		肾	800
	家禽(产蛋期禁用)	肌肉	300
		皮+脂	400
		肝	1900
		肾	600
	其他动物	肌肉	300
		脂肪	100
		肝	800
		肾	600
	兔	皮+肉	300

兽药名称	动物种类	靶组织	残留限量/（μg/kg）
恩诺沙星	牛/羊	肌肉	100
		脂肪	100
		肝	300
		肾	200
		奶	100
	猪/兔	肌肉	100
		脂肪	100
		肝	200
		肾	300
	家禽（产蛋期禁用）	肌肉	100
		皮+脂	100
		肝	200
		肾	300
	其他动物	肌肉	100
		脂肪	100
		肝	200
		肾	200
	鱼	皮+肉	100
红霉素	鸡/火鸡	肌肉	100
		脂肪	100
		肝	100
		肾	100
	鸡	蛋	50
	其他动物	肌肉	200
		脂肪	200
		肝	200
		肾	200
		奶	40
		蛋	150
	鱼	皮+肉	200
倍硫磷	牛/猪/家禽	肌肉	100
		脂肪	100
		副产品	100
庆大霉素	牛/猪	肌肉	100
		脂肪	100
		肝	2000
		肾	5000
	牛	奶	200
	鸡/火鸡	可食组织	100
卡那霉素	所有食品动物（产蛋期禁用，不包括鱼）	肌肉	100
		皮+脂	100
		肝	600
		肾	2500
		奶	150
左旋咪唑	牛/羊/猪/家禽（泌乳期禁用、产蛋期禁用）	肌肉	10
		脂肪	10
		肝	100
		肾	10
马拉硫磷	牛/羊/猪/家禽/马	肌肉	4000
		脂肪	4000
		副产品	4000

兽药名称	动物种类	靶组织	残留限量/(μg/kg)
新霉素	所有食品动物	肌肉	500
		脂肪	500
		肝	5500
		肾	9000
		奶	1500
		蛋	500
	鱼	皮+肉	500
土霉素/金霉素/四环素	牛/羊/猪/家禽	肌肉	200
		肝	600
		肾	1200
	牛/羊	奶	100
	家禽	蛋	400
	鱼	皮+肉	200
	虾	肌肉	200
辛硫磷	猪/羊	肌肉	50
		脂肪	400
		肝	50
		肾	50
盐霉素	鸡	肌肉	600
		皮+脂肪	1200
		肝	1800
沙拉沙星	鸡/火鸡(产蛋期禁用)	肌肉	10
		脂肪	20
		肝	80
		肾	80
	鱼	皮+肉	30
螺旋霉素	牛/猪	肌肉	200
		脂肪	300
		肝	600
		肾	300
	牛	奶	200
	鸡	肌肉	200
		脂肪	300
		肝	600
		肾	800
链霉素/双氢链霉素	牛/羊/猪/鸡	肌肉	600
		脂肪	600
		肝	600
		肾	1000
	牛/羊	奶	200
磺胺二甲嘧啶	所有食品动物(产蛋期禁用)	肌肉	100
		脂肪	100
		肝	100
		肾	100
	牛	奶	25
磺胺类	所有食品动物(产蛋期禁用)	肌肉	100
		脂肪	100
		肝	100
		肾	100
	牛/羊	奶	100(除磺胺二甲嘧啶)
	鱼	皮+肉	100

注：表中数据来源于 GB 31650—2019《食品安全国家标准》食品中兽药最大残留限量。

9. 部分食品中污染物限量

限量指标	食品类别（名称）	限量/(mg/kg)
铅（以 Pb 计）	谷物及其制品①（麦片、面筋、八宝粥罐头、带馅料面米制品除外）	0.2
	麦片、面筋、八宝粥罐头、带馅料面米制品	0.5
	新鲜蔬菜（芸薹类蔬菜、叶菜类蔬菜、豆类蔬菜、薯类除外）	0.1
	芸薹类蔬菜、叶菜类蔬菜	0.3
	豆类蔬菜、薯类	0.2
	蔬菜制品	1.0
	新鲜水果（浆果和其他小粒水果除外）	0.1
	浆果和其他小粒水果	0.2
	水果制品	1.0
	食用菌及其制品	1.0
	豆类	0.2
	豆类制品（豆浆除外）	0.5
	豆浆	0.05
	坚果及籽类（咖啡豆除外）	0.2
	咖啡豆	0.5
	肉类（畜禽内脏除外）	0.2
	畜禽内脏	0.5
	肉制品	0.5
	鲜、冻水产动物（鱼类、甲壳类、双壳类除外）	1.0（去除内脏）
	鱼类、甲壳类	0.5
	双壳类	1.5
	水产制品（海蜇制品除外）	1.0
	海蜇制品	2.0
	乳及乳制品	0.3
	生乳、巴氏杀菌乳、灭菌乳、发酵乳、调制乳	0.05
	乳粉、非脱盐乳清粉	0.5
	蛋及蛋制品（除以下各类外）	0.2
	皮蛋、皮蛋肠	0.5
	油脂及其制品	0.1
	调味品（除以下各类外）	1.0
	食用盐	2.0
	香辛料类	3.0
	食糖及淀粉糖	0.5
	食用淀粉	0.2
	淀粉制品	0.5
	焙烤食品	0.5
	饮料类（除以下各类外）	0.3mg/L
	包装饮用水	0.01mg/L
	果蔬汁类及其饮料	0.05mg/L
	浓缩果蔬汁（浆）	0.5mg/L
	固体饮料	1.0
	酒类（蒸馏酒、黄酒除外）	0.2
	蒸馏酒、黄酒	0.5
	可可制品、巧克力和巧克力制品以及糖果	0.5
	冷冻饮品	0.3
	果冻	0.5
	膨化食品	0.5
	茶叶	5.0
	干菊花	5.0
	苦丁茶	2.0
	蜂蜜	1.0
	花粉	0.5

限量指标	食品类别(名称)	限量/(mg/kg)	
镉(以 Cd 计)	谷物(稻谷①除外)	0.1	
	谷物碾磨加工品(糙米、大米除外)	0.1	
	稻谷①、糙米、大米	0.1	
	新鲜蔬菜(叶菜类蔬菜、豆类蔬菜、块根和块茎蔬菜、茎类蔬菜、黄花菜除外)	0.05	
	叶菜类蔬菜	0.2	
	豆类蔬菜、块根和块茎蔬菜、茎类蔬菜(芹菜除外)	0.1	
	芹菜、黄花菜	0.2	
	新鲜水果	0.05	
	新鲜食用菌(鲜菇和姬松茸除外)	0.2	
	香菇	0.5	
	食用菌制品(姬松茸制品除外)	0.5	
	豆类	0.2	
	花生	0.5	
	肉类(畜禽内脏除外)	0.1	
	畜禽内脏	0.5	
	畜禽肾脏	1.0	
	肉制品(肝脏制品、肾脏制品除外)	0.1	
	肝脏制品	0.5	
	肾脏制品	1.0	
	鱼类	0.1	
	甲壳类	0.5	
	双壳类、腹足类、头足类、棘皮类	2.0(去除内脏)	
	鱼类罐头(凤尾鱼、旗鱼罐头除外)	0.2	
	凤尾鱼、旗鱼罐头	0.3	
	其他鱼类制品(凤尾鱼、旗鱼制品除外)	0.1	
	凤尾鱼、旗鱼制品	0.3	
	蛋及蛋制品	0.05	
	食用盐	0.5	
	鱼类调味品	0.1	
	包装饮用水(矿泉水除外)	0.005mg/L	
	矿泉水	0.003mg/L	
汞(以 Hg 计)		总汞	甲基汞②
	水产动物及其制品(肉食性鱼类及其制品除外)	—	0.5
	肉食性鱼类及其制品	—	1.0
	稻谷①、糙米、大米、玉米、玉米面(渣、片)、小麦、小麦粉	0.02	—
	新鲜蔬菜	0.01	—
	食用菌及其制品	0.1	—
	肉类	0.05	—
	生乳、巴氏杀菌乳、灭菌乳、调制乳、发酵乳	0.01	—
	鲜蛋	0.05	—
	食用盐	0.1	—
	矿泉水	0.001mg/L	—
砷(以 As 计)		总砷	无机砷③
	谷物(稻谷①除外)	0.5	—
	谷物碾磨加工品(糙米、大米除外)	0.5	—
	稻谷①、糙米、大米	—	0.2
	水产动物及其制品(鱼类及其制品除外)	—	0.5
	鱼类及其制品	—	0.1
	新鲜蔬菜	0.5	—

限量指标	食品类别（名称）	限量/（mg/kg）	
		总砷	无机砷[3]
砷（以 As 计）	食用菌及其制品	0.5	—
	肉及肉制品	0.5	—
	生乳、巴氏杀菌乳、灭菌乳、发酵乳、调制乳	0.1	—
	乳粉	0.5	—
	油脂及其制品	0.1	—
	调味品（水产调味品、藻类调味品和香辛料类除外）	0.5	—
	水产调味品（鱼类调味品除外）	—	0.5
	鱼类调味品	—	0.1
	食糖及淀粉糖	0.5	—
	包装饮用水	0.01mg/L	—
	可可制品、巧克力和巧克力制品	0.5	—
铬（以 Cr 计）	谷物[1]	1.0	
	谷物碾磨加工品	1.0	
	新鲜蔬菜	0.5	
	豆类	1.0	
	肉及肉制品	1.0	
	水产动物及其制品	2.0	
	生乳、巴氏杀菌乳、灭菌乳、调制乳、发酵乳	0.3	
	乳粉	2.0	
亚硝酸盐、硝酸盐		亚硝酸盐（NaNO$_2$）	硝酸盐（NaNO$_3$）
	腌渍蔬菜	20	—
	生乳	0.4	—
	乳粉	2.0	—
	包装饮用水（矿泉水除外）	0.005mg/L（以 NO$_2^-$ 计）	—
	矿泉水	0.1mg/L（以 NO$_2^-$ 计）	45mg/L（以 NO$_3^-$ 计）

① 稻谷以糙米计；

② 水产动物及其制品可先测定总汞，当总汞水平不超过甲基汞限值时，不必测定甲基汞；否则，需要测定甲基汞；

③ 对于制定无机砷限量的食品可先测定其总砷，当总砷水平不超过无机砷限量值时，不必测定无机砷；否则，需要测定无机砷。表中数据来源于 GB 2762—2017 食品安全国家标准食品中污染物限量。

参 考 文 献

[1] 王凤云,等.无机及分析化学实验 [M].北京:化学工业出版社,2009.
[2] 刘珍,等.化验员读本下册仪器分析 [M].4版.北京:化学工业出版社,2010.
[3] 严衍禄.现代仪器分析 [M].3版.北京:中国农业大学出版社,2010.
[4] 徐家宁.基础化学实验下册物理化学和仪器分析化学实验 [M].北京:高等教育出版社,2008.
[5] 刘兴友.食品理化检验学 [M].2版.北京:中国农业大学出版社,2008.
[6] 张水华.食品分析 [M].北京:中国轻工业出版社,2007.
[7] 吴性良,等.分析化学原理 [M].北京:化学工业出版社,2004.
[8] 朱明华,等.仪器分析 [M].4版.北京:高等教育出版社,2008.
[9] 方慧群,等.仪器分析 [M].北京:科学出版社,2015.
[10] 叶宪曾,等.仪器分析教程 [M].2版.北京:北京大学出版社,2014.
[11] 华中师范大学,等.分析化学下册 [M].4版.北京:高等教育出版社,2011.
[12] 陈浩,等.仪器分析 [M].3版.北京:科学出版社,2019.
[13] 牛春艳,等.仪器分析检测技术 [M].长春:吉林人民出版社,2017.
[14] 付敏,等.现代仪器分析 [M].北京:化学工业出版社,2019.
[15] 魏福祥,等.仪器分析 [M].北京:中国石化出版社,2018.
[16] 苏明武,等.仪器分析 [M].北京:科学出版社,2018.
[17] 郭峰,等.现代仪器分析 [M].2版.北京:中国质检出版社,2016.
[18] 姚进一,等.现代仪器分析 [M].北京:中国农业大学出版社,2009.
[19] 陈浩,等.仪器分析 [M].2版.北京:科学出版社,2010.
[20] 李继睿,等.仪器分析 [M].北京:化学工业出版社,2010.
[21] 陈集,等.仪器分析教程 [M].北京:化学工业出版社,2010.
[22] 刘约权.现代仪器分析 [M].2版.北京:高等教育出版社,2008.
[23] 孟令芝,龚淑玲,何永炳.有机波谱分析 [M].4版.武汉:武汉大学出版社,2017.
[24] 魏福祥,等.现代仪器分析技术及应用 [M].北京:中国石化出版社,2015.
[25] 刘广志.仪器分析 [M].北京:高等教育出版社,2008.
[26] 张寒琦,等.仪器分析 [M].北京:高等教育出版社,2009.
[27] 朱振中.仪器分析 [M].上海:上海交通大学出版社,2000.
[28] 武汉大学化学系.仪器分析 [M].北京:高等教育出版社,2006.
[29] 国家药典委员会.中华人民共和国药典 [M].北京:中国医药科技出版社,2015.
[30] GB 31650—2019.
[31] GB 2763—2019.
[32] GB 5009.266—2016.
[33] GB 2757—2012.
[34] GB 5749—2006.
[35] GB 2762—2017.
[36] GB/T 15672—2009.
[37] DB22/T 1685—2012.
[38] 顾志荣,马转霞,马天翔,等.柱前衍生化 RP-HPLC 同时测定不同产区锁阳中 17 种游离氨基酸含量及其多元统计分析 [J].中国实验方剂学杂志,2020,26 (10):148-155.
[39] GB/T 13885—2017.
[40] GB 5009.92—2016.
[41] GB/T 9837—1988.
[42] GB 5009.84—2016.
[43] GB/T 29664—2013.
[44] GB 5009.28—2016.
[45] GB 5009.97—2016.
[46] GB/T 2912.1—2009.
[47] GB/T 21126—2007.
[48] NY/T 1283—2007.

［49］ GB 5009.15—2014.

［50］ LS/T 6136—2019.

［51］ GB/T 30797—2014.

［52］ GB 5009.17—2014.

［53］ GB/T 22105.1，2，3—2008.

［54］ GB/T 22989—2008.

［55］ NY/T 830—2004.

［56］ SN/T 2050—2008.

［57］ GB/T 22985—2008.

［58］ SN/T 3144—2011.

［59］ GB/T 35951—2018.

［60］ GB/T 20764—2006.

［61］ GB/T 5009.108—2003.

［62］ GB/T 22388—2008.

［63］ GB 23200.85—2016.

［64］ GB 23200.93—2016.

［65］ GB/T 5009.188—2003.

［66］ GB/T 28599—2012.

［67］ GB/T 5009.19—2008.

［68］ GB 5009.34—2016.

［69］ GB 5009.33—2016.

［70］ GB 5009.235—2016.

［71］ GB/T 27404—2008.

［72］ GB 2760—2014.